イタイイタイ病
発生源対策
50年史

畑 明郎

本の泉社

まえがき

イタイイタイ病裁判は、1971年の富山地裁においてイタイイタイ病、水俣病、新潟水俣病および四日市ぜんそくの四大公害裁判の先頭を切って、被害者原告勝訴判決を勝ち取り、1972年の名古屋高裁金沢支部控訴審で原告勝訴判決が確定した。判決は、被告・三井金属鉱業㈱の鉱業法第109条に基づく無過失賠償責任を認め、患者・遺族に損害賠償金が支払われたが、再汚染を防止する発生源対策と、カドミウムで汚染された農地土壌の復元は、裁判後の課題として残された。

そこで、被害住民団体と弁護団は、控訴審判決翌日に被告三井金属鉱業㈱本社と10時間に及ぶ直接交渉を行い、「イタイイタイ病の賠償に関する誓約書」と「土壌汚染問題に関する誓約書」の二つの誓約書と、一つの「公害防止協定」を締結した。これら三つの文書が、裁判後の被害者救済と環境の再生・復元の出発点となった。

とくに、「公害防止協定」は、「甲（被害住民５団体）らのいずれかが必要と認めたときは、乙（三井金属鉱業㈱）は、甲ら及び甲らの指定する専門家がいつでも、乙の排水溝を含む最終廃水処理設備及び廃滓堆積場など関係施設に立ち入り調査し、自主的に各種の資料などを収集することを認める」、「乙は、甲らに対し、前項に規定する諸施設の拡張・変更に関する諸資料、並びに甲等が求める公害に関する諸資料を提供する」、「前２項のほか神岡鉱業所の操業に係る公害防止に関する調査費用は、すべて乙の負担とする」などと、神岡鉱業所（神岡鉱山）への立入調査権と調査費用の三井金属鉱業㈱負担を認めた。

1972年11月に公害防止協定に基づき、カドミウム発生源である三井金属鉱業㈱神岡鉱山への全体立入調査が開始され、現在まで毎年１回継続されている。著者は、京都大学大学院生時代から2019年までの48年間、コロナ禍で参加できなかった2020年と2021年を除き、48回の全体立入調査に参加してきた。

1972年の第1回全体立入調査と1973年の第2回全体立入調査により、「神岡鉱山の8排水口から約35kg/月のカドミウムが神通川に排出され、排煙として約3.5kg/日が大気中に排出されている。また、休廃坑・廃石捨場や旧軌道沿線からの重金属流出により、神通川水系の水質や底質が汚染されている」ことが明らかとなった。

そこで、これらの排出と汚染の実態を正確に把握し、神岡鉱山に抜本的な発生源対策を実施させるために、被害住民団体は、1974年から1978年までの5年間で次の五つのテーマの調査研究を全国の大学に委託した。委託研究費は総額5300万円にのぼったが、公害防止協定に基づき三井金属鉱業㈱が全額負担した。

① 神岡鉱山の排水対策に関する研究：京都大学工学部・倉知三夫助教授（排水班13名）、私は排水班に属し、排水班事務局として排水対策の調査研究に従事した。

② 神岡鉱山の排煙対策に関する研究：名古屋大学工学部・神保元二教授（排煙班5名）

③ 神岡鉱山のカドミウム等収支に関する研究：東京大学生産技術研究所・原善四郎助教授（7名）

④ 神通川水系の重金属の蓄積と流出の研究：富山大学教育学部・相馬恒雄教授（4名）

⑤ 神岡鉱山廃滓堆積場の構造安全性の研究：金沢大学工学部・八木則男助教授（1名）

これらの委託研究の成果は、1978年に総合報告書にまとめられ、神岡鉱業所に具体的な公害防止対策を提言した。この提言を受けて、神岡鉱業所は1979年から毎年、鉱害防止対策の実施状況を年次報告書として、被害住民団体に提出するようになった。1979年に委託研究班は解散したが、1980年に協力科学者グループとして再編成された。

一方、被害住民団体は、発生源対策住民専門委員を選んで、協力科学者や弁護士とともに、年１回の全体立入調査のほかに、排水、排煙、坑内、北電水路，休廃坑、植栽などの問題別の専門立入調査を年10回程度も実施し、神岡鉱山の公害防止対策を現場点検した。

排水対策としては、抗内水の清濁分離、選鉱工程水や製錬工程水のリサイクル、排水処理設備の改善、廃滓堆積場浸透水の処理などが実施され、神岡鉱山の８排水口（2006年から７排水口）からのカドミウム排出量・濃度は、1972年の約35kg/月・８ppbから2020年の約2.6kg/月・１ppbへと、約13分の１以下に削減された。

排煙対策としては、製錬炉から出る鉱煙集じんだけでなく、建屋内の環境集じんを強化、カドミウム排出量の多い工程の改善、鉱石から産業廃棄物への原料転換などにより、神岡鉱山の排煙から排出されるカドミウム量は、1972年の約3.5kg/月から2020年の約0.1kg/月へと、35分の１に削減された。

休廃坑・廃石捨場対策としては、まず航空写真と現地踏査により実態を把握し、汚染沢水と非汚染沢水の分離、覆土・植栽、汚染地下水の揚水処理などを行い、休廃坑・廃石捨場から流出するカドミウム量は、1972年の約4kg/月から2020年の約0.7kg/月へと、約6分の1に削減された。

1977年の委託研究排水班調査で発見された北電水路汚染負荷対策としては、水路内汚染湧水回収設備、バリア井戸揚水などにより、1977年の約21kg/月から2019年の0.5kg/月へと､約40分の１に削減された。

つまり、神岡鉱山が神通川に排出するカドミウム負荷量は、1972年の約60kg/月（8排水口負荷約35kg/月＋北電水路負荷約21kg/月＋休廃坑負荷約4kg/月）から2020年の約3.8kg/月（(8排水口負荷約2.6kg/月＋北電水路負荷約0.5kg/月＋休廃坑負荷約0.7kg/月)）へと、約16分の1に削減された。

その結果、神通川水系の水質カドミウム濃度は、1969年の1.5ppbからも2020年の0.07ppbへと約20分の1となり、自然界レベルに戻った。

本書では、著者が50年にわたり、携わってきた発生源対策の調査研究について、1．神岡鉱山立入調査の開始、2.発生源対策の委託研究、3.立入調査の継続と協力科学者グループの活動、4．発生源対策の成果と今後の課題を、詳しく述べるとともに、日本の公害問題解決の先進モデルとする。

最後に、50年にわたる発生源対策の調査研究に当たり、多大なご協力を得たイタイイタイ病対策協議会、神通川流域カドミウム被害団体連絡協議会、イタイイタイ病弁護団、発生源対策委託研究班・協力科学者グループ、京都大学金属公害研究グループおよび三井金属鉱業㈱神岡鉱業所（現神岡鉱業㈱）の方々に深く感謝致します。また、今年1月に亡くなられた恩師で発生源対策に長年携われた京都大学名誉教授・倉知三夫先生と7年前に亡くなった歴史作家の妻・裕子に本書を捧げるともに、本書の出版に当たり、身に余る「帯推薦文」を寄せて頂いた大阪市立大学名誉教授・滋賀大学元学長の宮本憲一先生と、出版不況の中で本書を出版して頂いた本の泉社の新船海三郎社長に感謝の意を表します。

イタイイタイ病発生源対策50年史

目　次

イタイイタイ病発生源対策50年史略年表

年	関 係 事 項
1972	公害防止協定の締結、第1回神岡鉱山全体立入調査（以後、毎年1回実施）。
1973	茂住選鉱排水リサイクル開始、抗内水の清濁分離強化。
	金属鉱業等鉱害対策特別措置法制定（休廃坑・廃石捨場対策補助金）。
1974	発生源対策委託研究班発足、鹿間選鉱排水のリサイクル開始。
1975	鉛カラミ水砕排水のリサイクル開始、六郎亜鉛製錬工場に急速ろ過装置設置。
	発生源対策シンポジウム開催（委託研究中間報告）。
1976	栃洞露天掘り操業開始。
1977	北電水路へのカドミウム汚染負荷発見、汚染原因究明調査開始。
1978	『発生源対策委託研究総合報告書』発行、発生源対策シンポジウム開催。
	『神岡鉱山立入調査の手引き』発行、第1回専門立入調査（以後、毎年数回実施）。
1979	北電水路内汚染湧水調査（以後、11回実施）、栃洞選鉱場休止。
	神1ダムの採砂作業により、牛ヶ首用水の水質悪化、汚染土壌復元事業開始。
1980	発生源対策協力科学者グループ発足、六郎工場汚染地下水対策開始。
	『神岡鉱業の鉱害防止対策・年次報告書』発行開始（以後、毎年発行）。
	神通川水質のカドミウム常時監視体制確立。
1983	茂住坑内の東大カミオカンデ観測開始。
1984	鹿間谷上部沢水の清濁分離工事実施。
1986	神岡鉱山が三井金属鉱業㈱から分離独立、神岡鉱業㈱となる。
1987	赤渣乾燥炉を高圧脱水プレスに改善、栃洞露天掘り跡地でカミサイ砂利採取開始。
1990	鹿間谷堆積場底設暗渠内高濃度湧水の分離工事。
1991	立入調査20回記念発生源対策シンポジウム開催。
	六郎工場敷地土壌汚染判明、六郎工場敷地調査実施。
	茂住坑内の東大スーパーカミオカンデ観測開始。
1992	円山陥没部の約1万㎥が土石流として中の谷に流下、六郎山腹トンネル掘削。
1993	新亜鉛電解工場操業開始。
	和佐保堆積物の廃滓サンドを生コン用細骨材として生産開始。
1994	茂住坑採掘停止、茂住選鉱場休止。
1995	北電水路内汚染湧水の回収設備設置、阪神淡路大震災発生。
	鉛製錬原料の廃バッテリーへの転換、鉄残渣を赤渣からジャロサイト法へ変更。
1996	北電水路内汚染湧水の集水処理開始、一般廃棄物焼却灰の坑内充填計画白紙撤回。
	日立AICとの技術提携による化成品工場操業開始。
1998	イタイイタイ病とカドミウム環境汚染対策に関する国際シンポジウム開催。

	増谷堆積場地震時安定解析。
1999	和佐保堆積場地震時安定解析。
2000	鹿間谷堆積場地震時安定解析、鉄残渣処理をゲーサイト法へ変更。
2001	神岡鉱山採掘停止、鹿間選鉱場休止、和佐保・増谷堆積場非常排水路掘削開始。
	鉛銀残渣・溶鉱炉煙灰処理開始。
2002	六郎工場敷地ボーリング調査とボーリング揚水開始、大留川清水バイパス工事。
2004	鹿間谷堆積場排水異常、六郎工場の重油流出事故、神通川水質自然界レベルへ。
	PRTR（環境汚染物質排出・移動登録）法の報告開始（以後、毎年報告）。
2005	鹿間36mシックナー改修など排水改善工事開始（～2006年）、ISO14001認証取得。
	亜鉛製錬原料として海外鉱に加えて鉄鋼集塵灰の亜鉛酸化鉱を供用開始。
2006	六郎緊急貯水槽・油水分離槽完成、亜鉛電解工場排水を鹿間総合排水へ統合。
	神通川水質の亜鉛・鉛・ヒ素も週1回常時監視開始（以後、毎年）。
2007	鉛溶鉱炉排煙脱硫塔増設。
2009	六郎工場バリア井戸25カ所の揚水開始、電解工場井戸掘削と揚水開始。
2010	茂住30mシックナー改修、鹿間谷堆積場補助非常排水路掘削。
	栃洞露天掘り跡地のカミサイ砂利採取終了。
	鉄残渣処理をフェリハイドライト法へ変更。
2011	立入調査40周年記念発生源対策シンポジウム開催、東日本大震災・福島原発事故。
2012	富山県立イタイイタイ病資料館開設、カドミウム汚染農地復元事業完工式。
2013	神通川流域カドミウム問題の全面解決に関する合意書締結。
	廃滓サンドの生コン用細骨材の生産終了。
2014	六郎工場の急速ろ過装置増設。
2015	旧電解工場の建屋撤去時の汚染土壌掘削撤去の合意書締結。
	『発生源監視資料集』発行（以後、毎年更新）
2017	和佐保堆積場非常排水路完成、神岡触媒工場が三井金属鉱業から神岡鉱業に移管。
2016	鉛溶鉱炉水銀除去設備設置、蒼鉛脱硫塔設置。
2018	鹿間18mシックナー改修、六郎20mシックナー改修。
	亜鉛電解工場屋上の空冷塔を嵩上げしてデミスターを二重化。
2019	鹿間緊急貯水槽が完成、六郎堆積場堆積完了、増谷堆積場非常排水路完成。
	集中豪雨対策検証、3堆積場耐震診断結果検証、旧栃洞選鉱場解体撤去工事開始。
2020	硫酸タンク耐震補強工事実施、工場施設の耐震診断を順次実施。
	茂住坑内の東大スーパーカミオカンデでガドリニウム投入開始。
2021	第50回神岡鉱山全体立入調査実施、立入調査50周年記念式典。
	栃洞坑内にハイパーカミオカンデ建設着工。

イタイイタイ病発生源対策50年史図表写真一覧

Ⅰ　神岡鉱山立入調査の開始（1972～73年）〈公害防止協定の締結と立入調査の開始〉

1971年6月に富山地裁で四大公害裁判（イタイイタイ病、水俣病、新潟水俣病および四日市ぜんそく）の先頭を切って、患者・遺族原告の勝訴判決が下された。しかし、三井金属鉱業㈱は第一審判決を不服として、即日、名古屋高裁金沢支部に控訴したが、1972年8月9日に裁判所は控訴を棄却し、原告側の勝訴が確定した。三井金属鉱業㈱は、最高裁への上告を断念し、判決翌日の三井金属鉱業㈱本社交渉で、被害住民の基本的要求をすべて盛り込んだ「イタイイタイ病の賠償に関する誓約書」、「土壌汚染問題に関する誓約書」および「公害防止協定」を締結した。

環境の再生にとって、裁判後も操業を続ける神岡鉱山の無公害化は、不可欠のことであり、土壌復元後の農地を再汚染させない必要条件であった。「公害防止協定」を**図Ⅰ**に示すが、神岡鉱業所の操業に関し、今後再び公害を発生させないことを確約し、神岡鉱業所への専門家を伴う被害住民の立ち入り調査と資料収集、諸施設の拡張・変更に関する諸資料および被害住民の要求する公害に関する諸資料の提供、調査費用の全額企業負担などを定める日本の公害史上、例を見ない画期的なものであった。

この公害防止協定に基づき、50年に及ぶ立入調査が継続され、神岡鉱山の公害防止対策が進む足がかりとなった。1972年から毎年、全体立入調査が実施され、2021年で50回を数えるに至り、その参加者は被害住民が延べ7,000名、科学者・弁護士の専門家が延べ1,300名に達した。

昭和47年8月10日

東京都中央区日本橋室町2丁目1番地1
三井金属鉱業株式会社
代表取締役　尾本信平㊞

イタイイタイ病対策協議会
会長　小松義久　殿
熊野地区鉱毒対策協議会
会長　上田敏朗　殿
鵜坂公害対策協議会
会長　島田伊作　殿
速星地区公害対策協議会
会長　増田喜久雄　殿
イタイイタイ病訴訟原告弁護団
団長弁護士　正力喜之助　殿

公害防止協定

（甲）イタイイタイ病対策協議会
会長　小松義久
（甲）熊野地区鉱毒対策協議会
会長　上田敏朗
（甲）鵜坂公害対策協議会
会長　島田伊作
（甲）速星地区公害対策協議会
会長　増田喜久雄
（乙）三井金属鉱業株式会社
代表者代表取締役
尾本信平

乙は、神岡鉱業所の操業に関し、今後再び公害を発生させないことを確約し、当面つぎのことを甲らと協定する。

1、甲らのいずれかが必要と認めたときは、乙は、甲ら及び甲らが指定する専門家が、いつでも、乙の廃水溝を含む最終廃水処理設備および廃滓堆積場など関係施設に立入り調査し、自主的に各種の資料などを収集することを認める。

2、乙は、甲らに対し、前項に規定する諸施設の拡張・変更に関する諸資料、並に甲らが求める公害に関する諸資料を、提供する。

3、前2項のほか神岡鉱業所の操業に係る公害防止に関する調査費用は、すべて乙の負担とする。

4、乙は、公害の防止等に関し今後さらに誠意をもって、甲らと交渉し協定を締結する。

昭和47年8月10日

甲　イタイイタイ病対策協議会
会長　小松義久㊞
熊野地区鉱毒対策協議会
会長　上田敏朗㊞
鵜坂公害対策協議会
会長　島田伊作㊞
速星地区公害対策協議会
会長　増田喜久雄㊞

乙　三井金属鉱業株式会社
代表取締役　尾本信平㊞

立会人　イタイイタイ病訴訟原告弁護団
団長　正力喜之助㊞

図Ⅰ　公害防止協定

出所：『イタイイタイ病対策協議会結成50周年記念誌』2016年。

1974年から1978年の5年間に神岡鉱山の発生源対策を五つのテーマで調査研究する各大学への委託研究も実施された。1980年以降は、委託研究班約30名を再編成した協力科学者グループが、被害住民や弁護団とともに、専門立入調査を年数回以上実施した。公害防止協定に基づき、三井金属鉱業㈱（1986年から神岡鉱業㈱）が負担した立入調査・委託研究・分析費用などは、1972年から2021年の累計で約3億円に及び、これらの調査研究に基づく科学者の提言により、三井金属鉱業㈱と神岡鉱業㈱が投資した鉱害防止投資額は、約300億円を超え、後述するように大きな成果をあげている。このように、被害者住民団体と発生源企業との公害防止協定に基づき、公害防止対策を飛躍的に前進させた事例は、国内はもとより世界的にも例を見ないと思われる。

第1章　神岡鉱山の概要

図1-1に神岡鉱山の鉱業活動を示すが、神岡鉱山は、岐阜県と富山県が境に接する岐阜県神岡町（現飛騨市）にあり、槍ヶ岳、穂高岳、焼岳などの北アルプスを源流とする高原川の中流右岸の東西5km、南北15kmの地域で鉱業活動を展開してきた。神岡鉱山の鉱床は、石灰岩と交代した高熱交代鉱床に属し、鉛・亜鉛鉱床として日本最大規模を有する。1972年当時の可採粗鉱量は、4200万トン以上とされ、当時の粗鉱処理量約200万トン/年から換算しても20年以上は採掘可能な鉱山とされたが、2001年に閉山し、その後は廃鉛バッテリー、鉄鋼集じん灰などの産業廃棄物と海外亜鉛鉱を原料として鉛･亜鉛製錬を継続している。

図1-2に神岡鉱山による鉱害被害地域を示すが、排水による神通川下流のイタイイタイ病発生地域の土壌汚染のみならず、神岡鉱山周辺も製錬排煙による煙害と土壌汚染が起こった。神岡鉱山と鉱害の歴史について詳しくは、巻末の参考文献に挙げた拙共編著『三井資本とイタイイタイ病』や拙著『金属産業の技術と公害』を参照されたい。

現在の神岡鉱山の中心鉱区に当たる茂住銀山と和佐保銀山は、16世紀末に発見・稼行された。江戸時代に徳川幕府は飛騨一国を直轄の天領としたが、その目的は神岡鉱山の鉱物資源と飛騨の木材資源とされ、高山代官所に銀製錬所が置かれた。明治時代に三井組が神岡鉱山の鉱区を買収し、西欧の新技術を導入して鉛製錬を開始し、その後亜鉛製錬も行なった。そこで、**図1-1**に示すように、清五郎谷、源蔵谷、孫右衛門谷など山師の名前が付いた休廃坑･廃石（ズリ）･カラミ（製錬滓のスラグ）捨場などが多数残る。

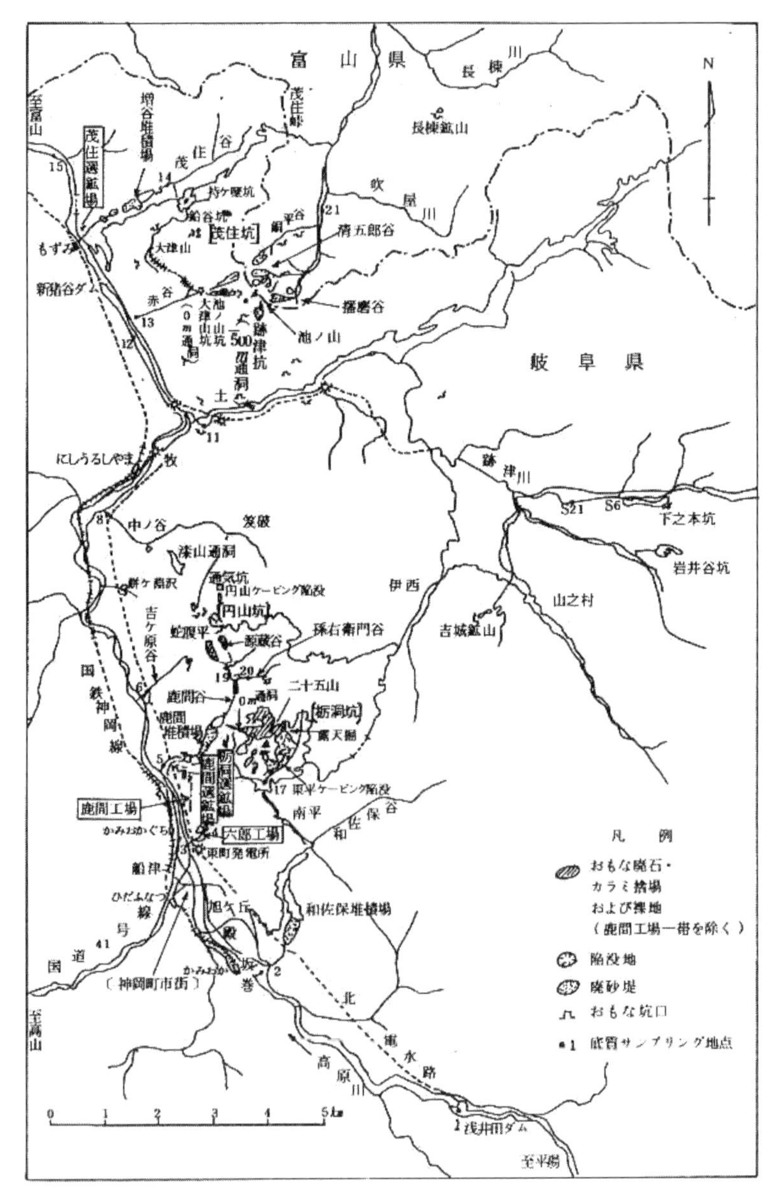

図1-1 神岡鉱山の鉱業活動

出所：『イタイイタイ病発生源対策委託研究総合報告書』1978年。

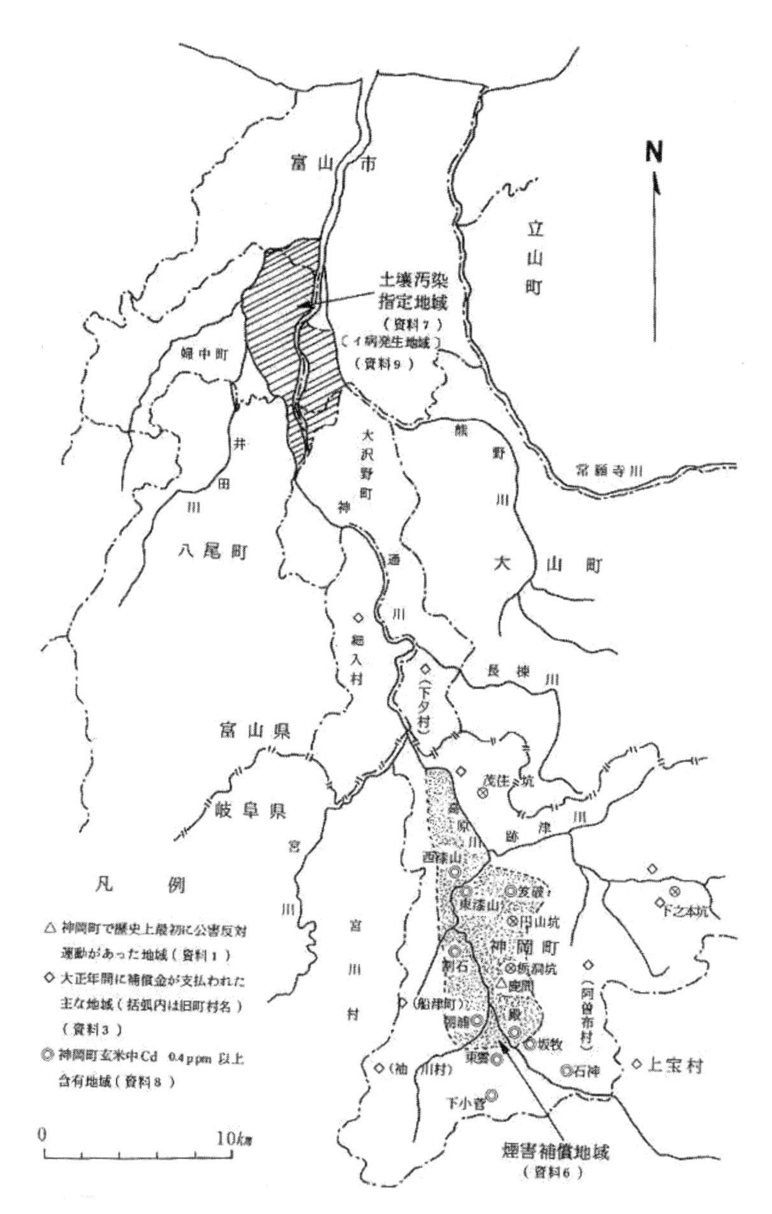

図1-2 神岡鉱山による鉱害被害地域

出所：『イタイイタイ病発生源対策委託研究総合報告書』1978年。

図1-3に神岡鉱山の地質鉱床と施設配置図を示す。1972年当時は、栃洞・円山および茂住の３坑で鉱石を採掘し、採掘した粗鉱は鹿間、栃洞および茂住の３選鉱場で浮遊選鉱し、**図1-4**に示す選鉱後の鉛精鉱は**写真1-1**と**図1-5**に示す鹿間の鉛製錬工場で焙焼され、熔鉱炉を経て電解製錬される。また、選鉱後の亜鉛精鉱は、**図1-6**に示す鹿間の焼鉱硫酸工場で焙焼され、焙焼後の亜鉛焼鉱を**図1-7**に示す六郎の亜鉛製錬工場へ送り、湿式亜鉛製錬される。鉛製錬の副産物として金、銀、ビスマス、硫酸などが、亜鉛製錬の副産物としてカドミウムと硫酸が得られる。採掘粗鉱の90％以上は、選鉱廃滓として和佐保と増谷の2堆積場に送られ、アースダム形式で堆積される。

以上に述べた３坑、３選鉱場、２工場および３堆積場の位置を**図1-3**に示し、神岡鉱山の生産工程と汚染発生源を**図1-8**に示す。汚染発生源は、①鉱山から排出される坑内水、②選鉱廃滓堆積場から排出される堆積場水、③製錬工場から排出される工程水、④製錬工程から排出される鉱煙、⑤製錬工場建屋から排出される環境排煙および⑦製錬工場の各種槽・タンクやパイプなどから工程液が漏洩して土壌・地下水を汚染する浸透水である。

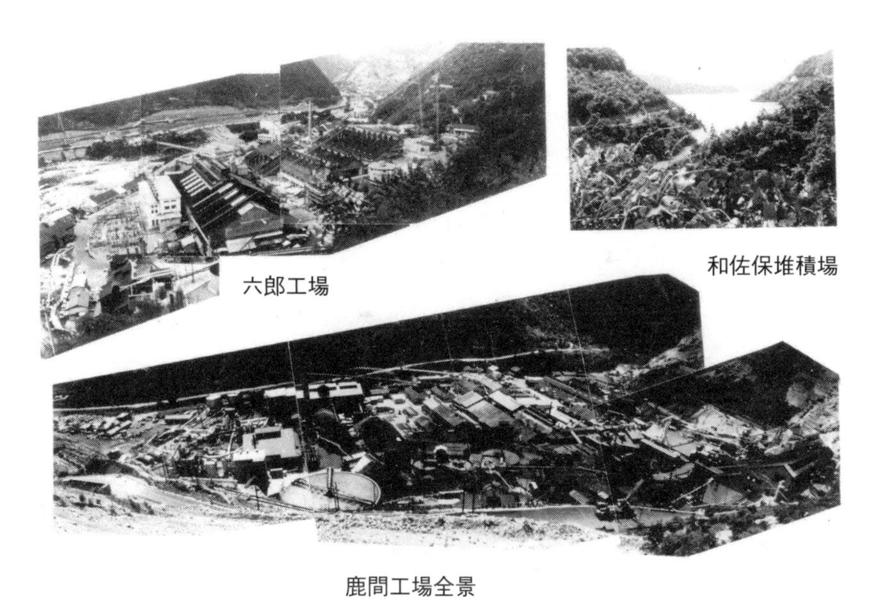

写真1-1 神岡鉱山の鹿間工場、六郎工場および和佐保堆積場
出所：1972年頃、畑撮影。

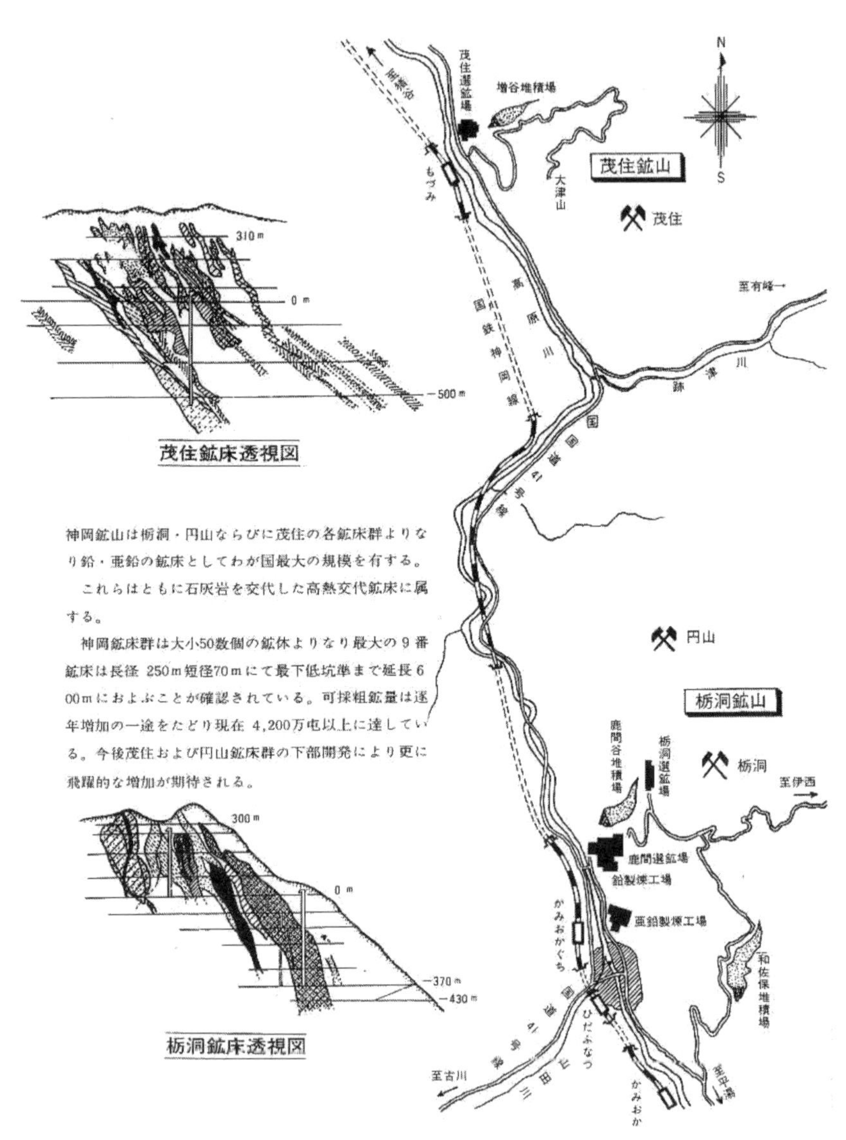

図1-3 神岡鉱山の地質鉱床と施設配置図

出所：三井金属鉱業㈱神岡鉱業所『事業の概要』1972年版。

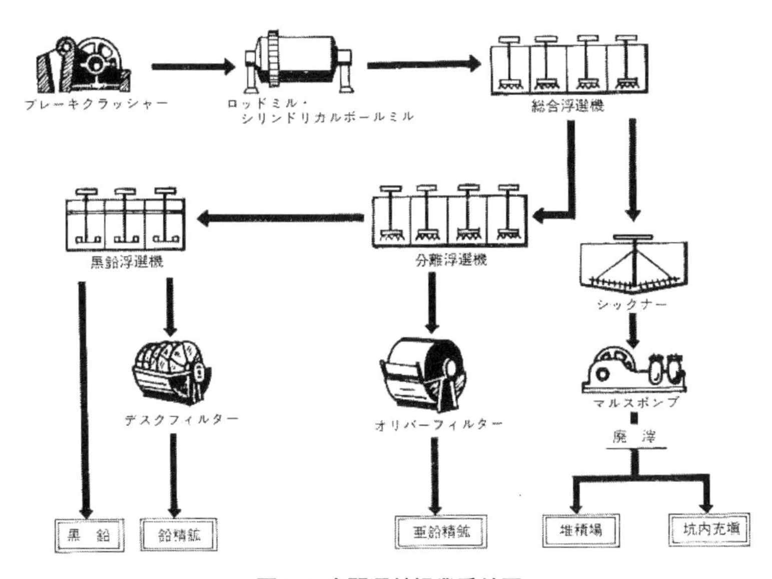

図1-4 鹿間選鉱操業系統図

出所：『神岡鉱山立入調査の手びき』1978年版。

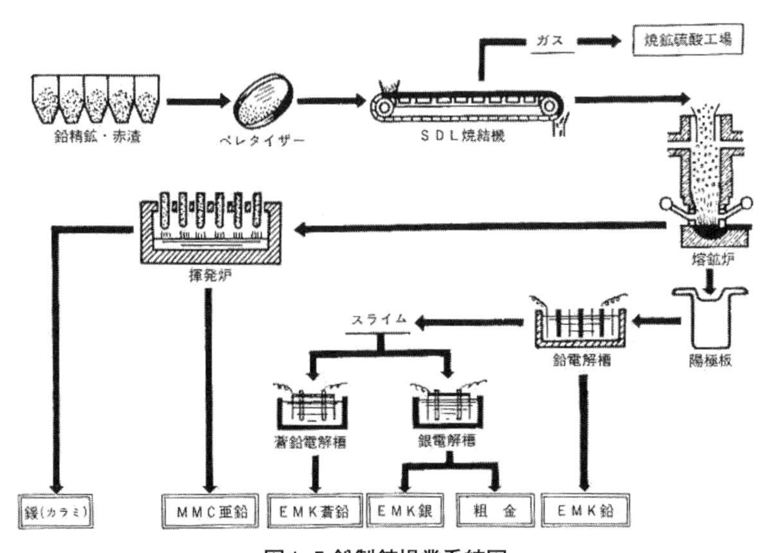

図1-5 鉛製錬操業系統図

出所：『神岡鉱山立入調査の手びき』1978年版。

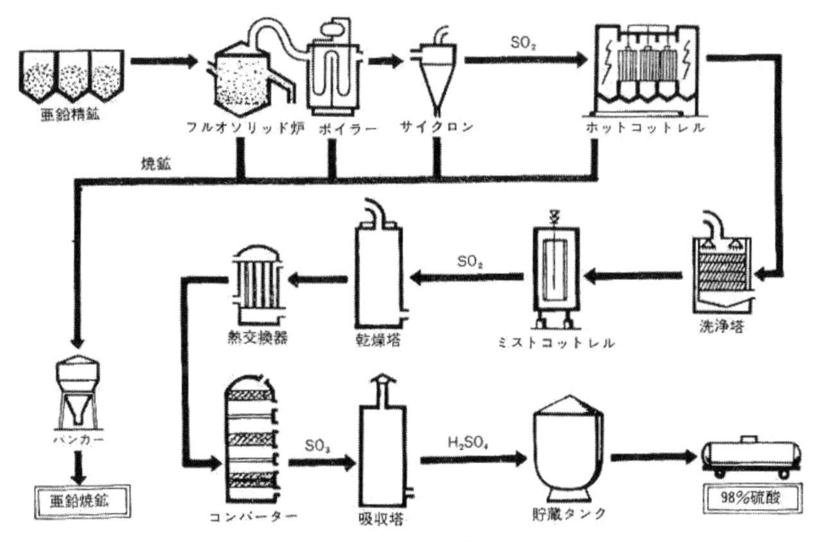

図1-6 焼鉱硫酸操業系統図

出所：『神岡鉱山立入調査の手びき』1978年版。

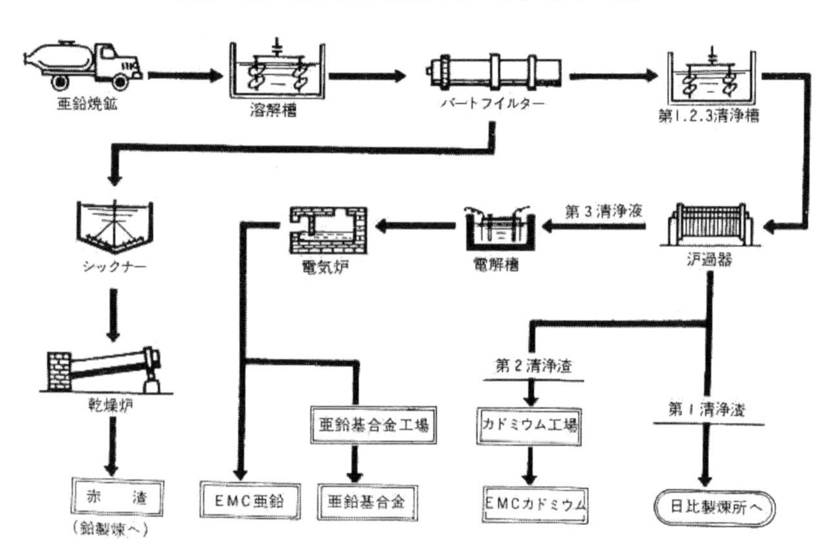

図1-7 亜鉛製錬操業系統図

出所：『神岡鉱山立入調査の手びき』1978年版。

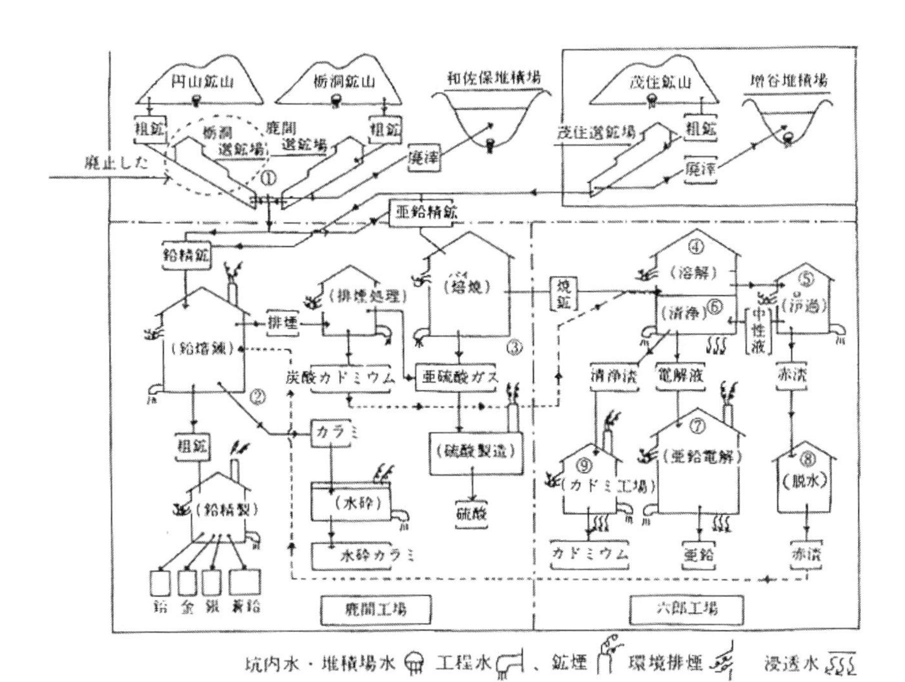

図1-8 神岡鉱山の生産工程と汚染発生源

出所：『神岡鉱山立入調査の手びき』1978年版。

第2章　第1回立入調査と第2回立入調査

1972年11月16～17日の両日にわたり、イタイイタイ病被害地域住民六団体とイタイイタイ病弁護団（住民・弁護士約200名）は、全国から結集した各種専門科学者（26名）の協力を得て、三井金属鉱業㈱との公害防止協定に基づき、神岡鉱業所の第1回立入調査を実施した。最初の立入調査でもあり、目的を神岡鉱業所の立地、施設、操業の概況の把握と若干の試料採取に置いた。

図2-1に神岡鉱業所の操業系統を示し、**表2-1**に神岡鉱業所の生産規模（1972年）を示すが、粗鉱生産量は209万トン／年、鉛約2万7千トン／年、亜鉛約6万6千トン／年、銀70トン／年、カドミウム400トン／年、硫酸16万3千トン／年などであった。**表2-2**に神岡鉱業所のカドミウム産出量計算を示すが、カドミウム産出量57.62トン／月に対して、カドミウム生産量は33.33トン／月（400トン／年より計算）なので、約6割は回収されているが、約4割は行方不明であった。

図2-2に神岡鉱業所の坑廃水処理系統図（1972年）を示すが、排水は、①和佐保堆積場水、②亜鉛電解工場水、③鹿間総合排水、④鹿間谷堆積場水、⑤跡津通洞水、⑥大津山通洞水、⑦増谷堆積場水および⑧茂住選鉱総合排水の8排水口から高原川へ排出されていた。

表2-3に神岡鉱業所8排水口のカドミウム排出量算出根拠（1972年9月）を示すが、約34kg/月であり、鹿間総合排水が16.5kg/月と約半分を占めていた。

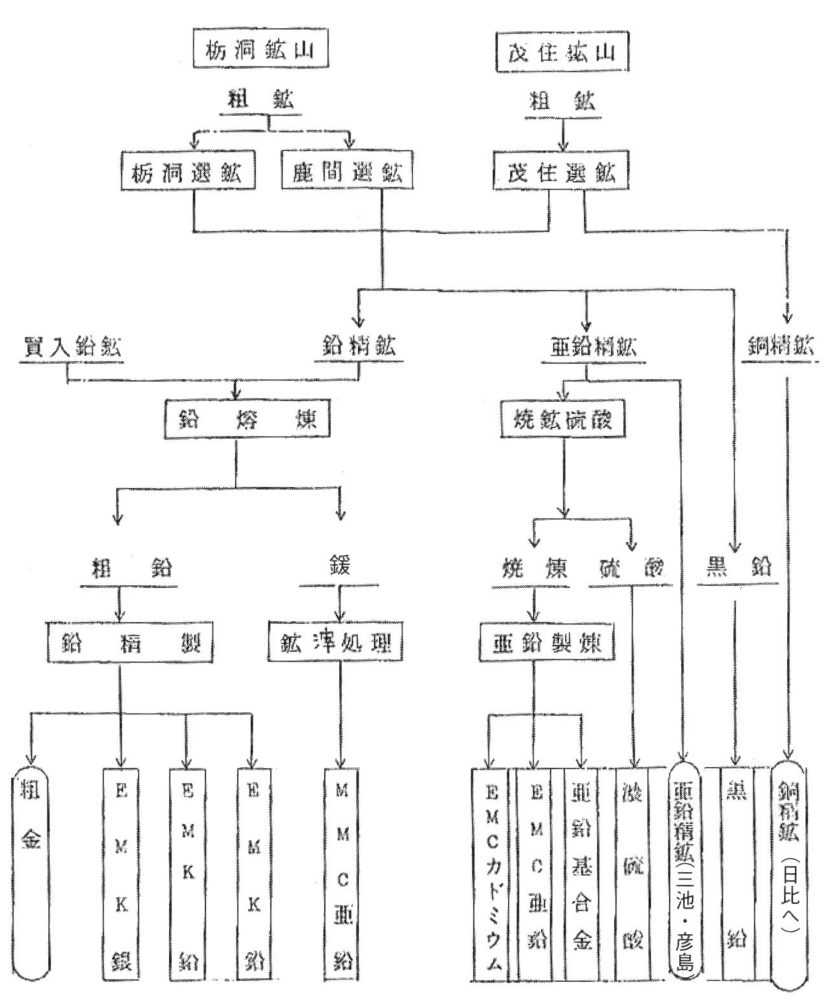

図2-1　神岡鉱業所の操業系統

出所：三井金属鉱業㈱神岡鉱業所『事業の概要』1972年版。

鉱 石 類

	栃洞鉱山(t／年)	茂住鉱山(t／年)	計（t／年)
粗 鉱	1,540,000	550,000	2,090,000
鉛 精 鉱	6,300	9,900	16,200
亜 鉛 精 鉱	98,000	64,500	162,500

金 属 地 金

品 名	品 位(t／年)	生産能力(t／年)	主 な 用 途
E M K 鉛	Pb 99.998	26,700	蓄電池、電線、無機薬品
E M K 銀	Ag 99.999	70	感光剤、工芸品
E M K 鉛	Bi 99.999	280	医薬品、合金、触媒
E M C 亜 鉛	Zn 99.993	61,000	亜鉛鉄板、伸銅、亜鉛板
EMCカドミウム	Cd 99.996	400	合金、メッキ、顔料
M M C 亜 鉛	Zn 99.5	4,700	亜鉛鉄板、ズブメッキ
亜 鉛 基 合 金	—	32,400	ダイカスト、活字、プレス

化成品その他

品 名	品 位（%)	生産能力(t／年)	主 な 用 途
濃 硫 酸	H_2SO_4 98	193,000	肥料、化学工業原料
黒 鉛	C 90	300	電極、坩堝、鉛筆
神岡コーサイ	—	30,000	道路舗装用フィラー
神 岡 陶 石	—	16,000	高級食器、タイル
神 岡 砕 石	—	—	コンクリート骨材
サ ル フ ア ン	SO_3 994	14,400	合成洗剤、化成品工業原料

表2-1 神岡鉱業所の生産規模（1972年）

出所：神岡鉱業所提出資料（1972年）。

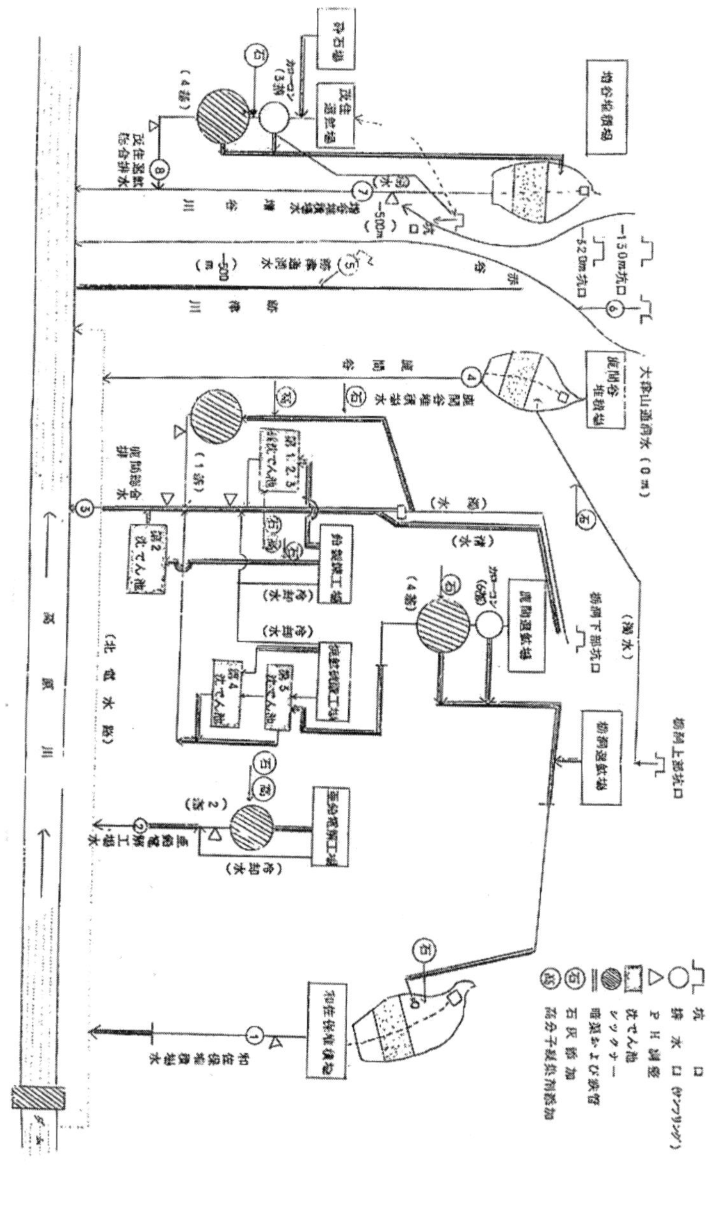

図2-2　神岡鉱業所の坑廃水処理系統図（1972年）

出所：神岡鉱業所提出資料（1972年）。

	平均月産量（粗鉱）	Zn　%	Cd　%	Cd産出高
栃洞	116,839　ton	4.1	0.031	36.22 t
茂住	36,890　ton	7.75	0.058	21.40 t

表2-2　神岡鉱業所のカドミウム産出量計算

出所：神岡鉱業所提出資料（1972年）。

排水口別	基制基準			Cd濃度 (ppm)	排水量 (1000㎥)	Cd量 (g)
	水質汚濁防止法	岐阜県上乗せ	名古屋鉱山保安監督部上乗せ			
(1) 和佐保堆積場	0.10	0.05	0.05	0.0122	678.4	8276
(2) 亜鉛電解工場	0.10	0.05	0.05	0.0121	552.7	6688
(3) 鹿間統合排水	0.10	0.05	0.05	0.0129	1282.2	16540
(4) 跡津通洞	0.10	0.05	0.05	0.0001	465.9	466
(5) 大津山通洞	0.10	0.05	0.05	0.0058	121.9	707
(6) 増谷堆積場	0.10	0.05	0.05	0.0017	666.1	1132
(7) 茂住選鉱排水	0.10	0.05	0.05	0.0018	168.0	302
計	0.10	0.05	0.05	0.0087	3935.2	34110

表2-3　神岡鉱業所のカドミウム排出量算出根拠（1972年９月）

出所：神岡鉱業所提出資料（1972年）。

1973年8月6～8日の3日間にわたる第２回立入調査（住民・弁護士約150名、科学者28名）では、第１回立入調査の結果、判明した問題点をより精密かつ総合的に調査することと、第１回立入調査では取り上げられなかった新たな問題点を調査することに目的が置かれた。第２回立入調査では、調査班を次の５班にわけて調査したが、第１回立入調査と第２回立入調査の中間時期に、高原川—神通川の水質と底質の調査が行われた。

第１班　神岡鉱業所の排水系統、旧沈澱池、旧堆積場の調査

第２班　鉱業所内外の浮遊粉じんの測定
第３班　鉱石運搬軌道沿線の廃滓等の投棄状況の調査
第４班　神岡町地域における重金属汚染
第５班　高原川等の河川底質および休廃坑等の廃滓捨場（私はこれに参加）
８日全員　和佐保堆積場の拡張計画による工事施工状況の調査
中間調査班　高原川―神通川の水質と底質の調査（私もこれに参加）

第２回立入調査結果は、次の６項目にまとめられた。

(1) 神岡鉱業所は、少なくとも１か月当たり約35kgのカドミウムを排水として高原川へ放流し、また１か月当たり3.5kgのカドミウムを排煙として大気中に放散していることが確認された。しかし、これらが鉱業所から所外に放出されているカドミウムの全量であるか否かは、残念ながらまだ確認できない。鉱業所が我々に提供したカドミウム収支に関するデータは不十分であって、その面からのカドミウム放出量の算定は不可能である。

(2) **図2-3**の神岡鉱業所周辺土壌カドミウム汚染分布図に示すように、鉱業所構内と鉱業所を囲む無樹木地帯はもちろん、対岸斜面から高原川沿い上流数kmにわたる地帯が、鉱業所排煙によって高度の重金属汚染を受けている事実が明白になった。これら地域を汚染しているカドミウムは降雨時に高原川に流入し、やがては下流地帯に到達する。鉱業所は、少なくとも同所構内とその周辺の無樹木地帯の雨水を集水し、カドミウムを沈澱処理する設備を完備するべきである。

(3) 鉱業所構内の旧沈澱池・堆積場の処理状況もなお不十分であり、場所によっては重金属汚染が周辺に拡大していることが確認された。これらの地点は被覆その他の処置が必要であり、この点からも（2）の雨水集中処理方式の完備が要望される。

(4) **図1-1**の神岡鉱山の鉱業活動に示したように、旧廃坑・廃滓捨場の

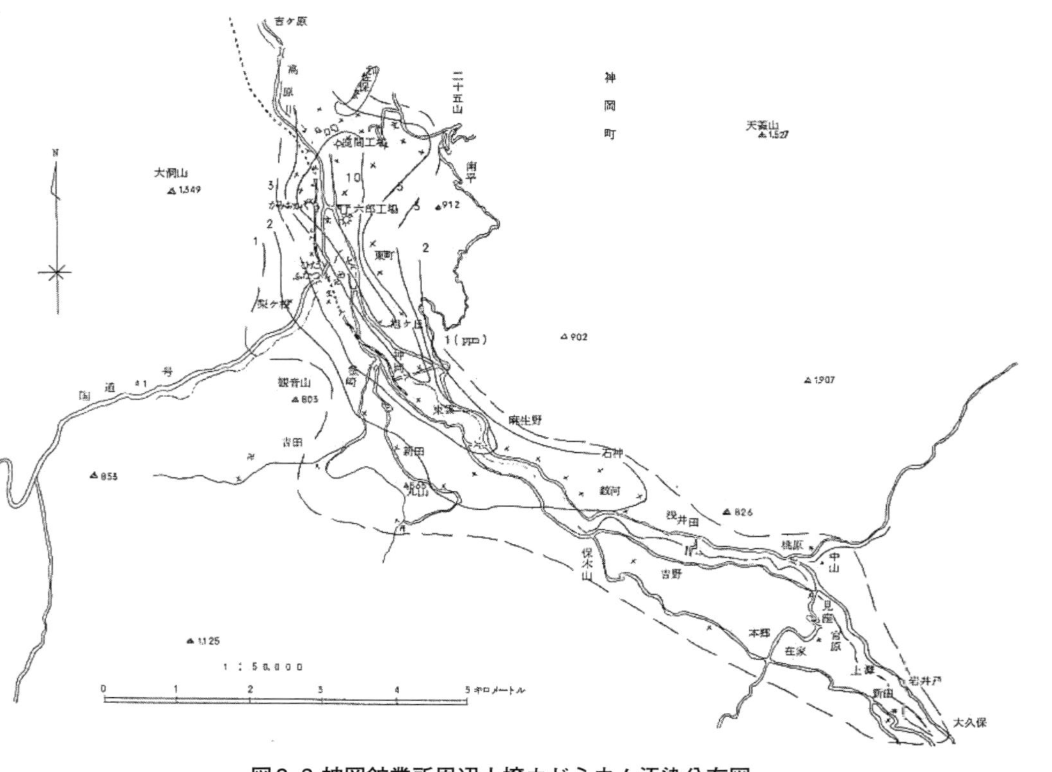

図2-3 神岡鉱業所周辺土壌カドミウム汚染分布図

出所：『三井金属鉱業㈱神岡鉱業所第二回立入調査報告書』1973年。

多くが野ざらしに放置されており、これらからの流出物が各谷川を汚染し、実に高原川の底質の重金属汚染もこれら谷川の流入に伴って増加することが明らかになった。また、高原川沿いの旧軌道敷の現況調査が行われたが、その結果として旧軌道敷は延長22kmにわたって廃滓が敷き詰められ、さらに各所に軌道からの廃滓投棄が行われた形跡があり、軌道敷と周辺が重大な重金属汚染源となっていることが確認された。それら地帯からの汚染物質は、降雨時に高原川に流入するおそれは極めて大きい。鉱業所は、旧廃坑・廃滓捨場・旧軌道敷の所在を確認するとともに、それらに対して土砂流出防止工事を十分に施すべきである。

(5) 今回の立入調査により鉱業所による神岡鉱山一帯の重金属汚染がいかに広範囲かつ深刻であるかが確認された。**図2-4**の神岡鉱山周辺における河川水のカドミウム濃度と**図2-5**の高原川—神通川の谷川、支流、本流の底質中カドミウム含有量に示すように、この広範囲の汚染地域からの流入物と鉱業所排水によって、高原川の水質と底質がどのように汚染されているかも解明された。高原川－神通川水系の重金属汚染と増水時におけるその挙動の一端は明らかになってきたが、問題の重要性に鑑みて、さらに系統的な大規模調査を行う必要があると考えられる。なお、**図2-5**の牧発電所放水のカドミウム濃度が4ppbと、浅井田ダムのカドミウム濃度1ppbの4倍も増加していることは、後の委託研究排水班の調査研究により明らかとなる北電水路汚染負荷を暗示して興味深い。

(6) 第2回立入調査団は、上記の調査結果に基づき、当面の問題として今後引き続き専門科学者による下記テーマに関する個別的調査研究が必要であるとの結論に達した。

① 「神岡鉱山の排水・排煙対策に関する研究」

② 「神岡鉱業所におけるカドミウム等の収支に関する研究」

③　「高原川―神通川におけるカドミウム等の蓄積と流出に関する研究」

④　「廃滓堆積場の構造安全性の調査研究」

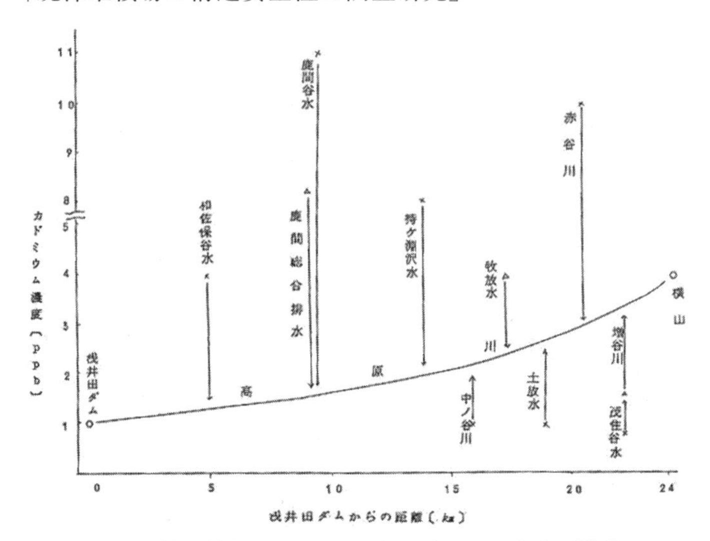

図2-4 神岡鉱山周辺における河川水のカドミウム濃度

出所：『三井金属鉱業㈱神岡鉱業所第二回立入調査報告書』1973年。

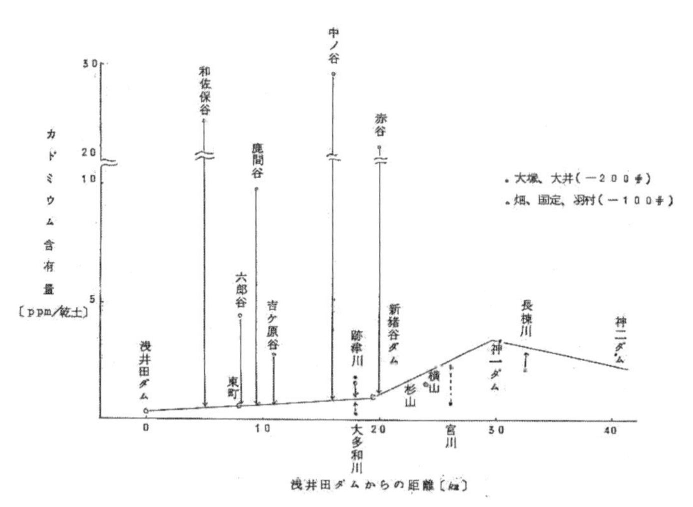

図2-5 高原川―神通川の谷川、支流、本流の底質中カドミウム含有量

出所：『三井金属鉱業㈱神岡鉱業所第二回立入調査報告書』1973年。

Ⅱ　発生源対策委託研究（1974～78年）〈委託研究の開始〉

前述したように、第１回・第２回立入調査に参加した被害住民団体、弁護団および科学者の間で、これらの問題状況を正確に把握し、再汚染を防止する抜本的な発生源対策を三井金属鉱業㈱神岡鉱業所に実施させるためには、専門的な調査研究が必要であると確認された。その結果、神通川流域カドミウム被害団体連絡協議会（代表者・小松義久）は、1974年７月から、次の五つのテーマの調査研究をそれぞれの専門科学者の属する大学に委託し、五つの委託研究班が発足した。

① 神岡鉱山における排水対策に関する調査研究：京都大学工学部冶金学教室、代表者・倉知三夫助教授（排水班13名）、私はこれに参加。
② 神岡鉱山における排煙対策に関する調査研究：名古屋大学工学部化学工学教室、代表者・神保元二教授（排煙班５名）
③ 神岡鉱業所におけるカドミウム等収支に関する研究：東京大学生産技術研究所、代表者・原善四郎助教授（収支班７名）
④ 神通川水系における重金属の蓄積と流出に関する研究：富山大学教育学部地質学教室、代表者・相馬恒雄教授（神通川班４名）
⑤ 神岡鉱山の廃滓堆積場の構造安全性に関する調査研究：金沢大学工学部土木工学教室、八木則夫助教授（堆積場班１名）

以上の委託研究費は、総額5300万円にのぼるが、公害防止協定に基づき三井金属鉱業㈱が全額負担した。以上五つの研究班の調査研究を遂行するに当たっては、その基本目標を「土壌復元後の再汚染を防止する発生源対策の一つ」としてとらえ、「その成果は、当然、非汚染河川と同等の水質レベルまで回復せしめるものであること」に定めた。また、委託研究は、公害防止協定に基づくものであり、その研究成果は被害住民団体に還元されると同時に、加害者の三井金属鉱業㈱に対しては、実施すべき発生源対策として提言され、発生源対策の効果は両者が確認・評価するものであった。委託研究の立場と性格から、延べ30回を超える現地調査については、被害住民団体やイタイイタイ病弁護団の支援を得るほか、神岡鉱業所の協力も得た。

各研究班の研究成果は、報告書として委託者の神通川流域カドミウム被害団体連絡協議会に報告されるとともに、1978年8月には『イタイイタイ病裁判後の神岡鉱山における発生源対策』と題する委託研究総合報告書に取りまとめられた。この報告書の発表と、イタイイタイ病裁判勝訴6周年を記念して、1978年8月9日に発生源対策シンポジウムが開催され、続く10月の第7回立入調査において、神岡鉱業所の自主的な発生源対策を徹底させる具体的方策の実施と、被害住民団体による常時監視体制の確立が確認された。

イタイイタイ病裁判提訴から10年、委託研究班発足以来，足かけ5年にして、ようやく神岡鉱山における重金属汚染の発生源と各汚染メカニズムの大略が解明され、それぞれの発生源に対する具体的対策の提案・実施とその成果との対応を評価しうる段階に達した。また、神通川水系におけるカドミウム等重金属汚染負荷の現状は、目下調査中の北陸電力水路への汚染負荷を防止すれば、神通川下流の水質は非汚染河川のそれと同等になり、再び清流を蘇らせうることが明らかとなった。

第３章 神岡鉱山の現行生産工程における排水対策（排水班）

神岡鉱山の現行生産工程で発生する汚染工程水は、坑内水、選鉱工程水、堆積場水および製錬工程水の四つに分けられる。

坑内水は、採鉱工程で発生し、栃洞、円山および茂住鉱床周辺の坑口から排出される。坑内水は見かけの濁度により、清水と濁水に分けられ、清水の水質は良好で、濁水が処理対象となる。清水はそのまま工場用水に利用されるか、河川に放流されるが、濁水は堆積場ポンドやシックナーで凝集沈殿処理後、工場用水に利用されたり、河川に放流されている。したがって、坑内水対策の基本は、「清水と濁水との分離」、「濁水の少量化」および「濁水の処理」となる。

選鉱工程水は、鹿間、栃洞および茂住選鉱場より発生する。鹿間と茂住選鉱場では、選鉱工程水がリサイクルされ、選鉱用水として再利用されている。また、栃洞選鉱場では、バブル浮選機による排水処理がされている。したがって、選鉱工程水対策の基本は、リサイクルによるクローズドシステム化と言える。

選鉱工程では、工程水とともに多量の水分を含む選鉱廃滓が大量に発生する。選鉱廃滓は野外の堆積場に堆積されるが、廃滓中の水分や堆積場内雨水などは、堆積場ポンド上澄水や堆積場浸透水となって堆積場から排出される。神岡鉱山には和佐保、鹿間谷および増谷の３堆積場がある。和佐保堆積場は鹿間選鉱場と栃洞選鉱場の廃滓を堆積し、堆積場水は北電水路に放流される。鹿間谷堆積場は鹿間選鉱場と栃洞選鉱場の廃滓を堆積していたが、1956年に堆積完了し、現在は鹿間谷上流部の汚染沢水と栃洞上部坑内濁水の処理に第３ポンドが使用されており、堆積場水は鹿間工場用水に利用されている。増谷堆積場は茂住選鉱場の廃滓を堆積し、堆積場水は一部茂住選鉱場へリサイクルされている。したがって、堆積場水対策の基本は、「堆積場も含めた選鉱工程水のクローズドシステム化」にあるが、当面は水質の悪い堆積場浸透水対策が重要となる。

製錬工程水は、鹿間工場と六郎工場における鉛・亜鉛製錬工程などより発生する。製錬工程水対策としては、「鉛カラミ水砕水のリサイクル」、「湿式排煙処理水の一部リサイクルと余剰水のシックナー処理」、「亜鉛電解工程水のシックナーと急速ろ過処理」などがなされた。しかし、北電水路汚染負荷の原因として、六郎工場と鹿間工場の地下水汚染問題があり、製錬工程水の地下浸透にも注意する必要がある。

以上の坑内水、選鉱工程水、堆積場水および製錬工程水は、**図3-1**に示す神岡鉱山の坑廃水処理系統を経て、①和佐保堆積場水、②亜鉛電解工場水、③鹿間総合排水、④鹿間谷堆積場水、⑤跡津通洞水、⑥大津山通洞水、⑦増谷堆積場水および⑧茂住選鉱総合排水の「神岡鉱山８排水口」から、北電水路や高原川へ排出される。

本章では、神岡鉱山の上記の４工程水対策と８排水口管理の到達点と今後の課題を、『イタイイタイ病発生源対策委託研究総合報告書』に基づき総合的に紹介する。

1．坑内水対策

神岡鉱山の現在の操業に伴う坑内水は、次の各坑口から排出されている。

① 海抜850ｍにある「栃洞０ｍ通洞」から排出される坑内水は、**図3-2**の栃洞坑の坑内濁水処理系統図と**図3-3**の栃洞鉱山坑内見取図や**表3-1**の神岡鉱山の８排水口および坑内濁水の状況に示すように栃洞坑上部の坑内濁水であり、水量約25,000㎥／日、水質カドミウム60ppb程度なので、鹿間谷堆積場第３ポンドで凝集沈殿処理後、鹿間工場の工業用水に使用されている。

② 「栃洞-370ｍ通洞」から排出される坑内水は、**図3-2**と**図3-3**に示すように、栃洞坑下部の坑内清水であり、水量約15,000㎥／日、水

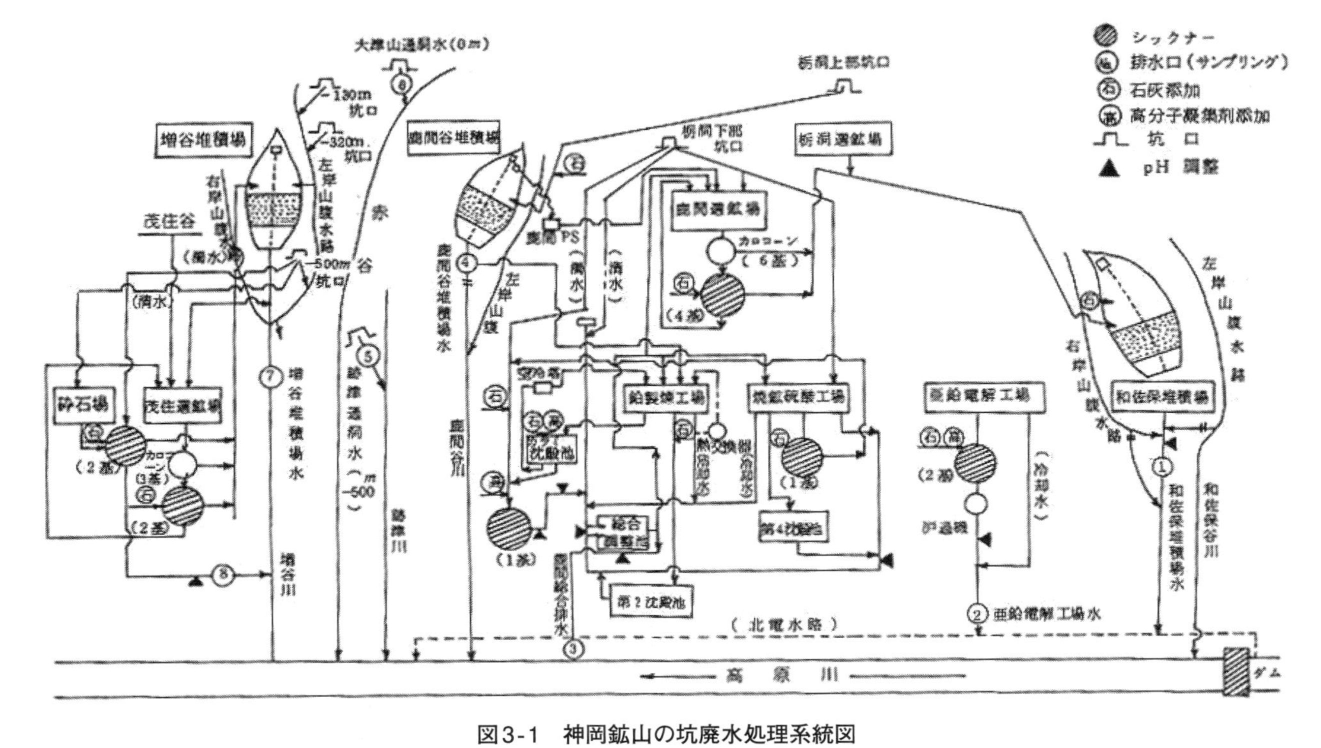

図3-1　神岡鉱山の坑廃水処理系統図

出所：『イタイイタイ病発生源対策委託研究総合報告書』[1978]。

質カドミウム1ppb程度なので、鹿間工場の冷却用水に使用されている。

③ **写真3-1**の「栃洞-430ｍ通洞」から排出される坑内水は、**図3-2と表3-1**に示すように、栃洞坑下部の坑内濁水であり、水量5,500㎥/日、水質カドミウム72ppb程度なので、**写真3-2**の鹿間30ｍシックナーで凝集沈殿処理後、鹿間総合調整池を経て鹿間総合排水として高原川に放流される。

④「大津山０ｍ通洞」から排出される坑内水は、**図3-1と表3-1**に示すように、茂住坑西側より赤谷に放流される半濁水であり、水量5,100㎥/日、水質カドミウム4ppb程度である。赤谷を経て高原川に流入するので、神岡鉱山の８排水口の一つになっている。

⑤ **写真3-3**の「跡津-500ｍ通洞」から排出される坑内水は、**図3-1と表3-1**に示すように、茂住坑南側より跡津川に放流される坑内清水であり、水量約26,000㎥/日、水質カドミウム１ppb程度である。跡津川を経て高原川に流入するので、神岡鉱山の８排水口の一つになっている。

⑥「茂住-130ｍ、-320ｍ、-500ｍ通洞」から排出される坑内水は、**図3-1**に示す茂住坑北側から排出される坑内清水であり、水量25,000㎥/日、水質カドミウム２ppb程度であり、茂住選鉱場の用水に一部利用されているが、大半は増谷堆積場水とともに高原川に放流されている。

以上のように、水質の良い坑内清水は、工場用水に使用されたり、そのまま河川に放流されているが、水質の悪い坑内濁水は、排水処理後、工場用水に使用されたり、河川に放流されている。神岡鉱山の坑内水は、見かけの濁り具合（＝濁度）により、清水と濁水に区分されているが、神岡鉱山の地質鉱床は石灰岩質なので、坑内水のｐＨは約８と弱アルカリ性を示し、カドミウムなどの重金属は水に溶けたイオン状でなく、Ｓ

S（浮遊粒子）状に存在する場合が多い。そこで、濁度と重金属濃度が対応し、濁度を重金属濃度の目安にできる。

図3-4に坑内水の発生メカニズムを模式的に示す。山上に降った雨水や雪解け水が地下に浸透し、採掘場や坑道に湧出したものが坑内水である。坑内水は鉱床や鉱床付近の変質帯を通過してきた汚染水と、通常の岩石の未変質帯を通過してきた非汚染水に分けられる。神岡鉱山の場合、坑内濁水が前者の汚染水に当たり、坑内清水が後者の非汚染水に当たる。

つまり、坑内濁水は変質帯にある鉱石坑井（立坑）の流下水や、坑道側溝の濁水よりなる重金属汚染水で、水量は少ない。一方、坑内清水は、未変質帯の裂か（割れ目）より湧出する重金属非汚染水で、水量も多い。ただし、採掘中の坑内では、清水と濁水の分離が不十分なために、濁水系に清水が流入している例がしばしば見られる。

このように、「汚染物質を、高濃度・少量のうちに、発生源近傍で処理する」という「排水処理の原則」が、まだ坑内水処理の場合には十分に適用されていない。

排水班の指摘に相応して、鉱山側でも清水と濁水の分離には一定の配慮を加えるようになってきているが、それでもなお相当量の清水により濁水が希釈・増量されてしまっている。「坑内水の清濁分離」の徹底が必要である。

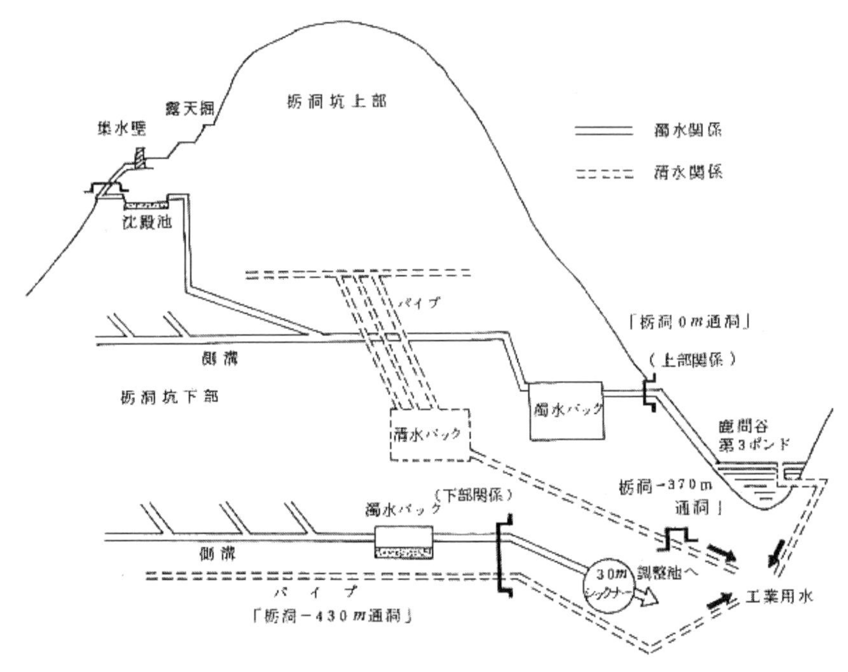

図3-2　栃洞坑の坑内濁水処理系統図

出所：『イタイイタイ病発生源対策委託研究総合報告書』1978年。

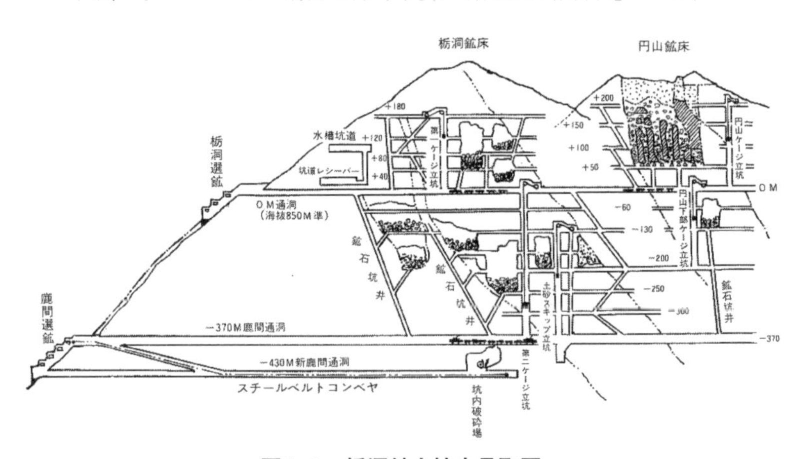

図3-3　栃洞鉱山坑内見取図

出所：『イタイイタイ病発生源対策委託研究総合報告書』1978年。

各排水口の状況

排水口名＼摘要	50年度（49.10～50.9）				
	水量（㎥／日）	水質（濃度ppm）			
		Zn	Cd	Pb	Cu
和佐保堆積場水	24,800	0.173	0.005	0.029	0.043
亜鉛電解工場水	15,500	0.390	0.006	0.033	0.013
鹿間総合排水	43,100	0.419	0.006	0.139	0.078
鹿間谷堆積場水	(1,600)	0.466	0.007	0.055	0.013
跡津通洞水	25,900	0.032	0.001	0.012	0.010
大津山通洞水	5,100	0.353	0.004	0.048	0.016
増谷堆積場水	34,300	0.148	0.002	0.040	0.012
茂住選鉱総合排水	3,700	0.120	0.002	0.035	0.016
合計	152,400	0.242	0.004	0.061	0.037

坑内濁水の処理結果

（上部系統処理前）

発生場所	水量(㎥/日)	濁度(ppm)	Cd(ppm)
露天掘	2,660	1000	0.028
孫右衛門谷	4,810	1000	0.050
北盛谷	3,080	1000	0.028
円山関係	3,296	2340	0.112
本坑関係	10,778	500	0.022
計	24,624	1400	0.060

↓
鹿間谷第3ポンドにて処理
↓

（処理後）

使用場所	水量(㎥/日)	濁度(ppm)	Cd(ppm)
工業用水	24,600	5	0.005

（下部関係処理前）

発生場所	水量(㎥/日)	濁度(ppm)	Cd(ppm)
下部関係	5500	494	0.072

↓
30mシックナーにて処理
↓

（処理後）

使用場所	水量(㎥/日)	濁度(ppm)	Cd(ppm)
工業用水	5450	3.0	0.005

表3-1　神岡鉱山の8排水口および坑内濁水の状況

出所：『イタイイタイ病発生源対策委託研究総合報告書』1978年

写真3-1 栃洞-430 m坑内濁水

出所：2012年5月28日、畑撮影。

写真3-2　鹿間30 mシックナー

出所：2013年5月20日、畑撮影。

写真3-3 跡津通洞

出所：2012年5月28日、畑撮影。

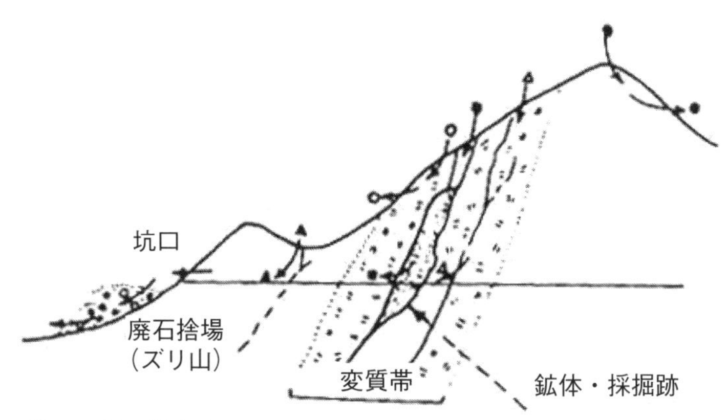

● 一般の地表水
○ 変質帯を通った地表水
■ 鉱体・採掘跡を通った坑内水（一般的には「濁水」）
△ 変質帯を通った坑内水（〃「半濁水」または「清水」）
▲ 未変質部の裂か等を通った坑内水（〃「清水」）

図3-4　坑内水の発生メカニズム

出所：『イタイイタイ病発生源対策委託研究総合報告書』1978年。

２．選鉱工程水対策

イタイイタイ病裁判後の神岡鉱山における選鉱工程水対策は、選鉱用水の循環使用（以下、リサイクルと略）による選鉱工程水系統のクローズドシステム化を中心としたものであった。鹿間選鉱場では、亜鉛精鉱シックナーオーバーフローの一部リサイクル、余剰水のナガーム浮選機による処理、鹿間選鉱36mシックナーオーバーフローの完全リサイクル化などが実施された。また､茂住選鉱場では､選鉱シックナーオーバーフローのリサイクルのみならず、増谷堆積場も含めた選鉱工程水のクローズドシステム化が図られてきた。一方、栃洞選鉱場では、従来、無処理で和佐保堆積場へ送られていた一次スライムシックナーオーバーフローに対して、バブラー浮選機による処理法が試験操業され、実用化される見込みである。以下、選鉱場毎に選鉱工程水対策の到達点と問題点をまとめる。

(1) 鹿間選鉱場

1971年以前から亜鉛精鉱シックナーオーバーフローの一部は、排水対策上リサイクルされていたが、可溶性銅、シアン、ザンセートおよび起泡材が残留するために浮選成績を悪化させていた。そこで、選鉱工程に適した水質に改善してリサイクルし、余剰水の重金属等汚染物質を除去する一連の排水処理システムが1971年に開発され、この排水処理系統を**図3-5**に示す。

1974年に鹿間選鉱36mシックナーオーバーフローがリサイクルされ、亜鉛精鉱と鉛精鉱シックナーオーバーフローのリサイクルを加えると、和佐保堆積場に送られる廃滓中水分以外の選鉱工程水は完全リサイクルされる形になった。**図3-6**に鹿間選鉱工程水のリサイクル系統図を示す。**写真3-4**に鹿間36mシックナーと鹿間選鉱場跡を示す。

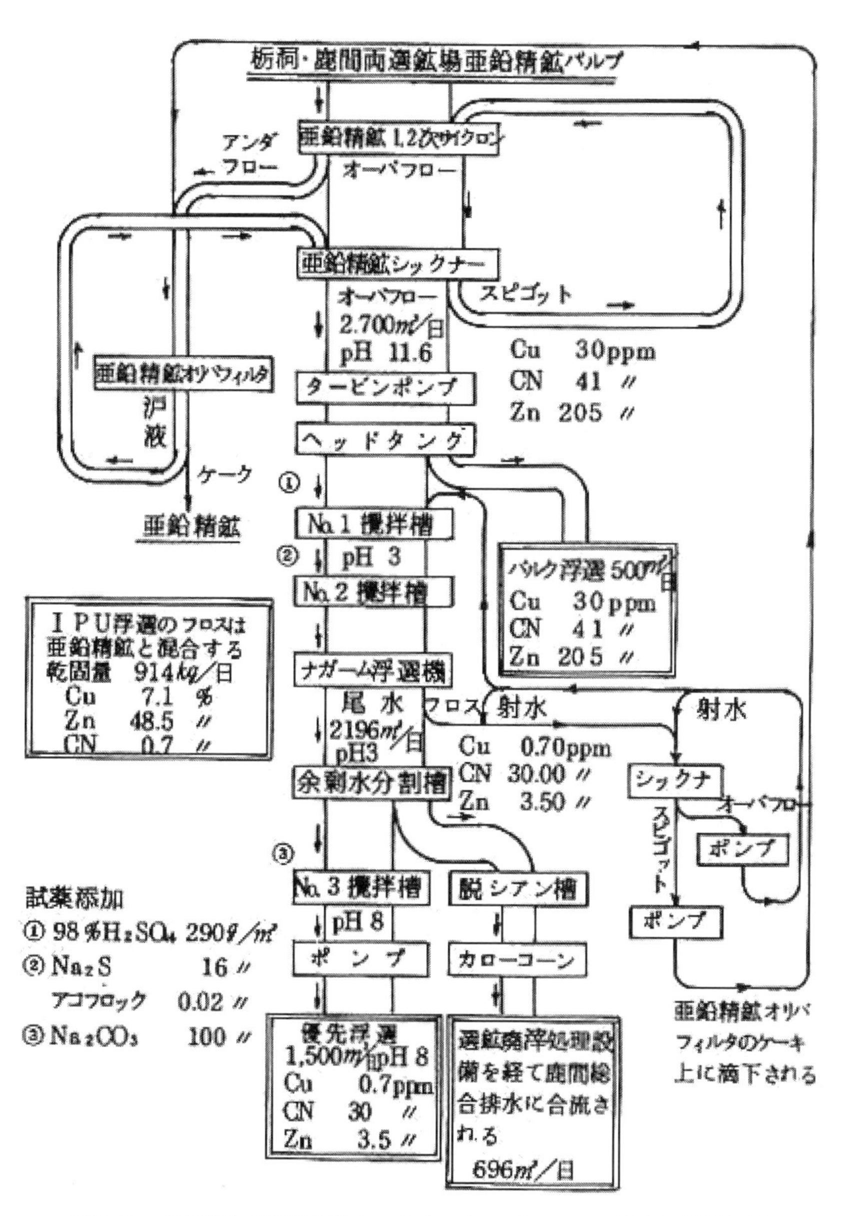

図3-5　鹿間選鉱の亜鉛精鉱シックナーオーバーフロー排水処理系統図
出所：『イタイイタイ病発生源対策委託研究総合報告書』1978年。

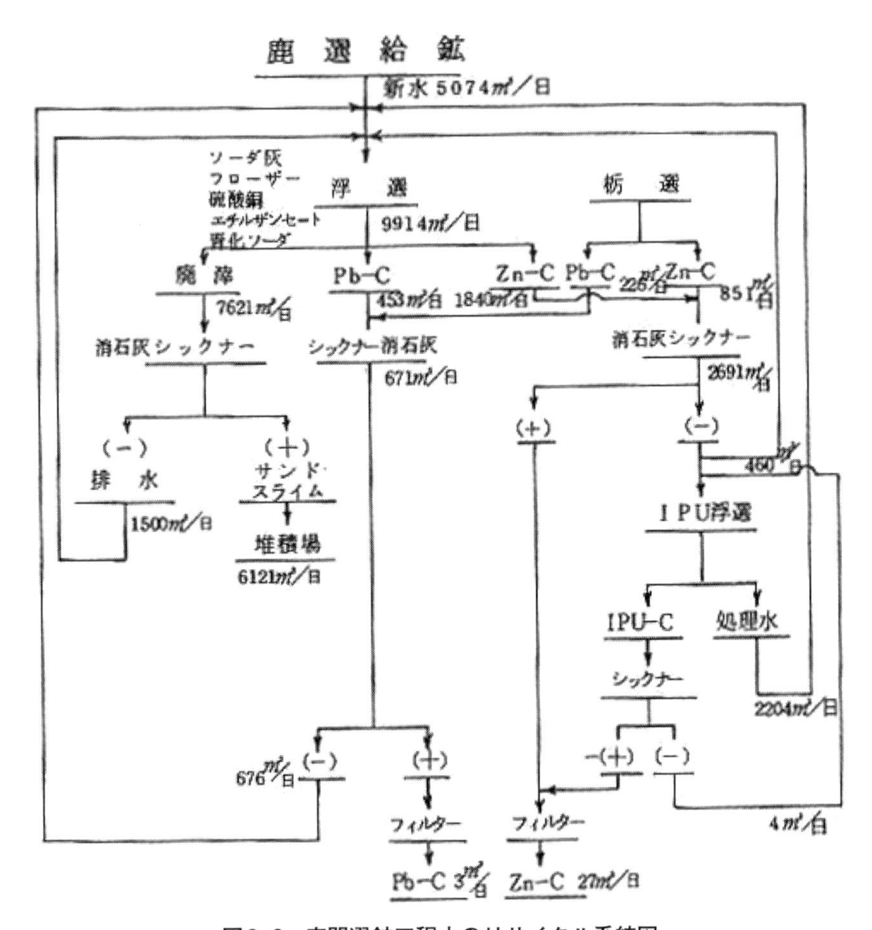

図3-6 鹿間選鉱工程水のリサイクル系統図

出所：『イタイイタイ病発生源対策委託研究総合報告書』1978年。

写真3-4 鹿間36 mシックナーと鹿間選鉱場跡
出所：2012年5月28日、畑撮影。

(2) 茂住選鉱場

1971年から鉛精鉱・亜鉛精鉱シックナーオーバーフローのリサイクルが行われ、余剰水は消石灰で排水処理されていた。1973年からは、新しい試みとして余剰水のリサイクルが開始され、その後は逐次リサイクル率が高められてきた。**図5-7**に茂住選鉱工程水のリサイクル系統図を示す。茂住選鉱工程水のリサイクルは、「重金属排出量の削減、渇水期の用水確保、選鉱成績の向上、試薬原単位の節減、排水処理能力の向上による現有設備のまま増産可能」などのメリットを有する。茂住選鉱場～増谷堆積場の水系統は、鹿間選鉱場～和佐保堆積場の水系統と異なり、堆積場水も含めた選鉱工程水のクローズドシステム化が図られている。**写真3-5**に茂住選鉱場跡を、**写真3-6**に茂住30 mシックナーを示す。

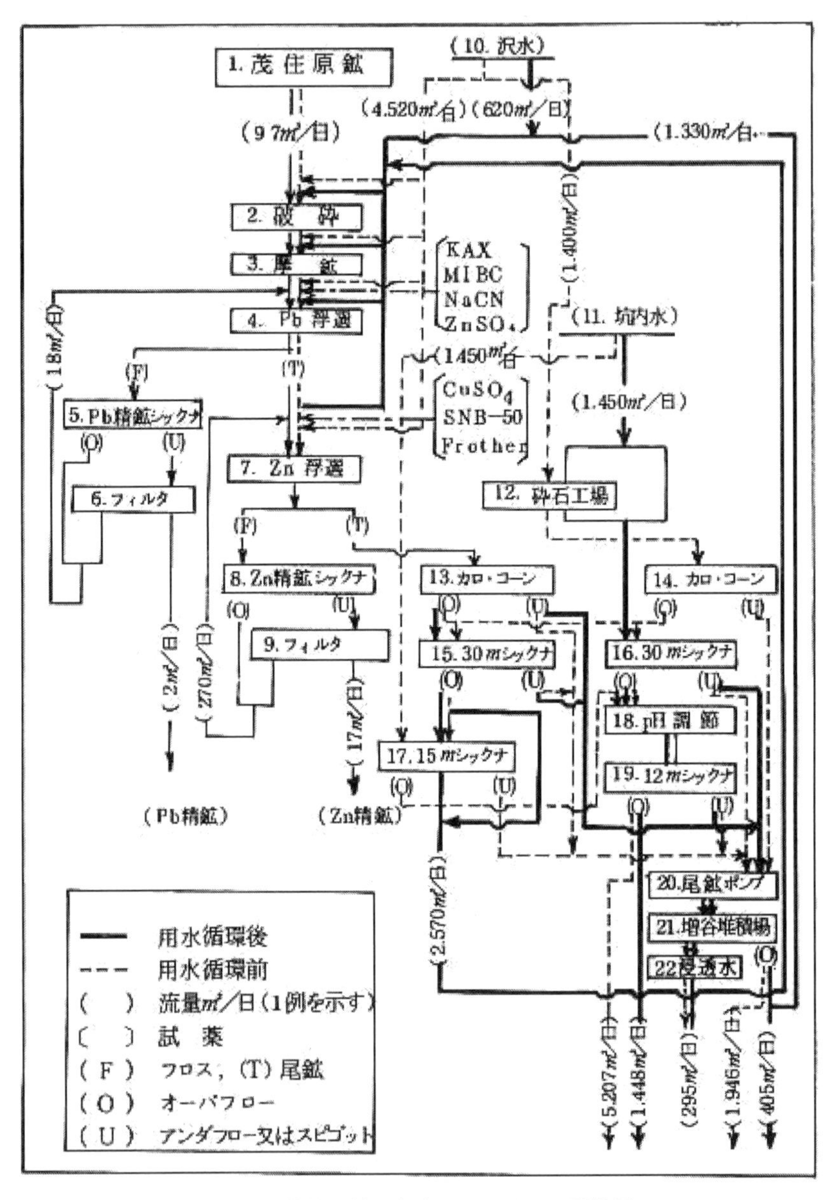

図3-7　茂住選鉱工程水のリサイクル系統図

出所：『イタイイタイ病発生源対策委託研究総合報告書』1978年。

写真3-5 茂住選鉱場跡
出所：2012年5月29日、畑撮影。

写真3-6 茂住30mシックナー
出所：2012年5月29日、畑撮影。

(3) 栃洞選鉱場

栃洞選鉱工程水は、鹿間選鉱場や茂住選鉱場で採られているリサイクルなどの対策はなされず、シックナーで固液分離後、廃滓とともに和佐保堆積場へ全量送られていた。そこで、ナガーム浮選機の開発に引き続いて、排水処理を主対象とし、低濃度金属の回収に適し、大量処理が可能であり、メカニズムが簡単かつランニングコストの安いバブラー浮選機が開発された。**図3-8**に栃洞選鉱一次スライムシックナーオーバーフロー浮選工程図を示す。1976年度の試験操業後、浮選機の大型化が検討され、1977年度以降、実用化される見込みである。このバブラー浮選機の設置により、栃洞選鉱工程水が和佐保堆積場に与える処理負荷は軽減された。

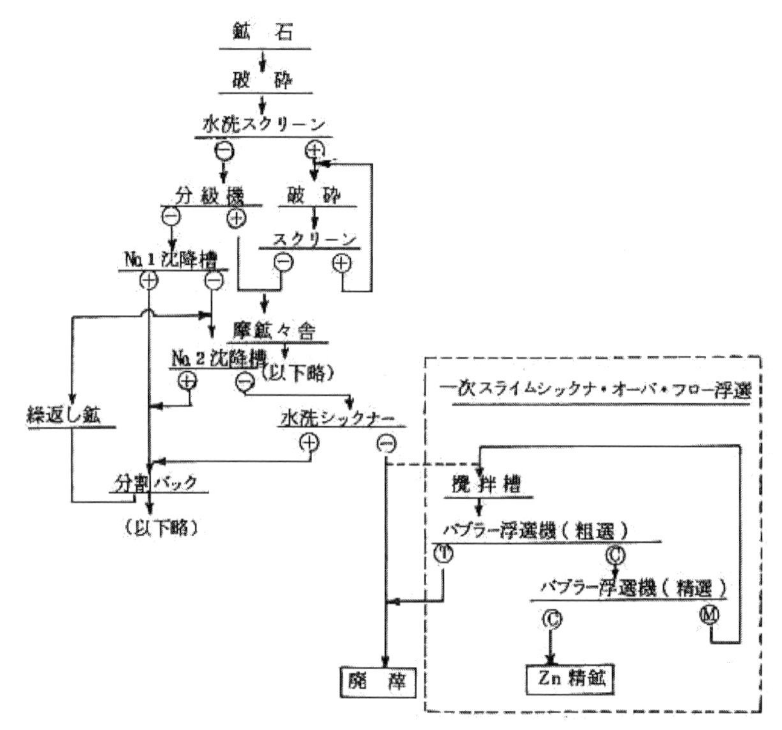

図3-8 栃洞選鉱一次スライムシックナーオーバーフロー浮選工程図
出所:『イタイイタイ病発生源対策委託研究総合報告書』1978年。

3．堆積場水対策

堆積場は、鉱山活動において大量に発生する選鉱廃滓の処分場として設けるものである。神岡鉱山には、鹿間谷、和佐保谷および増谷の三か所の谷間に堆積場が設置されている。鹿間谷には1931年に第１堆積場が建設され、第２堆積場、第３堆積場と拡張され、栃洞・鹿間両選鉱場からの廃滓が堆積され、1956年に堆積が完了した。栃洞・鹿間両選鉱場からの廃滓処理には、1954年に新設された和佐保堆積場が使用され、計画では1995年まで堆積が行われる予定である。増谷堆積場は、茂住選鉱場からの廃滓を処分しており、第１堆積場は1933年に建設され、第２堆積場と拡張され、1956年より第３堆積場が使用され、現在に至っている。**表3-2**の神岡鉱山の廃滓堆積場に示すように、鹿間谷堆積場は堆積完了したが、和佐保・増谷両堆積場は現在も堆積中であり、堆積完了時には３堆積場で約4000万㎥に近い廃滓が堆積される予定である。

選鉱場から堆積場に流送される廃滓には、カドミウムをはじめとする重金属が多量に含まれており、廃滓はサイクロン（遠心分離機）により粒径が74ミクロン（1ミクロンは1000分の1mm）以上のサンド（砂）と74ミクロン以下のスライム（泥）に分けられる。サンドは堆積場を支える堤体部分を構築するため天端より下流側に堆積され、スライムは水分を含んだスラリー状でポンド（池）に投入される。ポンドは沈殿池の役目をしており、固形物を沈殿堆積し、上澄水を尺八（底設暗渠）呑口から抜いて下流側へ流している。

堆積場から重金属が流出する過程は、次の三つの場合が考えられる。

① 日常の廃滓処理操作によって、ポンドから尺八を通って下流へ流出する場合。

② ポンドや堤体より堆積場内を浸透して地下水と合流して下流へ至る場合。

③ 豪雨や地震などの異常時に堆積場が決壊して廃滓が流出したり、堆

積場上流の濁水が沢水切替水路を通って無処理で下流へ流出する場合。

通常時に堆積場から重金属が排出される場合としては、①と②が考えられるが、①は、各堆積場とも近年ポンド上澄水の水質に改善が見られるが、1977年の神岡鉱山8排水口のカドミウム排出量に占める3堆積場の割合は、和佐保堆積場水が約3割、増谷堆積場水が約1割と約4割である。8排水口の約4割を占める鹿間総合排水の主たる汚染源となっている鹿間谷堆積場水を入れると、過半になり、堆積場水対策は極めて重要である。②の堆積場浸透水は、排水班の調査研究の結果、明らかにされた。③の異常時の重金属流出だが、鹿間谷堆積場は1936年と1945年に、和佐保堆積場は1956年に集中豪雨により決壊し、大量の廃滓が流出している。異常時の重金属流出は、平常時の重金属流出とは比べものにならないほど、大きな汚染を引き起こすので、豪雨や地震などの異常時対策も確立する必要がある。

たい積場名	使用期間	計画容量(m³) A	たい積量(m³) B	A-B(m³)
和佐保	1955年～ 使用中	2,731万	2,677万	54万
鹿間谷	1931年～1956年 完了	500万	500万	0万
増谷	1955年～1993年使用、 1994年からスピゴット堆積	700万	600万	100万

既たい積量に合せた形状による安定計算結果は次のようになった。

たい積場名	和佐保	鹿間谷	増谷
安定計算結果(安定度)	1.41	1.82	1.49

(最低安定度1.2以上)

表3-2 神岡鉱山の廃滓堆積場

出所:『神岡鉱業の鉱害防止対策』2020年版。

(1) 和佐保堆積場

1954年に建設され、1982年に堆積完了の予定だったが、神岡鉱山が今後20年間以上、採掘可能なので、1995年まで使用できる拡張計画が追加された。堆積容量は2700万㎥で神岡鉱山で最大規模であり、全国的にも最大規模である。

図3-9に和佐保堆積場の平面図および断面図を示すが、堤体の点線が拡張部分である。**図3-10**の和佐保堆積場の模式図に示すように、栃洞選鉱場と鹿間選鉱場からの廃滓は、堤頂に設けられたサイクロンでサンド（砂）とスライム（泥）に遠心分離され、サンドは堤体に堆積され、スライムは約20万㎡のポンド（池）に投入される。サンドとスライムのカドミウム濃度は、それぞれ約20ppmと約60ppmである。**写真3-7**に示すポンドで沈殿分離された上澄水は、**写真3-8**に示す上流側の尺八呑口から抜かれ、底設暗渠により堤体下部へ流され、中性にｐＨ調整した後に北電水路へ放流される。ポンド内には、アルカリ性にするｐＨ調整とＳＳ（浮遊粒子）の凝集沈殿を促進する石灰乳添加装置と、油分、落ち葉などを捕捉するオイルフェンス２本が設置されている。

排水班の調査では、尺八呑口と底設暗渠出口でカドミウム濃度差があり、水質の悪化が生じていることが判明した。この原因は、底設暗渠に支管が付設され、支管から水質の悪い堆積場浸透水が流入しているためであった。堤体下部には、１～10ｍの地下水層（浸潤水）のカドミウム濃度は約４ppbもあった。和佐保堆積場のカドミウム排出量は、神岡鉱山８排水口全体の３割近くもあり、対策が必要とされた。

1956年に和佐保堆積場は集中豪雨で決壊し、約15,000㎥の廃滓が流出したが、集中豪雨や地震時の堆積場の構造安定性も重要な課題であった。

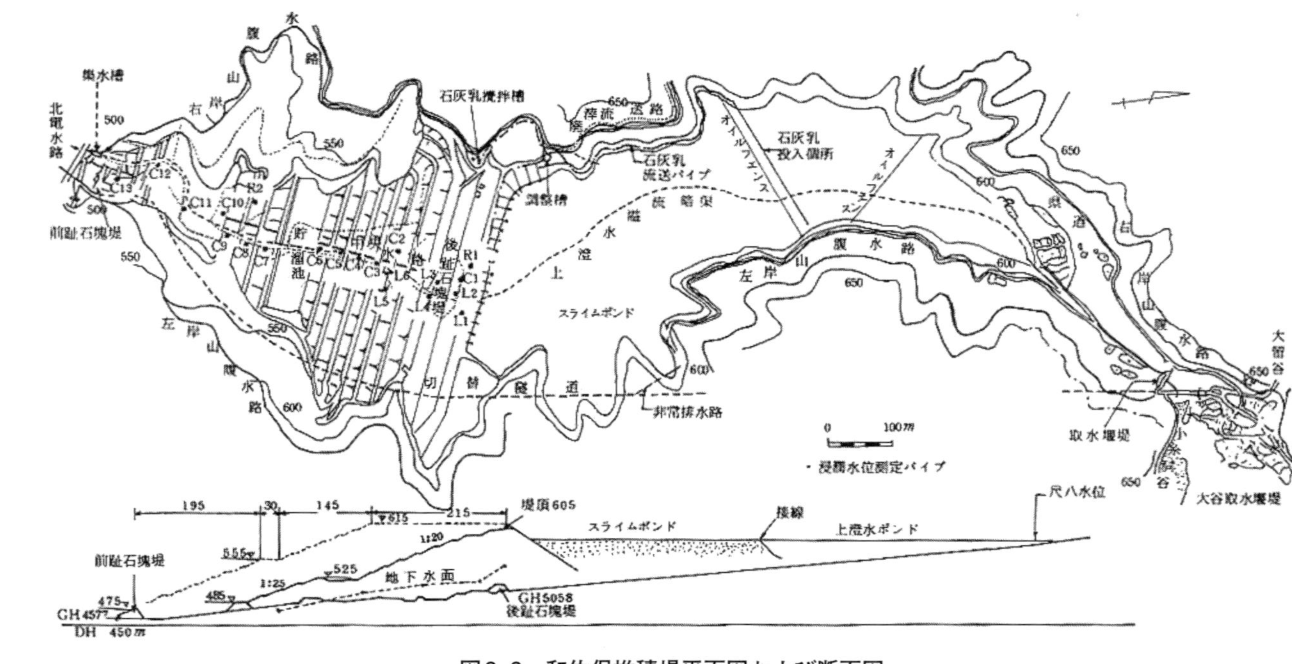

図3-9 和佐保堆積場平面図および断面図

出所：『イタイイタイ病発生源対策委託研究総合報告書』1978年。

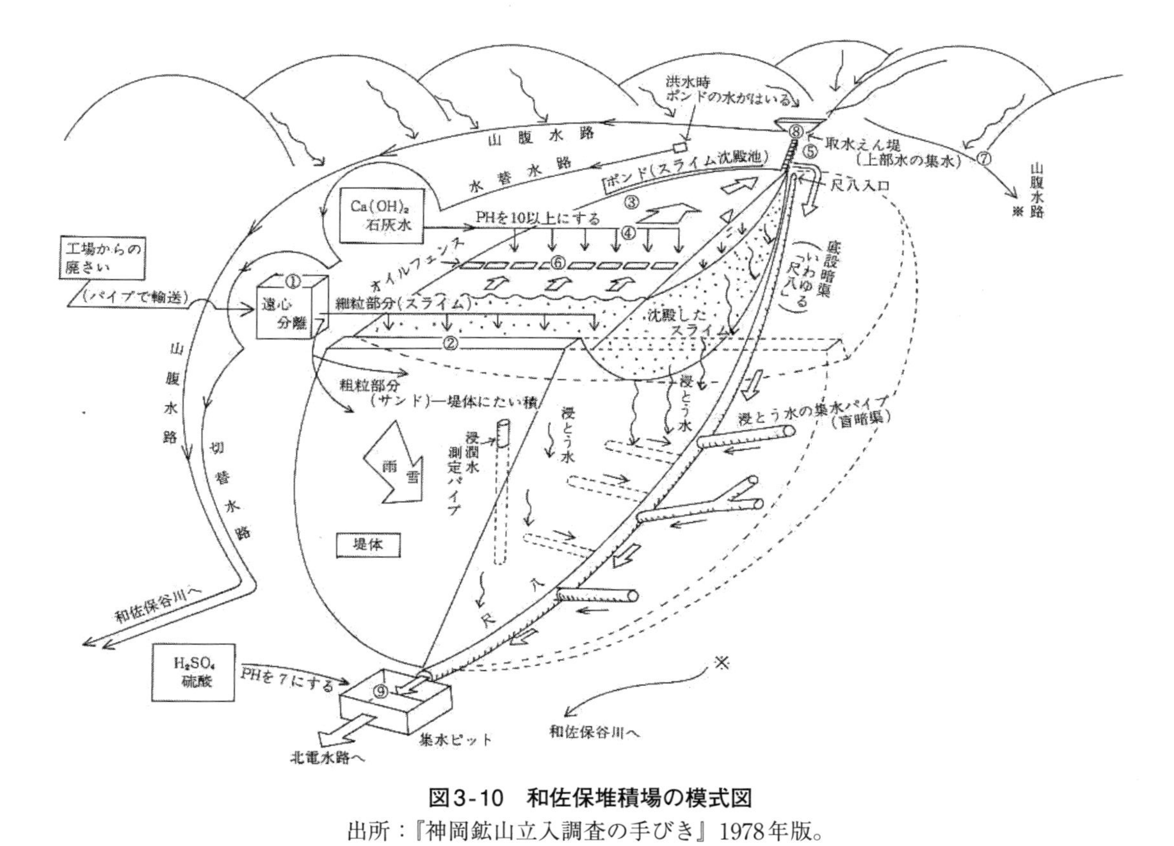

図3-10　和佐保堆積場の模式図

出所：『神岡鉱山立入調査の手びき』1978年版。

写真3-7 和佐保堆積場ポンド
出所：2012年5月29日、畑撮影。

写真3-8和佐保堆積場尺八付近
出所：2012年5月29日、畑撮影。

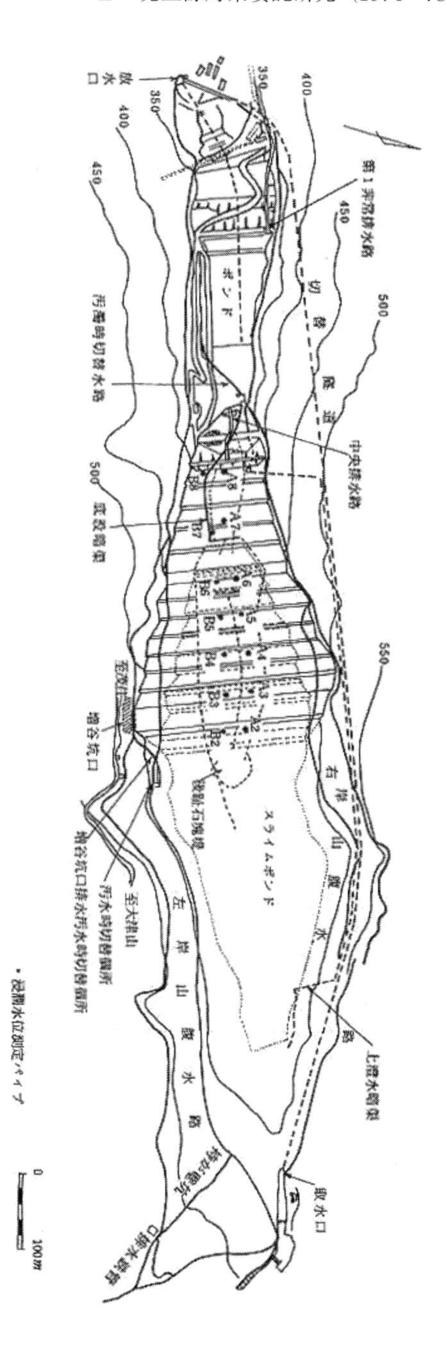

図3-11　増谷堆積場平面図および断面図

出所：『イタイイタイ病発生源対策委託研究総合報告書』1978年。

(2) 増谷堆積場

1953年に建設され、現在も堆積中であり、計画容量は700万㎥である。**図3-11**に増谷堆積場の平面図および断面図を示す。1950年に尺八を堆積場直下の底設暗渠から現在の沢水切替水路に沿う位置に付け替えて、堆積場浸透水を分離したので、和佐保堆積場のように尺八出口の水質が入口よりも悪くなる現象は起こっていない。また、旧尺八の底設暗渠に集水される堆積場浸透水の水質は、カドミウム1～2ppbであり、問題はないと考えられる。ポンド上澄水、堆積場浸透水、茂住坑内清水などが合流して増谷堆積場水として増谷川を経て高原川に放流されるが、カドミウム1ppbレベルであるが、水量が多いので、神岡鉱山8排水口全体の約1割を占める。**写真3-9**に増谷堆積場の石張り堰堤を示す。

写真3-9 増谷堆積場の石張り堰堤
出所：2015年6月2日、畑撮影。

(3) 鹿間谷堆積場

1931年に建設され、1956年に堆積完了し、堆積容量は約500万㎥である。**図3-12**に　鹿間谷堆積場平面図を、**図3-13**に鹿間谷堆積場縦断面図を示す。1961年以降、栃洞0m通洞から排出される坑内濁水と鹿間谷上部の汚染沢水の石灰沈殿処理を目的として、**写真3-10**に示す第３ポンドを沈殿池として利用している。第３ポンド上澄水は、工業用水管により鹿間工場鹿間に送られ、工場用水として利用されている。また、堆積中に使用された尺八（底設暗渠）は堆積場浸透水の排水に利用され、これも鹿間工場へ用水として送られている。

図3-14に鹿間谷堆積場底設暗渠平面図および湧水の水質を示す。底設暗渠浸透水の水質は、出口①でカドミウム濃度が約５ppbと高かった。これは、第３ポンドからの漏水、場内降雨による浸透水は、廃滓から重金属を溶かし込みながら堆積場内を浸透し、底設暗渠に流入していることが分かった。鹿間谷堆積場からの工業用水は、鹿間工場で工程水や冷却水などに利用された後、鹿間総合排水の一部となるが、その水量は約３割を占める。したがって、鹿間谷堆積場水の水質は、鹿間総合排水の水質に重大な影響を及ぼすので、神岡鉱山８排水口全体の約4割のカドミウム負荷を有する鹿間総合排水の水質改善には、鹿間谷堆積場浸透水対策が不可欠であると言える。排水班の報告書では、高濃度の汚染浸透水を別パイプで集水処理などの対策を提案していたが、後に実現する。

なお、鹿間谷堆積場は、1936年と1945年の二度、集中豪雨で決壊した。とくに、1945年の決壊では、約40万㎥もの廃滓が高原川に流出したので、堆積場の構造安全性に留意する必要がある。

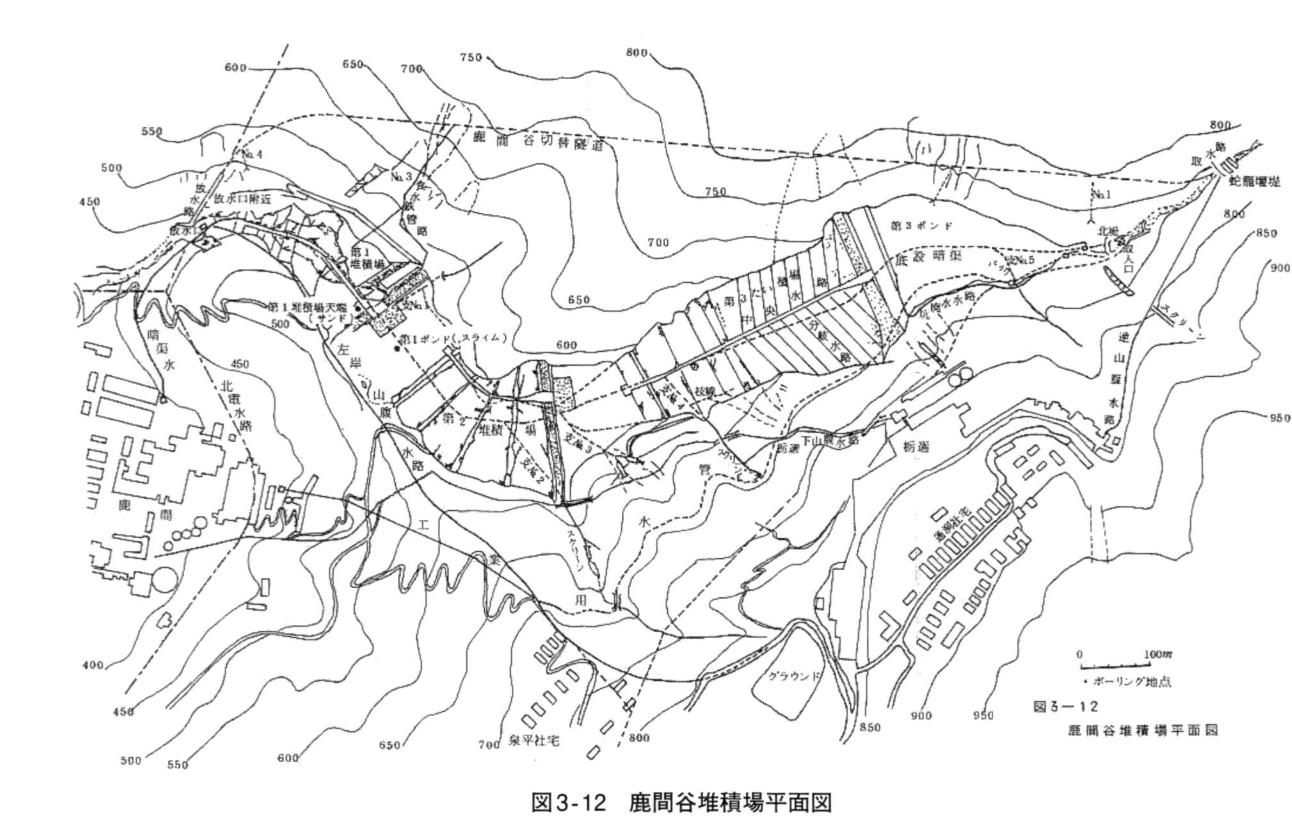

図3-12　鹿間谷堆積場平面図

出所：『イタイイタイ病発生源対策委託研究総合報告書』1978年。

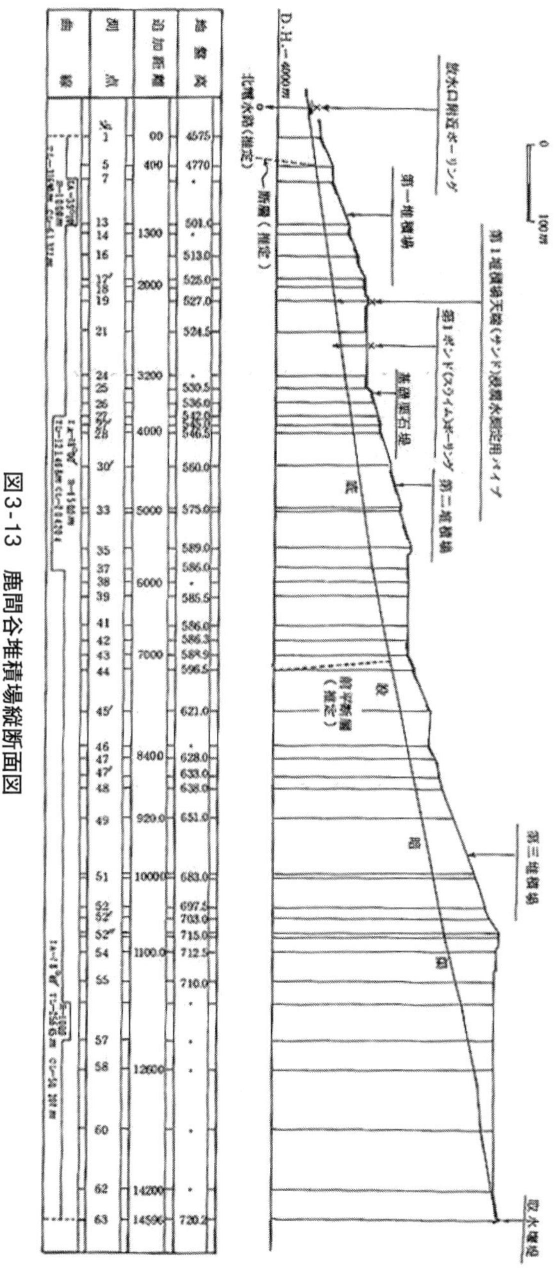

図3-13　鹿間谷堆積場縦断面図

出所：『イタイイタイ病発生源対策委託研究総合報告書』1978年。

写真3-10 鹿間谷堆積場第3ポンド

出所：2013年4月27日、畑撮影。

	位置No.	1	2	3	4	5	6	7	8	9	10	11	12	13	14	15	16
三井	pH	79	7.4	7.4	7.9	75	7.5	7.9	7.5	7.7	8.2	7.4	7.9	8.0	8.0	8.5	8.3
	Cd (ppb)	5	14	16	tr	11	13	10	2	1	2	10	4	2	4	2	2
排水班	調査年月	'77.10	未調査	〃	'77.10	〃	〃	未調査	〃	〃	〃	〃	〃	〃	'77.7	〃	〃
	pH	8.0			7.5	7.2	7.2								8.2	8.0	8.2
	電導度(μ℧/cm)	300			155	355	360								220	224	252
	Cd (ppb)	5.11			0.08	10.0	26.1								1.56	1.58	1.56
	Zn (ppb)	423			17	1360	1710								59	84	51
	Pb (ppb)	4.5			2.1	5.2	5.4								13.8	7.4	5.5
	Cu (ppb)	5			3	17	17								4	10	4

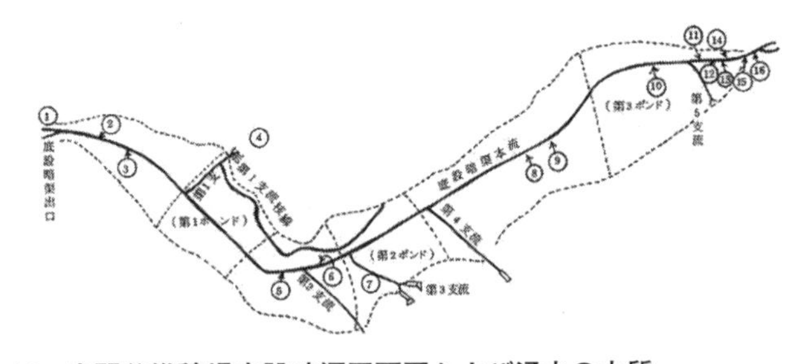

図3-14　鹿間谷堆積場底設暗渠平面図および湧水の水質

出所：『イタイイタイ病発生源対策委託研究総合報告書』1978年。

４．製錬工程水対策

1974年度の「湿式排煙処理水の一部リサイクルと余剰水のシックナー処理」、1975年度の「鉛カラミ（スラグ）水砕排水のリサイクル」、1975年度の「亜鉛電解工場の排水系統への自動急速ろ過装置の設置」などが、製錬工程水対策として実施された。以下、これら３つの対策の内容、効果および問題点を中心に製錬工程水対策を検討する。

(1) 鉛カラミ水砕排水のリサイクル

鉛熔鉱炉と揮発炉のカラミを水砕すると、10〜40ppmの高濁度、10〜100ppbのカドミウム濃度など重金属を含む悪い水質の排水が排出される。水砕排水は、カラミ沈殿池で自然沈降処理されていたが、イオン状・ＳＳ（浮遊粒子）状の重金属が多いので、カラミ沈殿池オーバーフローは鹿間30ｍシックナーで再処理されていた。鉛カラミ水砕工程は、鉛製錬工程における最大の水質汚濁源であり、水砕カラミ排水のリサイクルが検討された。そして、1975年に**図3-15**の鉛カラミ水砕排水のリサイクル系統図に示す水系統でリサイクルされるようになった。

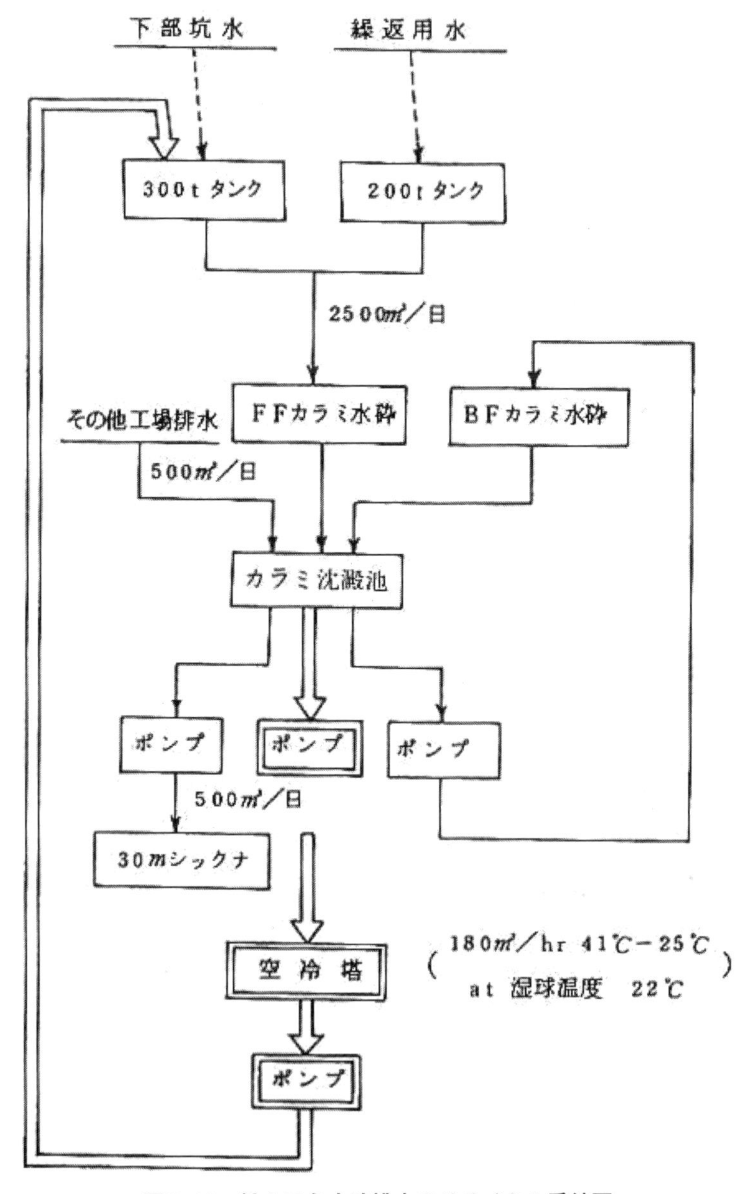

図3-15　鉛カラミ水砕排水のリサイクル系統図

出所：『イタイイタイ病発生源対策委託研究総合報告書』1978年。

⑵ 亜鉛電解工場の排水処理系統への自動急速ろ過装置との設置

亜鉛電解工程水は強酸性であり、イオン状の重金属が多いので、20mシックナーで石灰中和沈殿処理される。しかし、20mシックナーの沈殿物は金属水酸化物なので、微粒子状であり、直径20mと小さいシックナーでは沈殿しきれずに、オーバーフローして流出していた。つまり、20mシックナーオーバーフローの水質は、カドミウム10〜30ppbと、鹿間30mシックナーオーバーフローよりも悪い水質であり、重金属の大半はSS（浮遊粒子）状だった。そこで、このSS除去法として、**図3-16と写真3-11**に示すシリカサンド（球状硅砂）による自動急速ろ過装置が導入された。1976年の操業成績によると、原水カドミウム濃度20〜30ppbが処理水カドミウム濃度1〜2ppbとなり、カドミウム除去率94%前後であった。この結果、神岡鉱山8排水口のカドミウム排出量の約20%占めていた亜鉛電解工場排水は、約5%に大幅改善された。

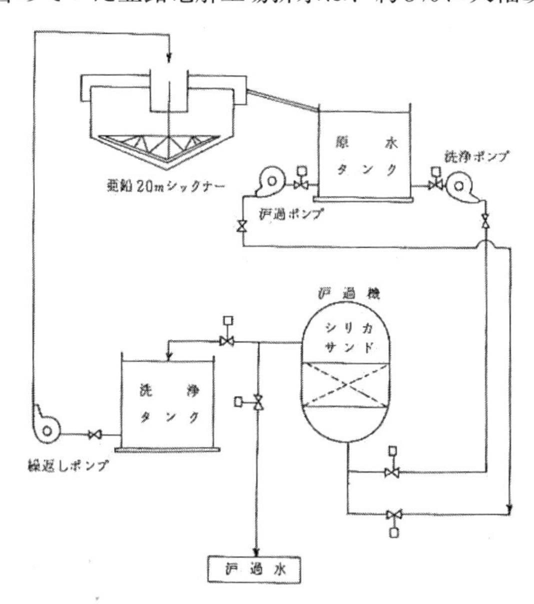

図3-16　亜鉛電解工場の自動急速ろ過装置

出所：『イタイイタイ病発生源対策委託研究総合報告書』1978年。

写真3-11 増設工事中の自動急速ろ過装置
出所：2013年6月24日、畑撮影。

(3) 湿式排煙処理水の一部リサイクルと余剰水のシックナー処理

1974年度から鉛製錬の焼結炉排ガスの湿式処理水は、固液分離後、リサイクルされているが、その他の排ガス湿式処理水はリサイクルされず、30mシックナーに一定の処理負荷を与えている。また、湿式排煙処理設備からの漏液は後述の北電水路汚染負荷源となっている。

亜鉛製錬の焼鉱排煙脱硫設備と赤渣乾燥炉排煙処理設備は、すべて一部リサイクルされているが､余剰水はシックナーで排水処理されている。しかし、赤渣乾燥炉排煙処理設備は、集じん効率が悪く、後述するように神岡鉱山の排煙によるカドミウム排出量が最大なので、高圧脱水プレスという圧力脱水乾燥法が検討され、1982年に導入された。

(4) その他の製錬工程水対策と冷却水対策

後述する北電水路汚染負荷原因として、亜鉛電解工場の汚染地下水が注目されてきた。汚染地下水の原因としては、溶解、清浄および電解という湿式亜鉛製錬工程におけるタンクやパイプからの漏液、赤渣などの製錬廃棄物捨場からの地下浸透水などが考えられる。したがって、亜鉛電解工場では、地表水の処理だけでなく、地下水対策も考慮しなければならない。

一方、火を使う乾式製錬工程には、多数の炉を有するので、大量の冷却水が使用される。冷却用水には、水温が低い坑内清水や鹿間谷堆積場水などが利用されているが、前述のように鹿間谷堆積場水の水質は悪く、水量も多いので、鹿間総合排水に少なからぬ汚染負荷を与えている。したがって、鹿間谷堆積場水を直接冷却水に使用していることは、再検討を要する。

また、鹿間工場と六郎工場の敷地は、前述したように排煙などにより汚染されているので、場内雨水は排水処理系統に入るシステムになっているが、六郎工場では、降雨開始後1時間分の雨水を処理し、鹿間工場では、排水処理機能のない鹿間調整池に雨水を流入させる方式なので、問題がある。

5．排水管理対策－8排水口対策－

神岡鉱山の現行生産工程における排水対策は、前述した坑内水、選鉱工程水、堆積場水および製錬工程水と、各工程の特質に応じた対策がとられねばならないが、これらの排水はそれぞれの地区において、**図3-1**に示したように、坑廃水処理系統にまとめられ、①和佐保堆積場水、②亜鉛電解工場水、③鹿間総合排水、④鹿間谷堆積場水、⑤跡津通洞水、⑥大津山通洞水、⑦増谷堆積場水および⑧茂住選鉱総合排水の８排水口から、高原川へ直接または北電水路を経て放流されている。これらの排水口から排出される水量と水質は、**表3-3**に示す測定項目と測定頻度が、水質汚濁防止法に基づいて、神岡鉱業所鉱業代理人名で名古屋鉱山保安監督部長宛に毎月提出され、その写しは富山県と神通川カドミウム被害団体連絡協議会へ送付報告されている。

同報告書による1972～77年の神岡鉱山８排水口の排水量と水質の年

次推移を**図3-17**に示す。この図から分かるように、8排水口からのカドミウム濃度とカドミウム排出量は逐年減少し続けており、各排水口に各工程の排水対策の効果が反映している。

排水管理対策を総合的に考察する場合の着眼点は、①鉱山活動の主な水源とその管理対策、②各工程における汚染水の発生機構とその制御、③各排水の系統的処理方策、④各排水口における排水管理対策などが挙げられる。以下、これらについて考察する。

鉱種：金・銀・銅・鉛・亜鉛・黒鉛・その他
鉱山名および付属施設名：神岡鉱山
鉱業権者名：三井金属鉱業株式会社
所在地（電話）：岐阜県吉城郡神岡町大字鹿間（電話2−2211番）
鉱区番号：岐採登第１０９２号外１

測定項目（単位）／排水口 採水個所	水量（㎥/日）	Cd（ppm）	Zn（ppm）	Pb（ppm）	Cu（ppm）	CN（ppm）	pH	S.S.（ppm）	備考
和佐保堆積場水	日	日	日	週	週	週	日	週	積算流量計 pH記録計 オートサンプラー
亜鉛電解工場水	日	日	日	週	週	−	日	週	〃
鹿間総合排水	日	日	日	日	日	日	日	週	〃
鹿間谷堆積場水	週	週	週	週	週	−	日	週	
跡津通洞水（−500m）	週	週	週	週	週	−	日	週	
大津山通洞水（0m）	週	週	週	週	週	−	日	週	
増谷堆積場水	日	日	日	週	週	週	日	週	
茂住選鉱総合排水	日	日	日	日	日	日	日	週	
工場排水加重平均値		週	週	週	週	週	−	−	

表3-3 坑水または廃水の量および水質測定結果の報告書に記載される測定項目と測定頻度
出所：『イタイイタイ病発生源対策委託研究総合報告書』1978年。

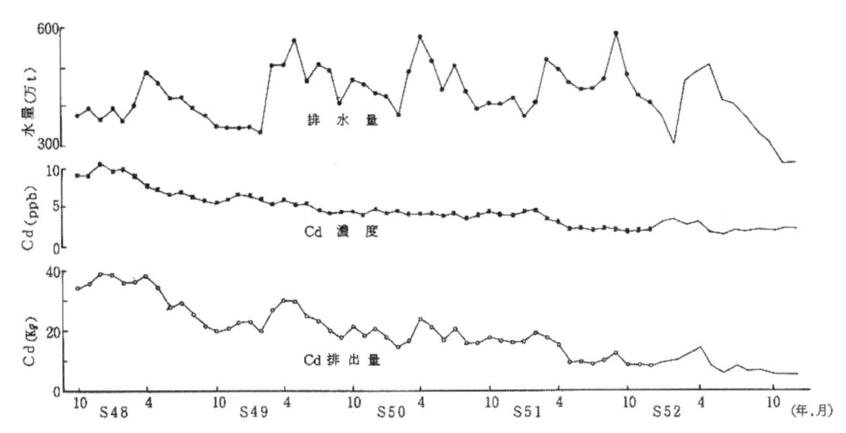

図3-17　神岡鉱山８排水口におけるカドミウム排出量とカドミウム濃度推移
出所：『イタイイタイ病発生源対策委託研究総合報告書』1978年。

(1) 鉱山活動の主な水源とその管理対策

神岡鉱山の水源は、鉱山地域への降雪、降雨による自然水が坑道内に湧出する坑内水である。したがって、その水量は融雪期、台風などの豊水期と、冬季・夏季の渇水期とに季節的変動を受け、渇水期には、高原川の浅井田ダムから取水する北電水路または高原川から取水する。この水源規模は神岡鉱山の生産規模とほぼ合致している。

これらの水源の水質は、神岡鉱山が石灰岩質の鉱床であるため、ｐＨが中性または弱アルカリ性であり、比較的低温であることと合わせて、重金属濃度は低く、本来清澄・豊富な水源となる。しかし、坑道や坑内操業の状況により、坑内で汚濁を受けるため、重金属を含む微細な懸濁鉱物粒子を多量に含む坑内濁水を生じ、坑内濁水処理のために坑外に沈殿池やシックナーを設けて排水処理を行い、処理水の一部は２次的な水源となっている。

たとえば、鹿間工場の見取図を**図3-18**に、鹿間工場関係の用水系統図を**図3-19**に示す。**図3-19**によれば、用水量48,300㎥/日に対して、清水は18,200㎥/日、濁水は30,100㎥/日であり、清水比率は約38%にすぎず、濁水は鹿間谷堆積場第３ポンドや30ｍシックナーの排水処理設備への大きな負荷となっている。また、第３ポンド上澄水は発電所を経て、選鉱工程水その他の用水の水源となるが、鹿間総合排水量の約30％を占めており、鹿間谷堆積場第３ポンド上澄水と底設暗渠水が鹿間総合排水の水質を決定する大きな要因となっている。

このように、神岡鉱山の排水管理対策の基本は、鉱山活動の水資源である坑内水全量を清水として採取するような方策を立てることが重要である。用水中に占める清水比率は、神岡鉱山の排水管理対策の指標となる。また、２次的な水資源となる堆積場水の水質改善のための方策は、堆積場水対策のみでなく、水源対策として位置付けることが重要である。

(2) 各工程における汚染水の発生機構とその制御

本章１節から４節で詳述されているが、各工程の汚染源では、排水量は少量であり、排水中の重金属濃度も濃厚である。したがって、排水対策は汚染源で施すことが必要である。各工程の要点について考察する。

① 坑内水については、各坑レベルで坑内水系統図を作成し、清濁変動の激しい箇所を明確にして、現在進められつつある清濁分離の水系統を拡張・充実させる。

② 選鉱工程水については、各工程の系統的リサイクル徹底と、選鉱工程のクローズドシステム化を選鉱廃滓堆積場の系統を含めて検討する必要がある。

③ 堆積場水については、ポンドの沈殿処理機能の向上と、浸透水対策が必要である。

④ 製錬工程水については、各工場と各工程の用水系統と排水系統に関する定量的把握を行うことが、汚染水の発生機構とその制御を行う基礎となる。

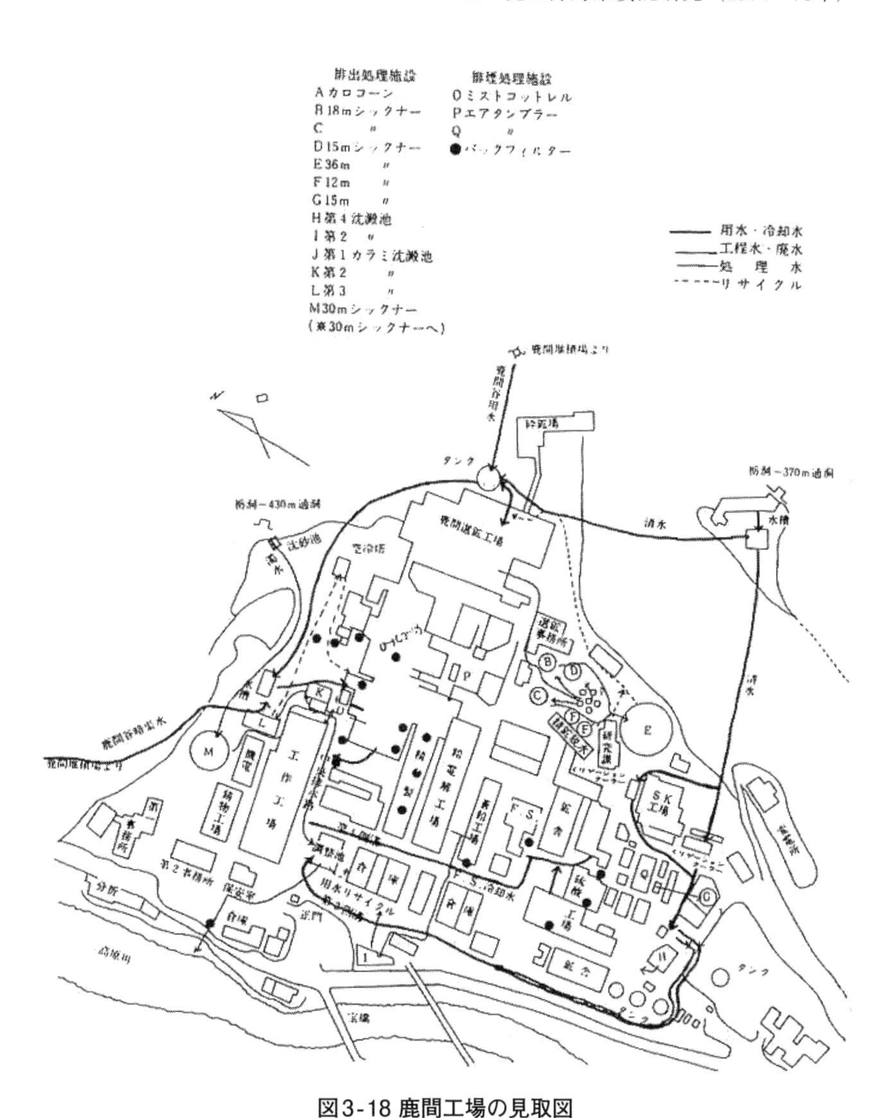

図3-18 鹿間工場の見取図

出所：『立入調査の手びき』1991年版。

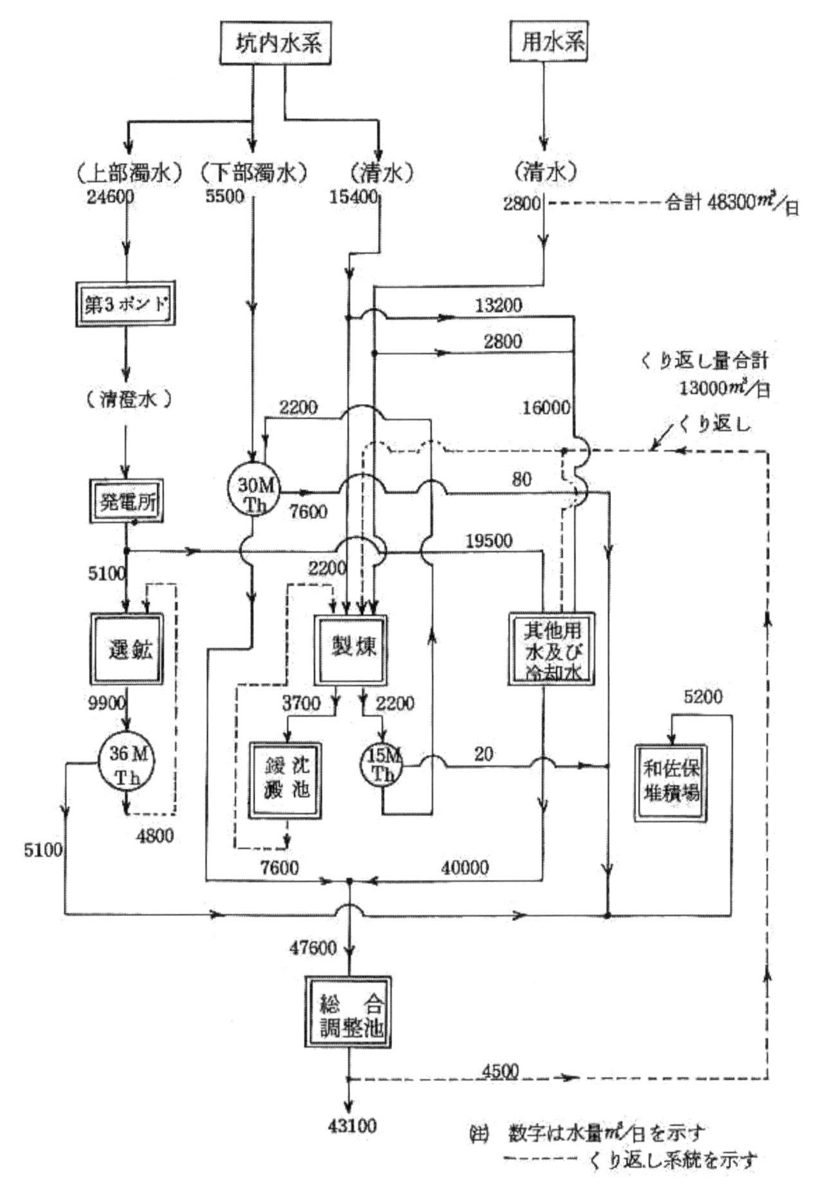

図3-19 鹿間工場関係の用水系統図

出所：『イタイイタイ病発生源対策委託研究総合報告書』1978年。

(3) 各排水の系統的処理方策

各工程における汚染水の発生機構が明らかにされ、その制御方法を各担当者が日常的に実施できるようにすることが望ましい。さらに、これを効果的に総合するためには、各排水の系統的処理の方策を立てることが必要である。

(4) 各排水口における排水管理対策

8排水口における排水量と排水中の重金属濃度は、各水源から工程を経て排水口に至る排水系統中の排水対策の結果の指標となる。したがって、各排水口における排出量や排水中の重金属濃度の時間的変動を管理するためには、各排水系統中の汚染源の時間的変動を管理する必要がある。排水対策に関する解析と排水の常時監視体制を確立すれば、各排水口からの排水中のカドミウム濃度を2ppb以下の坑内清水レベルに管理することは不可能なことではないとしたが、その後の改善で可能となったのである。

第４章　神岡鉱山の排煙対策（排煙班）

第２章に述べた神岡鉱山第２回立入調査では、神岡鉱業所周辺地域の土壌中重金属の調査が行われ、鉱業所から２kmに及ぶ範囲に土壌深さ30cm以上に、カドミウム、亜鉛および鉛の汚染があることが判明した。各地点の汚染度と鉱業所との距離から、重金属汚染の主因は鉱業所の排煙であると判断された。

１．神岡鉱業所の発じん箇所と集じん系統

鉱業所の発じん箇所を大別すると、次の３種類になる。

① 熔鉱炉、焙焼炉、乾燥炉などの炉本体。

② 炉から出る溶融金属や溶融カラミ（スラグ）の出口。

③ 鉛・亜鉛精鉱や赤渣などの粉粒体を運搬したり、山積みする時の発じんで、発じん箇所としては最も多い。

これらの発じん箇所に186個の吸引口を設けて、29基の集じん装置で集じんしている。鉱業所は、これらの集じん装置を①に設置する鉱煙処理設備15基と、②と③に設置する環境集じん設備14基とに分けている。**図4-1**に神岡鉱業所の集じん系統図を示す。使用されている集じん装置は、ほとんどがバッグフィルターである。また、**図4-2**に神岡鉱業所の集じん設備位置図を示す。

２．集じん装置の原理と特徴

(1) バッグフィルター（Bag Filter）

神岡鉱業所で使われている集じん装置の大部分を占めるバッグフィルターと集塵系統概念図を**図4-3**に示す。バッグフィルターの内部には、多数の円筒状の沪布（バッグ）①が垂直に配置されており、含じんガスは、バッグの下部から入り、炉布内面で粉じんがろ過され、清浄空気は→の方向に出ていく。粉じんが炉布内面に堆積し、ガスが通過しにくくなると、上部の払い落とし装置が駆動し、バッグを振動させて堆積して

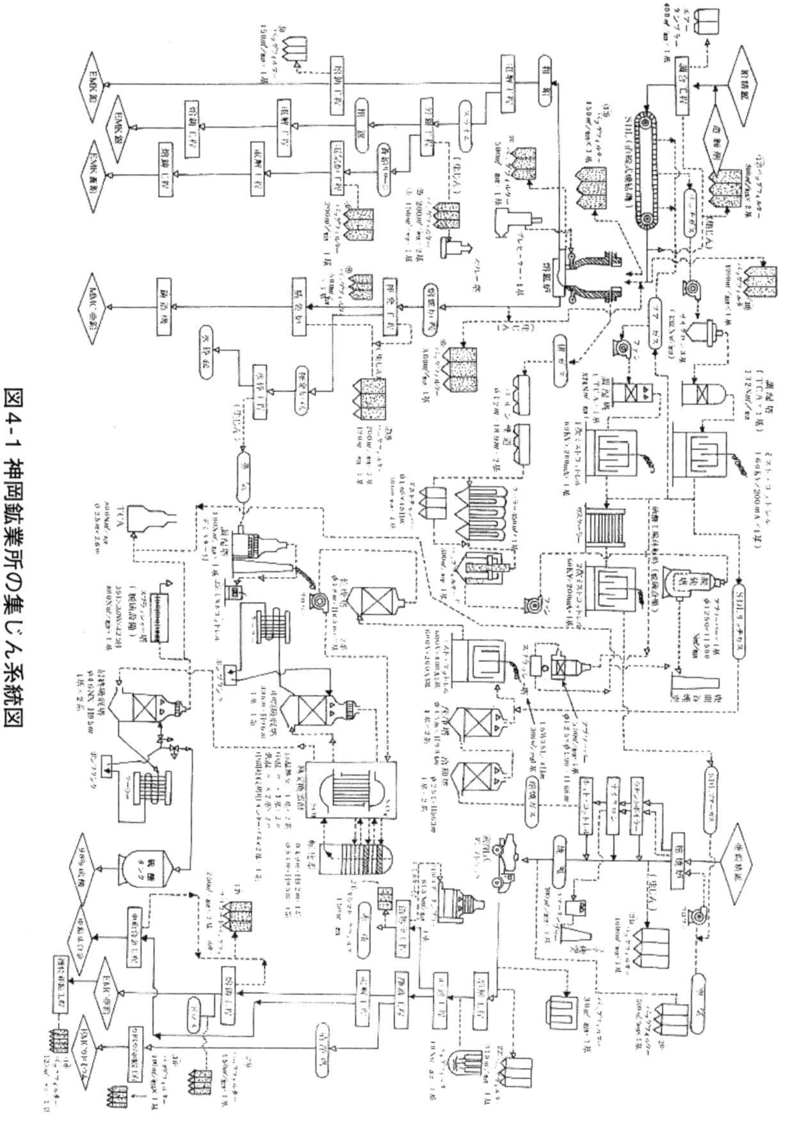

図4-1 神岡鉱業所の集じん系統図

出所：『イタイイタイ病発生源対策委託研究総合報告書』1978年。

NO.	集じん設備	NO.	集じん設備	NO.	集じん設備	NO.	集じん設備	NO.	集じん設備
1	焙　鉱　300m² Bag×1基	6	熔鉱々滓　300m²Bag×1基	11	熔　煉　500m²Bag×1基	16	カドミ鋳造炉　100m²Bag×1基	21	カルサイン　120m²Bag×1基
2	スライム処理系200m²Bag×2	7	鉱　滓　200m²Bag×1	12	〃　300m²Bag×2	17	亜鉛熔鋳　250m²Bag×2	22	揚　鉱　315m²Bag×1
3	〃　150m²Bag×1	8	〃　120m²Bag×1	13	炉　項　150m²Bag×1	18	ジンセル　125m²Bag×1	23	熔鋳ドロス　150m²Bag×1
4	若鉛電気炉　300m²Bag×1	9	〃　500m²Bag×1	14	熔　煉　400m²AT×1	19	F　S　800m²AT×1	24	赤滓乾燥　150m²Bag×1
5	精　鉛　炉　150m²Bag×1	10	熔　煉 1,000m²Bag×1	15	赤滓乾燥　300m²AT×1	20	F　S　500m²Bag×1	25	カラミ水砕ミストコットレル×1

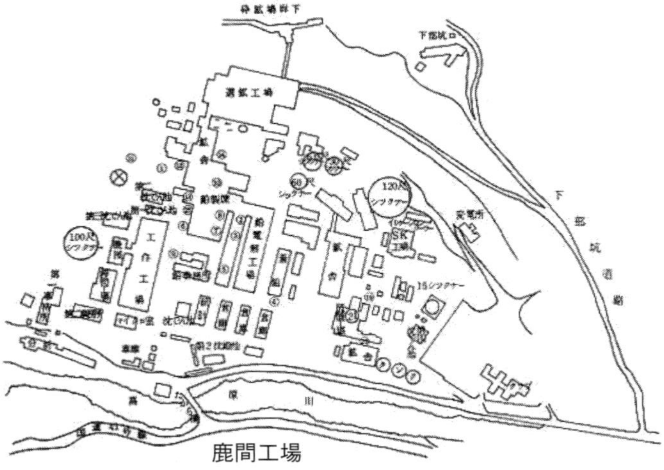

鹿間工場 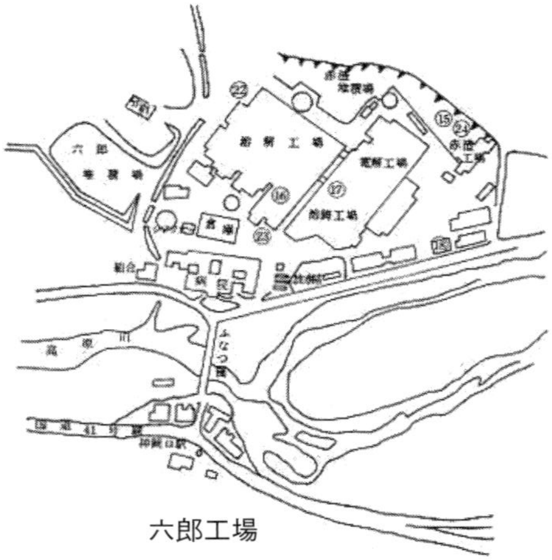　　六郎工場

図4-2 神岡鉱業所の集じん設備位置図

出所：『イタイイタイ病発生源対策委託研究総合報告書』1978年。

いる粉じんを炉布面から払い落して下部のホッパー③に溜める。以上の操作が周期的に繰り返される。この集じん装置は、集じん効率が99％以上と大変良いが、払い落し時の粉じんの排出濃度が平常時の10〜100倍程度に達する場合や、腐食や摩耗により炉布に小孔ができたりするので、集じん装置の圧力損失を計測するマノメータによる管理が重要となる。**写真4-1**に鉛熔鉱炉排煙のバグフィルターを示す。

(2) エアータンブラー（ＡＴ）

赤渣工場の集じん系統図を**図4-4**に示す。エアータンブラーは、水平筒形胴体の内部に特殊な案内羽根があり、含じんガスがらせん状に旋回する間に、粉じん粒子は遠心力で周壁に到達し、分離される。底部には洗浄水が溜めてあり、ガス流のために周壁に形成した水膜により粉じん粒子は洗い落される。また、粉じん粒子は一部、水滴によっても捕集される。このような集じん原理から見てもバッグフィルターより集じん効率はかなり劣る。

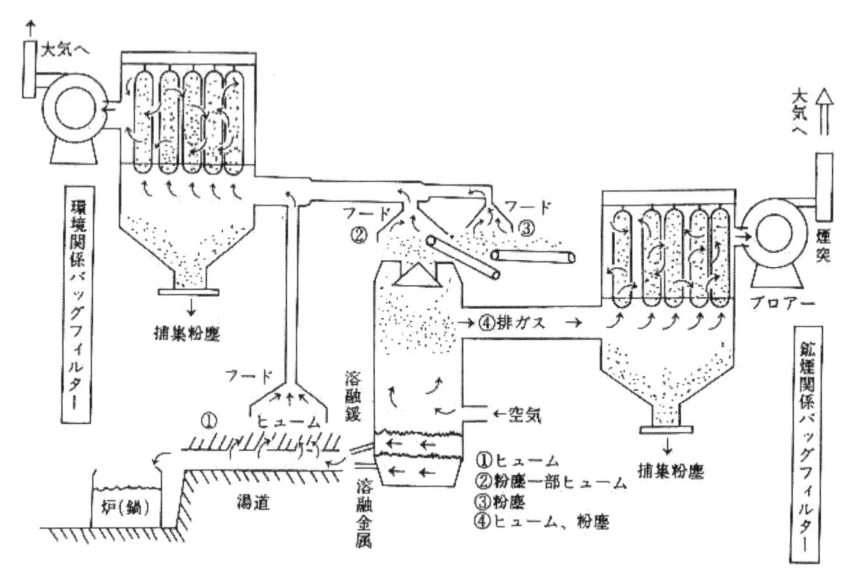

図4-3 バッグフィルターと集じん系統概念図

出所：『イタイイタイ病発生源対策委託研究総合報告書』1978年。

写真4-1 鉛熔鉱炉排煙のバッグフィルター

出所：2012年5月28日、畑撮影。

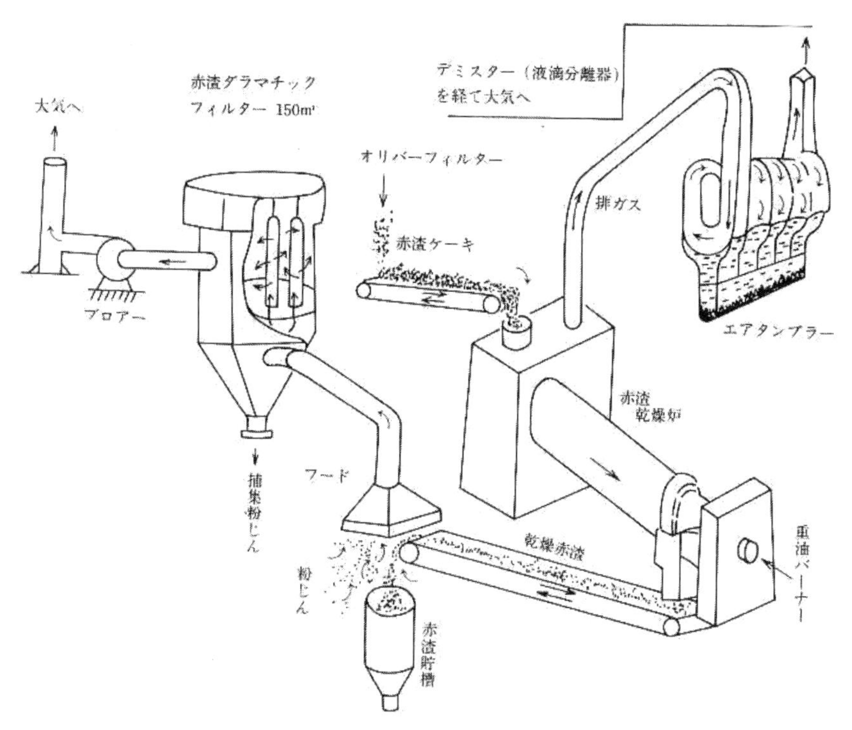

図4-4 赤渣工場集じん系統図

出所：『イタイイタイ病発生源対策委託研究総合報告書』1978年。

３．粉じん監視測定体制の現状

日常的な集じん装置の監視は、日に３回以上、集じん装置を巡視し、マノメータの読みなどを日誌に記録している。各排出口の排出濃度は、鉱煙関係では鉱山等保安規則で定められた期間毎に、排出ガス量、粉じん濃度、硫黄酸化物濃度、カドミウム、鉛の濃度をそれぞれ測定している。測定結果は、「排出ガス中の硫黄酸化物、粉じんおよび有害物質の量測定結果報告書」として名古屋鉱山保安監督部に提出されている。

(1) 浮遊粉じん量の測定

浮遊粉じん量の測定は、鉱業所内では鹿間工場の２地点、鉱業所外では高原川上流域の３地点で毎月測定されている。所内の測定地点は**図4-2**に、所外の測定地点は**図4-5**に○×印で示したが、高原川下流域の測定点が必要なので、その後追加された。

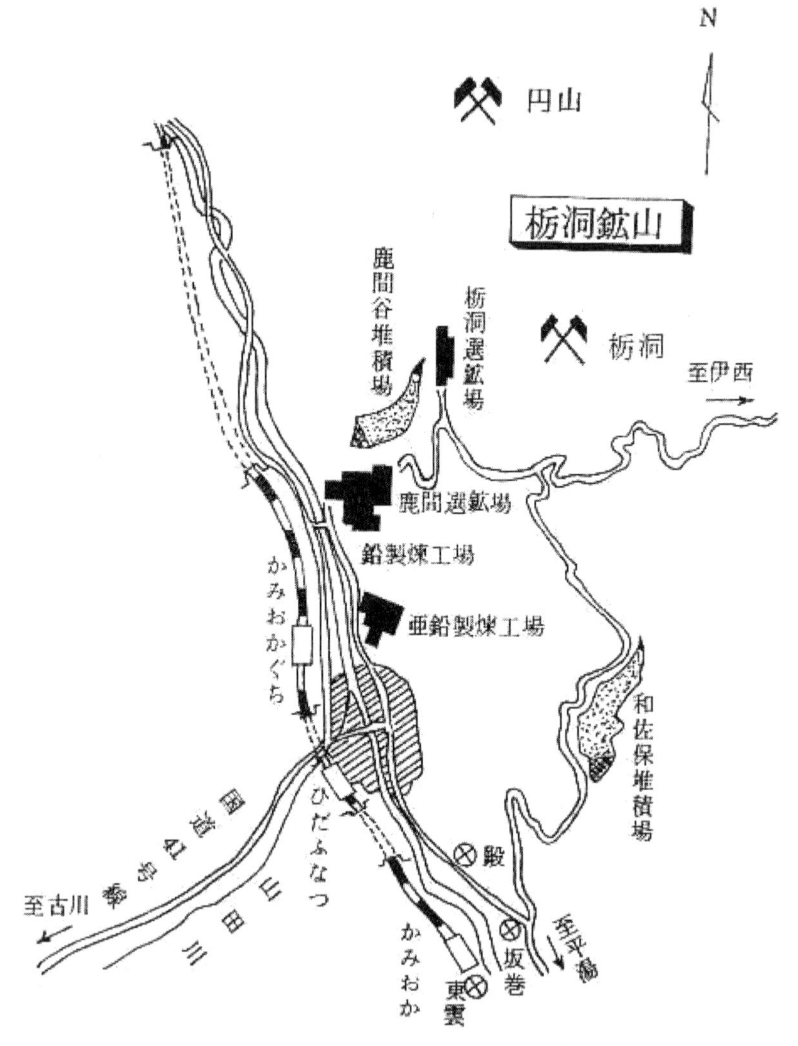

図4-5　神岡鉱業所外の浮遊粉じん測定地点
出所：『イタイイタイ病発生源対策委託研究総合報告書』1978年。

(2) 鉱煙集じん装置からのカドミウム排出量

主な集じん装置からのカドミウム排出量の経年変化を**図4-6**に示すが、排煙班立入調査が開始された1974年以後、カドミウム排出量は減少している。この理由は、鉱業所の説明によれば、炉のシールを完全にするなど工程上の改善によるとする。

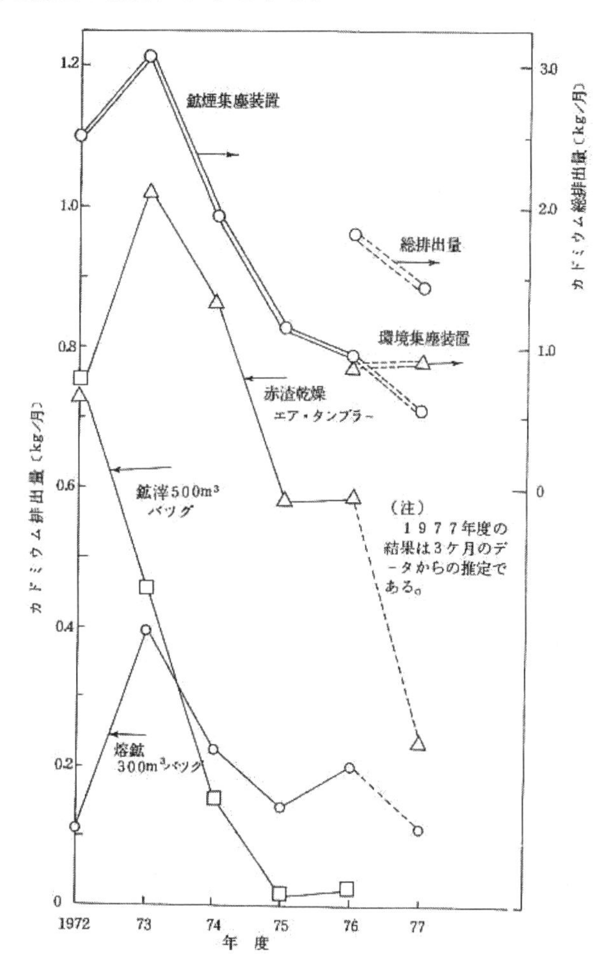

図4-6　主な集じん装置からのカドミウム排出量の経年変化

出所：『イタイイタイ病発生源対策委託研究総合報告書』1978年。

⑶ 環境集じん装置からのカドミウム排出量

環境集じん装置出口のカドミウム濃度は、鉱煙集じん装置出口と同程度であり、排出風量も膨大である。環境集じん装置は、鉱煙集じん装置と異なり、鉱山保安監督部へ報告義務がないため測定されていなかったが、1976年からカドミウム排出量が大きい環境集じん装置の測定をさせた。

⑷ 排煙系統からのカドミウム総排出量の試算

図4-6に示したように、1976年の鉱煙集じん装置のカドミウム排出量は、環境集じん装置のカドミウム排出量と同程度の約1kg/月であり、鉱煙集じん装置のみならず、環境集じん装置からのカドミウム排出量も測定・監視する必要がある。

4．立入調査で明らかになった点と課題

立入調査開始以来、運転保守管理の強化、集じん装置系統、工程の改善が行われ、鉱煙集じん装置からのカドミウム排出量は、３分の１程度まで減少した。環境集じん装置からのカドミウム排出量が無視できないことが分かったので、鉱煙集じん装置の排出量のみから試算された1973年の第２回立入調査時のカドミウム総排出量3.5kg/月は、**図4-6**のデータから判断して、5kg/月以上であったと推定される。

現状での問題点と課題を以下に列挙する。

① 赤渣エアータンブラーからのカドミウム排出量は幾分減少したが、カドミウム総排出量に占める割合は最も大きく、鹿間谷煙突とともに早急な改善が望まれる。

② 環境集じん装置は、引き続き排出粉じん量を測定するとともに、カドミウム排出量削減の努力が必要とされる。

③ 環境モニタリングポストは、鹿間工場内２地点、鉱業所外は高原川上流３地点に限定されており、六郎工場内、神岡町、高原川下流などの測定が必要である。

④　集じん装置出口の粉じん粒径は入口に比べて小さいが、微粒子ほどカドミウム含有率が高いこと、人体への影響が大きいことなどを考慮すると、出口の粉じん濃度が低いことに気を許さず、集じん性能の向上を図らねばならない。

第５章　神岡鉱山におけるカドミウムの流れ（収支班）

神岡鉱山の各生産工程におけるカドミウムの流れを検討したが、選鉱工程と焼鉱・硫酸工程では、カドミウムの流れを定量的に見るために必要な計測が行われていないので、亜鉛・カドミウム・鉛製錬の３工程のみをまとめて検討する。**写真5-1**にカドミウム工場の溶解炉を、**写真5-2**に製品であるカドミウムペンシル（1kg）示す。

鉱業所から提出されたデータに基づき、**表5-1**の亜鉛・カドミウム・鉛製錬工程の総括的カドミウム収支表が作成した。また、３工程間の中間製品や各種残渣のやり取りに伴うカドミウムの流れを明示するため、各工程別のカドミウム収支を総合して、**図5-1**の３工程全体にまたがるカドミウム流れ図を作成した。

表5-1を見ると、３工程全体のカドミウム供用量は91.7～94.0トン、カドミウム産出量は88.8～90.1トンである。これは相当量のカドミウムが３工程のどこかで失われたことを示している。失われた量は、単純に中央値の差を取ると、約３トン/３か月＝約１トン/月となる。

図5-1を見ると、亜鉛清浄工程において中性液のカドミウム量91.00トンと第２清浄渣のカドミウム量80.99トンに約10トンもの差があり、その差は**表5-1**のカドミウム損失量約３トンの約３倍になる。つまり、カドミウム損失があるとすれば、その損失箇所は亜鉛清浄工程であることになるが、現状では中性液と第２清浄渣のカドミウム量推定の誤差範囲が極めて大きいので、**表5-1**のカドミウム損失量が実在すると確言することはできない。

鉱業所は今まで各工程で取り扱う物質のカドミウム量の測定誤差が大きいことを理由に、カドミウム収支表によるカドミウムの量的管理の意義を軽視していた。しかし、現行の測定に基づく推定値でも、その誤差範囲を確認しつつ利用するならば、カドミウム管理上の重要情報が得られる。現行測定法に若干の改善を加えるだけで、各工程におけるカドミウムの流れをかなり定量的に把握できる。鉱業所が有毒物質であるカドミウムを大量に取り扱っている責任に基づいて、月数kg程度のカドミウムの行方も追求できる精度を持ったカドミウムの量的管理技術を達成する必要がある。

写真5-1 カドミウム工場の溶解炉
出所：2013年10月6日、畑撮影。

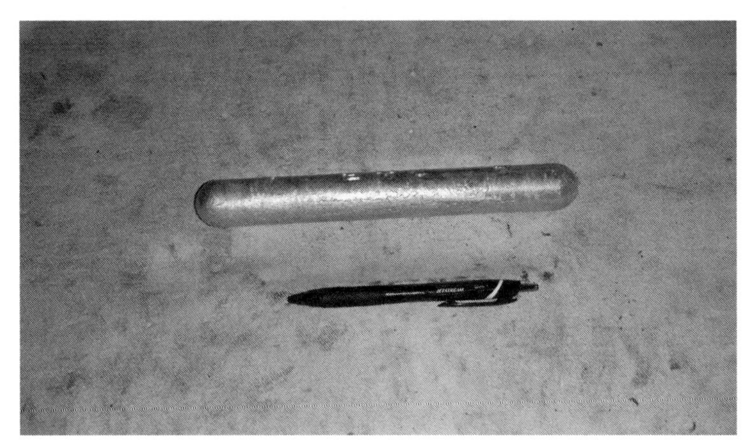

写真5-2 カドミウムペンシル（1kg）
出所：2013年10月6日、畑撮影。

（1972年7〜9月期）

	物　　　　質	鉱　量（t）	Cd含有率（%）	Cd　量（t）	誤　差（%）
供用	亜鉛焼鉱	24,596	0.356	87.56± 0.88	± 1
	鉛　精　鉱	9,279	0.036	3.34± 0.03	± 1
	亜　鉛　末	317	0.03	0.10± 0.01	± 1, ±10
	ド　ロ　ス	435	1.9	0.78± 0.04	± 5
	団鉱（くり入れ）	1.1	96.0	1.05± 0.21	±20
	計			92.8 ± 1.2	
	計			91.7 〜94.0	
算出	第1清浄渣	133.4	1.0	1.33±0.20	± 5, ±10
	製　品　亜　鉛	15,666.6	0.0001＞	0.0015＞	
	製品カドミウム	79.8	99.996	79.80±0.08	± 0.1
	置換液（在庫へ）	$32m^3$	57.44g/ℓ	1.83±0.18	±10
	赤　渣（在庫へ）	789	0.305	2.41±0.024	± 1
	煙道煙灰（在庫へ）	21	1.9	0.40±0.04	±10
	硫酸行きガスドレーン・ミスト	450	0.1	0.45±0.05	±10
	焼結鉱（在庫へ）	100	0.14	0.14±0.014	±10
	ドロス（除渣カワ）	72	0.35	0.25±0.003	± 1
	ドロス（絞渣）	265	0.17	0.45±0.005	± 1
	揮発炉カラミ	5,621	0.002	0.11±0.001	± 1
	熔鉱炉カラミ	2,380	0.009	0.21±0.002	± 1
	銅　カ　ワ	208	0.9	1.25±0.012	± 1
	MMC亜鉛	617	0.13	0.80±0.002	± 0.2
	計			89.5 ±0.6	
	計			88.8 〜90.1	

表5-1　亜鉛・カドミウム・鉛製錬工程の総括カドミウム収支表

出所：『イタイイタイ病発生源対策委託研究総合報告書』1978年。

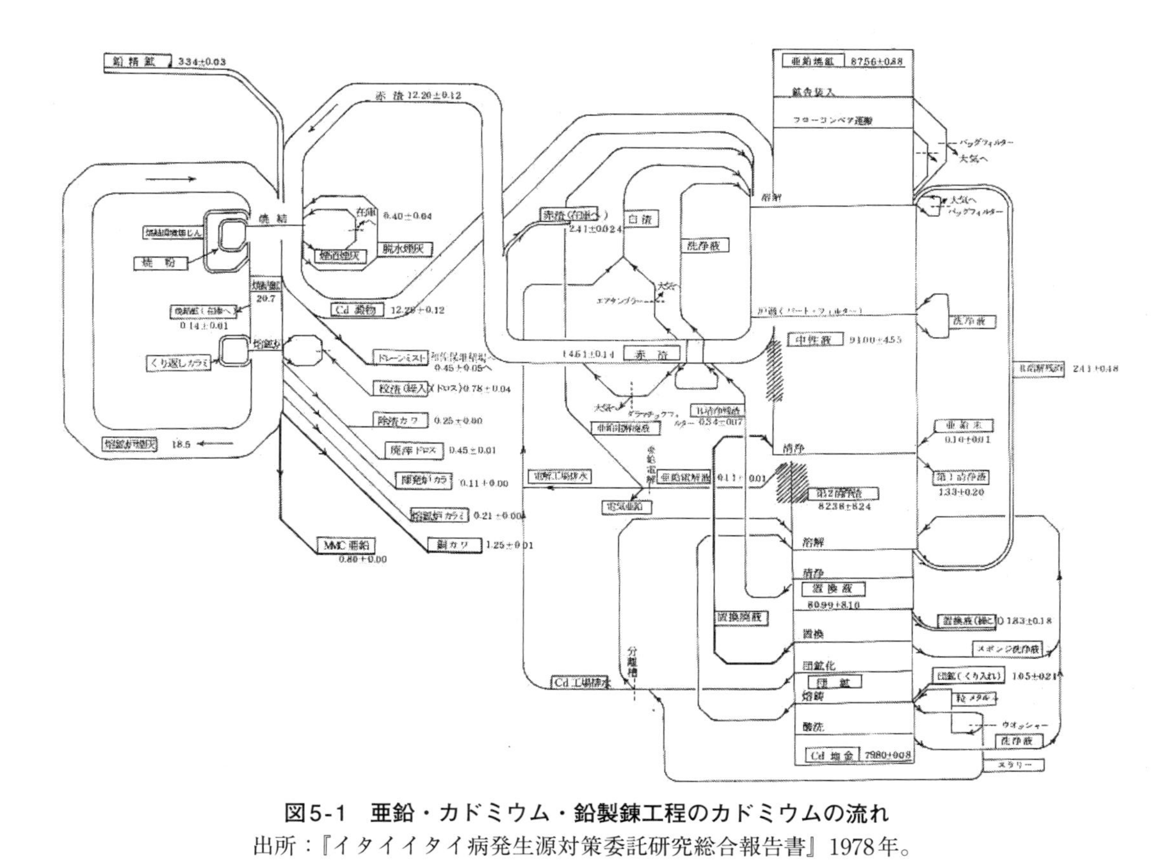

図5-1　亜鉛・カドミウム・鉛製錬工程のカドミウムの流れ
出所：『イタイイタイ病発生源対策委託研究総合報告書』1978年。

第６章　神岡鉱山における廃滓堆積場の構造安全性（堆積場班）

第４章３節で記述したように、神岡鉱山における廃滓処理は、廃滓を粒径の大小で二つに分け､粒径の荒いサンド（砂）で堤体（アースダム）を構築し、その堤内（ポンド）に水分を非常に多く含む粒径の細かいスライム（泥）を投棄している。したがって、アースダムが決壊すると、廃滓自体が流出し、神通川や下流域の農地を再汚染する可能性がある。そこで、このアースダムの構造安全性について十分に検討する必要があり、そのためには土質力学的な立場から次の３点について検討する。

①　廃滓の土質の特徴

②　アースダムの静的な安定性

③　アースダムの動的な安定性

①廃滓に関する土質力学的性質は、現在のところデータが少なく、十分に解明されていない。また、②と③は①の結果を用いて解析しなければならないので、まずは廃滓の土質力学的性質を解明し、一般の土質との相違点を見出して、その安定解析への適用について考察する。

１．廃滓の土質の特徴

廃滓の粗粒土（サンド）は堤体から、細粒土（スライム）は堤内から採取したもので、土質試験を実施した。

(1) 廃滓粒子の比重

廃滓も土の一種とみなし、土粒子と呼ぶ。土粒子の比重は、粗粒土で3.097、細粒土で3.190であり、両者とも近い値であるが、細粒土の方がやや大きい。一般の砂や粘土の土粒子比重は、2.65～2.75の範囲に入るものがほとんどなので、廃滓の土粒子比重は非常に大きく、廃滓の特性と言える。この理由は、金属鉱石から金属を抽出するが、鉄分などが廃滓に残留しているためと考えられる。

⑵ 粒度分布

図6-1に粒度分布曲線を示すが、細粒土は6ミクロン（1ミクロンは1000分の1mm）から80ミクロンの間で、粗粒土は50ミクロンから80ミクロンの範囲で一様に分布している。この理由は、廃滓をサイクロンにより粒径74ミクロンで遠心分離されているからである。土質力学では、粒径によって5ミクロン以下を粘土、5～74ミクロンをシルト、74～2000ミクロンを砂と呼び、その混合割合に応じて三角座表により土を分類している。この分類に従うと、細粒土はシルト質ローム、粗粒土は砂ということになり、両者とも粘土分はほとんど含まれていなかった。

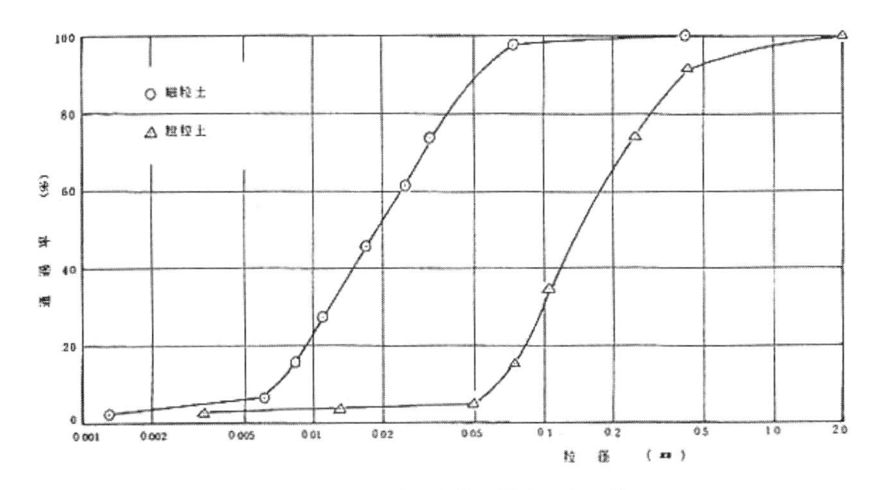

図6-1　神岡鉱山廃滓の粒度分布曲線

出所：『イタイイタイ病発生源対策委託研究総合報告書』1978年。

⑷ 透水係数

粗粒土に対して定水位透水試験法により求めた透水係数は、4.2×10^{-3}cm/秒であり、一般の砂質と同様の特性を示した。

⑸ 締固め特性

アースダムの施工時に必要な締固め特性について、10cm径のモールドを用いた標準型の試験を行なった。その結果、粗粒土は85％の砂分を含む土の締固め曲線と非常に類似していた。しかし、粗粒土は土粒子の比重が一般の土と比べてかなり大きいので、同じ間隙比までに締め固まれば、一般の土に比べて乾燥密度はもっと大きくなるはずである。

したがって、最大乾燥密度が同じであるということは、粗粒土が一般土より大きな間隙比を有していることになり、締め固まりにくいことになる。この原因は明らかではないが、土粒子の形や表面の状態に起因していると考えられる。

(6) 強度特性

土の強度は、アースダムの安定性のためには直接的に必要な値として重要である。強度定数のうち内部摩擦角を粗粒土に対して三軸圧縮試験法により求めた。その結果、粗粒土の内部摩擦角は45～50度の範囲のものが多く、一般の砂質土は45度以下であるので、大きいと言える。この原因として、締固め特性と同様に粒子表面の状態、特に粗さが問題であり､粗粒土の表面は粗な状態にあることが推定される。この理由は、廃滓が鉱石を人工的に粉砕してできるためと考えられる。

2．アースダムの静的な安定性

内部摩擦角が求められれば、アースダムの静力学的な安定性の検討が可能である。しかし、安定性はアースダムの高さや勾配が同じでも、他の条件、特にダム内の地下水位がどこにあるかによって大きく異なる。降雨による斜面崩壊はよく経験することだが、これは地下水の状態が変わるからである。

神岡鉱山の廃滓堆積場では、地下水位は堤体の最下部にあることが、浸潤水位調査の結果、明らかとなっているが、ここでの斜面の安定解析は、堤体全体が地下水位より上にある場合と、堤体全体が水で飽和された最も危険な状態の両極端を考える。

解析手法としては、従来より行われている**図6-2**に示す円弧すべりによる分割法を用いて、計算は和佐保堆積場を対象として斜面角度26度、高さ約200 mの斜面について行なった。その結果、堤体が完全に飽和状態にある場合の安全率は約1.1、堤体全体が地下水面以上にある場合の安全率は約2.1となった。これらの数値は、地下水の条件が最も危険な状態と、最も安全な状態に対応しており、最悪の場合でも安全率が１程度あることを示している。通常時の地下水面は最も安全な状態に近いので、安全率は２に近いものと考えられる。

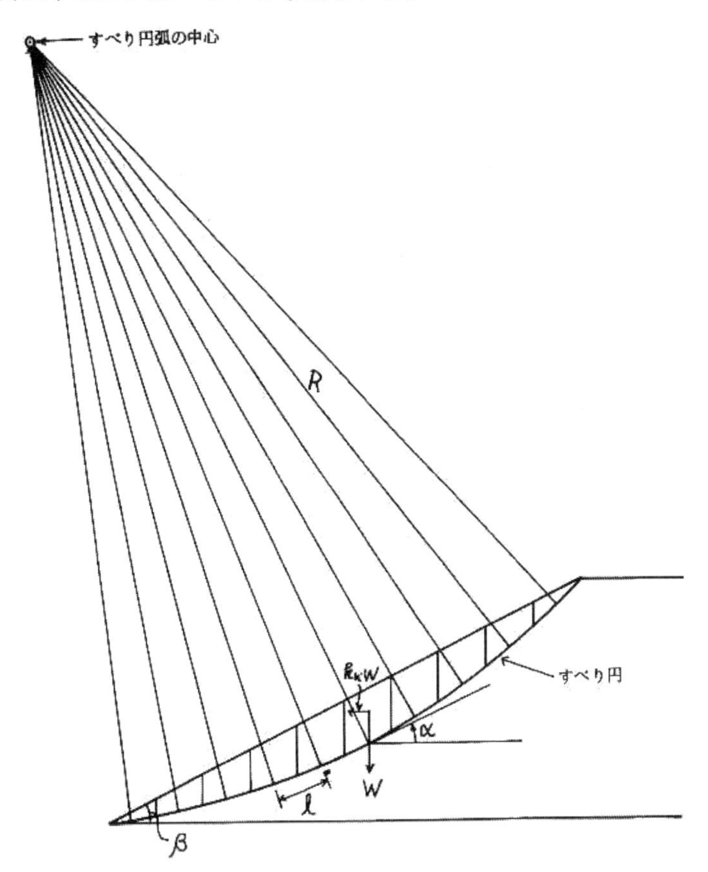

図6-2 安定解析に用いられるすべり円弧

出所：『イタイイタイ病発生源対策委託研究総合報告書』1978年。

３．アースダムの動的な安全性

地震のような動荷重がアースダムに作用する場合は、静荷重の場合と比べてより不安定になる。その原因として、①地震によるダムの滑動力の増加、②動応力の作用による土の強度定数の低下、③地下水面の土が地震による繰り返しせん断を受けた時に発生　する間隙水圧による土の強度低下と液状化などが考えられる。

これらを考慮した解析法として簡便な震度法がよく用いられており、この方法で地震時の安定解析を行なった。その結果、堤体全体が地下水面以上にある場合は、安全率が１以上となるが、堤体内のかなり上部までが地下水面下にある場合は、安全率が１以下に低下するとともに、③の液状化を考慮しなければならなくなる。

(1) 液状化の危険性

一般のアースダムは、堤体内に水を貯留することが目的なので、堤体内に地下水面が形成される。したがって、一般のアースダムは、十分な管理の下でかなりの高密度まで土が締め固められるような施工法が実施されており、液状化の心配は少ない。

しかし、廃滓堆積場では、サンドによる堤体は、堤内にスライムを投棄することを目的としているので、堤体の方がはるかに透水性が良く、地下水面下の堤体は底部のわずかな部分である。したがって、一般のアースダムと異なり、十分な締固めが行われていないので、堤体内に地下水面が上昇し、地震が起こると、十分液状化の危険性がある。

(2) 廃滓堆積場の崩壊例

第３章３節で述べたように、鹿間谷堆積場が1936年と1945年の二度、和佐保堆積場が1956年に集中豪雨により決壊し、大量の廃滓が高原川に流出した歴史がある。最近では、1965年のチリ地震によるサンチャゴ付近の銅鉱山の鉱滓堆積場の破壊、1978年の伊豆大島近海地震による持越鉱山の鉱滓堆積場の決壊事故など、豪雨時や地震時の堆積場の斜面崩壊が問題となっている。

しかし、豪雨時や地震時を考慮した斜面や盛土の安定解析は複雑であり、目下研究中である。とくに、地震時には種々の要素が斜面安定に影響を及ぼすうえに、廃滓などの動的な力学特性が十分に解明されておらず、今後の課題となる。したがって、地震時には従来より行われている震度法によってのみ解析を行なったが、サンドの性質が砂に似ていることや、堤体自体の締固めが十分でないことなどを考慮すると、液状化などが重要な問題となってくる。

第７章　神岡鉱山周辺の休廃坑・廃石捨場からの重金属流出防止対策（排水班）

拙著『金属産業の技術と公害』に詳述した戦前の足尾銅山鉱毒事件、別子銅山煙害事件、小坂鉱山煙害事件および日立鉱山煙害事件の四大鉱害事件のように、鉱害問題は一般に長い歴史的経過を有するが、休廃坑からの排水や、廃石捨場（ズリ山）が鉱害発生源となっている事実は、軽視されることが多かった。採鉱、選鉱および製錬に伴って発生する鉱害は、最も直接的に周辺地域の住民生活に影響を及ぼし、生産活動の消長がその影響の強弱として現れるのが普通である。それに対して、休廃坑や廃石捨場はいわば生産活動の痕跡であり、集中豪雨でズリ山が崩れ、人家、道路、田畑などが埋まりでもしない限り、鉱害で注目されることはない。

このような状況のもとでは、鉱山の経営者や技術者は、坑口周辺にいかに効率の良い廃石捨場を確保できるかという点に向けられる。したがって、当然の帰結として、全国に８千以上散在する金属鉱山周辺では、重金属汚染が慢性的に進行し、今日を迎えたのであった。とくに、第二次世界大戦中では、増産第一主義に支えられて、環境への影響を軽視または無視する傾向は一段と強まり、戦後に禍根を残した例が少なくない。

１．神岡鉱山の休廃坑・廃石捨場の特徴

前述したように、神岡鉱山の場合にもこの一般的傾向は該当するが、その中でも特に以下の諸点は強調しておかねばならない。

① イタイイタイ病を引き起こした神通川流域の重金属汚染は、長年にわたる神岡鉱山の鉱業活動の結果として起こったのであり、休廃坑や廃石捨場は、過去の鉱業活動を明らかにする歴史的な証拠である。

② 現在の休廃坑や廃石捨場からの重金属流出は、現在の生産活動に直

接影響されないので、低い濃度だが、長期にわたり、恒常的である。

③　終業してから長い年月が経つと、記録が散逸したり、交通路や施設が荒廃したり、草木が繁茂したりした、坑口の位置をはじめとして、操業時の状況が分からなくなる場合が多い。

④　休廃坑の坑内水や廃石中の浸透水は、現在操業している坑内、工場、堆積場などの排水処理系統に入るものも一部あるが、未処理のまま一般河川に放流されているものが相当ある。

⑤　被害地域住民が切望している「土壌復元・再汚染防止」の事業を達成するためには、現在の操業系統に関連するものだけでなく、休廃坑・廃石捨場対策も具体的に進展させる必要がある。

２．神岡鉱山周辺の休廃坑・廃石捨場の実態

神岡鉱山周辺の休廃坑・廃石捨場の実態については、立入調査開始当初は、鉱業所側も詳しい資料は整っていなかった。そこで、まず航空写真の判読により裸地になっている廃石捨場のおおよその位置と規模を確かめたうえで、現地調査する方法によらざるを得なかった。**図7-1**の神岡鉱山周辺の休廃坑・廃石捨場概念図は、主として航空写真の判読によって明らかとなった坑口と廃石捨場の位置を記したものである。

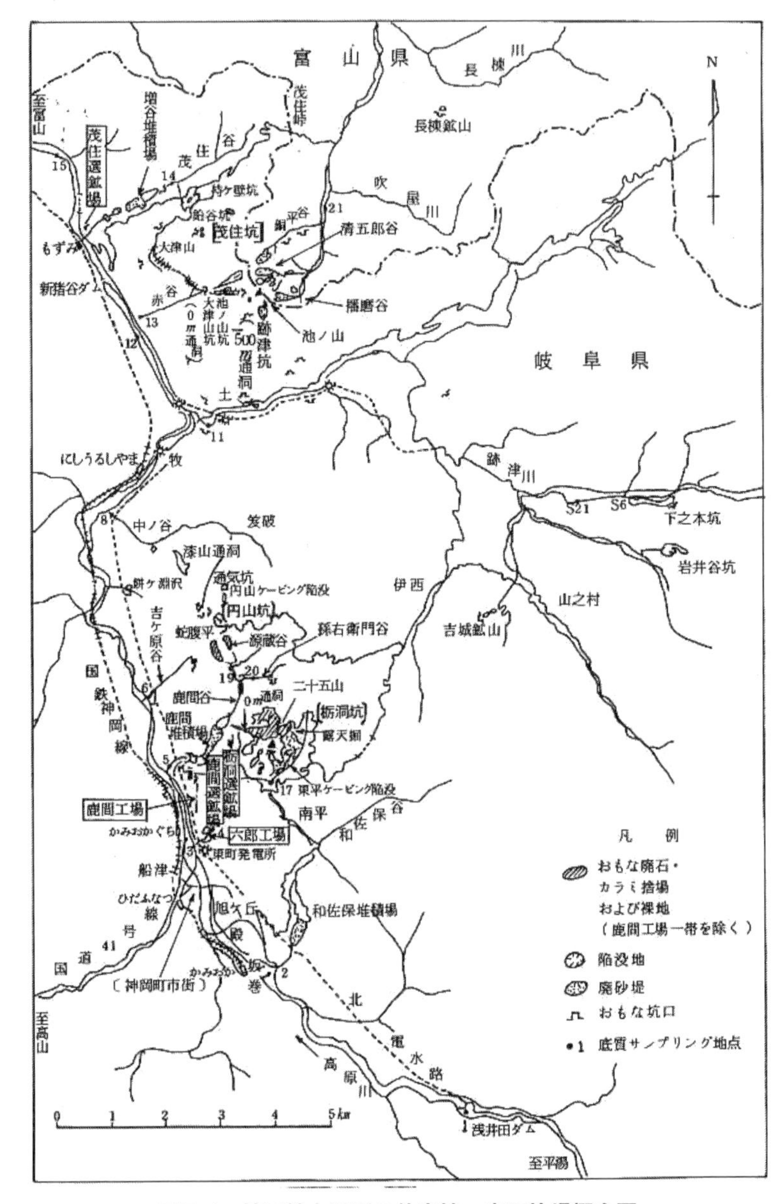

図7-1　神岡鉱山周辺の休廃坑・廃石捨場概念図

出所：『イタイイタイ病発生源対策委託研究総合報告書』1978年。

(1) 神岡鉱山周辺の休廃坑の実態

製錬排煙の影響で草木が枯死してできた鹿間谷下部を除くと、大規模な裸地は、栃洞二十五山、円山・蛇腹平、茂住池ノ山の各山稜部にあって、それぞれの鉱床の露頭部にほぼ対応している。

このような場所は、神岡鉱山開発初期から手工業的な採掘法で山師が稼業していた所である。たとえば、池ノ山東斜面の銅平谷、清五郎谷および播磨谷の一帯は、旧長棟鉱山として明治期以前にも盛んに採掘されていたし、蛇腹平は1978（明治11）年に三井組が栃洞地区の鉱山経営に初めて着手した場所であった。このような露頭付近の旧坑は、坑口がほとんど崩壊しており、所在を確定できないものが多く、まれに坑口の痕跡を残すものも入坑はできない。通常時はこれらの旧坑からの流出水は見られない。したがって、このような休廃坑からの排水による重金属の流出は、一般に多くない。

(2) 神岡鉱山周辺の廃石捨場の実態

休廃坑とは反対に、露頭付近の裸地の大部分を占めている廃石捨場は、重金属汚染源として軽視できない。一帯の鉱床は、明治中期までは銀山として稼業され、当時の採掘対象は含銀方鉛鉱であり、共生する閃亜鉛鉱は廃石扱いだったと言われる。1905（明治）年に亜鉛鉱の採鉱・製錬が開始されてから、一部は廃石から回収されたが、現在でも廃石中に閃亜鉛鉱を見つけることがままあり、二次富鉱帯を代表する酸化鉱や、時には鮮やかな黄橙色の被膜をなす硫カドミウム鉱もある。

また、近代以前の鉛製錬は、木炭を用いて坑口付近で行うのが普通だったので、裸地周辺には相当量のカラミ（製錬廃棄物のスラグ）が放置されていた。このような廃石捨場の表面には、山師が鉱石探しの目安とした「金草（かなくさ)」と呼ばれるシダ類の一種である「ヘビノネゴザ」のような重金属に強い植物がわずかに生えているだけであり、普通の草木は育たない。

(3) 廃石捨場の問題点

したがって、この裸地に降った雨や雪は、廃石中を浸透し、末端で湧出するまでに重金属成分を溶かし出し、表流水として流下する。近代的操業に伴い生じた廃石は、山腹に設けられた坑口から急斜面を谷底に向けて投棄される形が普通である。廃石捨場の周縁に山腹水路が整備されている場所は別として、上流から流れてきた沢水は、廃石捨場の中を伏流する。

とくに、神岡鉱山8排水口の一つである大津山0m通洞の例では、坑内水までが廃石捨場の上端から注がれている。露頭周辺の裸地と異なり、廃石中の重金属濃度は低く、浸透による水質悪化の程度も少ないと考えられるが、通過水量が多いので、下流に対する負荷としては、決して軽視できない。

休廃坑・廃石捨場を通る水の一部には、次に詳しく検討する鹿間谷上流部のように、排水路が排水処理施設である鹿間谷堆積場第3ポンドにつながっているなど、一定の配慮がされている部分もあるが、大半の部分は、浸透水が無処理のまま一般の河川に流出していくようになっている。

3. 鹿間谷上流部の場合

数ある休廃坑・廃石捨場の中から、モデル地区として鹿間谷上流部の蛇腹平周辺と孫右衛門谷の水系を選定して1975年以降、数次にわたって事例研究を行い、1979年に布川と源蔵谷の合流点に流量測定堰を設置した後、現在まで水質と水量の定点観測も実施している。

(1) 蛇腹谷や源蔵谷の周辺

蛇腹平周辺は、円山鉱床群の露頭部にほぼ位置し、ここを選んだ理由は、「鉱山開発初期から最新のものまで、各時期の廃石捨場が揃って観察できること、作業用通路の密度が大きく、アクセスや資材運搬が容易なこと」などである。**図7-2**に鹿間谷概念図を、**図7-3**に鹿間谷上流部の蛇腹平周辺拡大図を示す。

源蔵谷源流部は、灌木と熊笹に覆われた暖傾斜地であるが、**図7-3**に示す蛇腹谷鞍部のｐ点（海抜1,120ｍ）から源蔵谷に降りた所のｑ点（海抜1,070ｍ）より下流側は、廃石とカラミの散在する裸地となる。小さな枝沢と本流が合流するＣ、Ｄ点付近を除けば、沢水は円山100ｍ坑口の廃石の末端であるＢ点下流右岸まで伏流している。

他方、蛇腹平の本谷（仮称）源流部は、スプーン状のくぼみを呈する広い裸地で、最大幅約200ｍ、延長約400ｍに達する。くぼ地の中心地域は、明治初期の操業の産物であるズリとカラミで占められ、東縁を周辺からの崩土による崖錐が覆う。

沢水は、稜線から比高で10ｍほど下がったＥ点（1,080ｍ）から湧出するが、ほどなく伏流する。裸地の中は雨裂が発達して悪地形となり、砂防のために築かれたと思われる堰堤群は、ほとんど頂部まで土砂で埋まり、砂防機能を失っている。

ｒ点（海抜1,020ｍ）からＦ点（海抜910ｍ）のやや下流までの間、水路はコンクリートで両岸と底を固めたいわゆる「三面張り」となり、水はその水路を流れている。Ａ点（海抜880ｍ）は、野々川（布川）を合わせた源蔵谷の水と本谷の水との合流点で、上下に蛇籠堰堤が設けられ、角礫から泥に至る各粒径の土砂が堆積している。

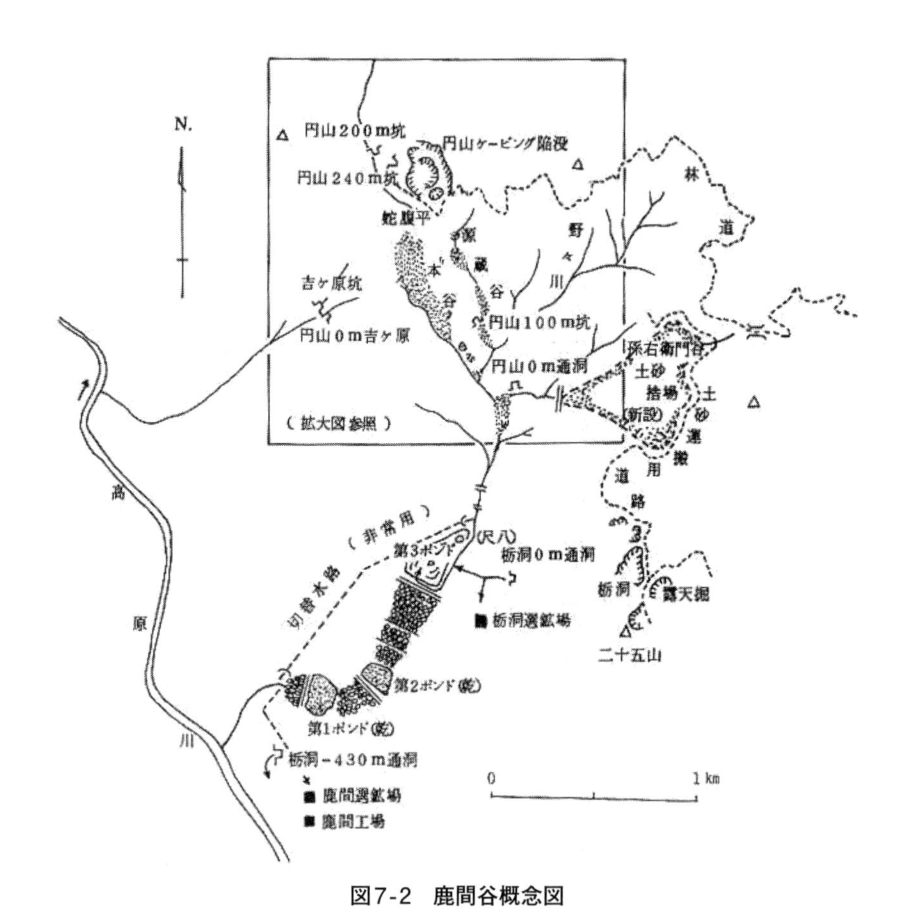

図7-2　鹿間谷概念図

出所：『イタイイタイ病発生源対策委託研究総合報告書』1978年。

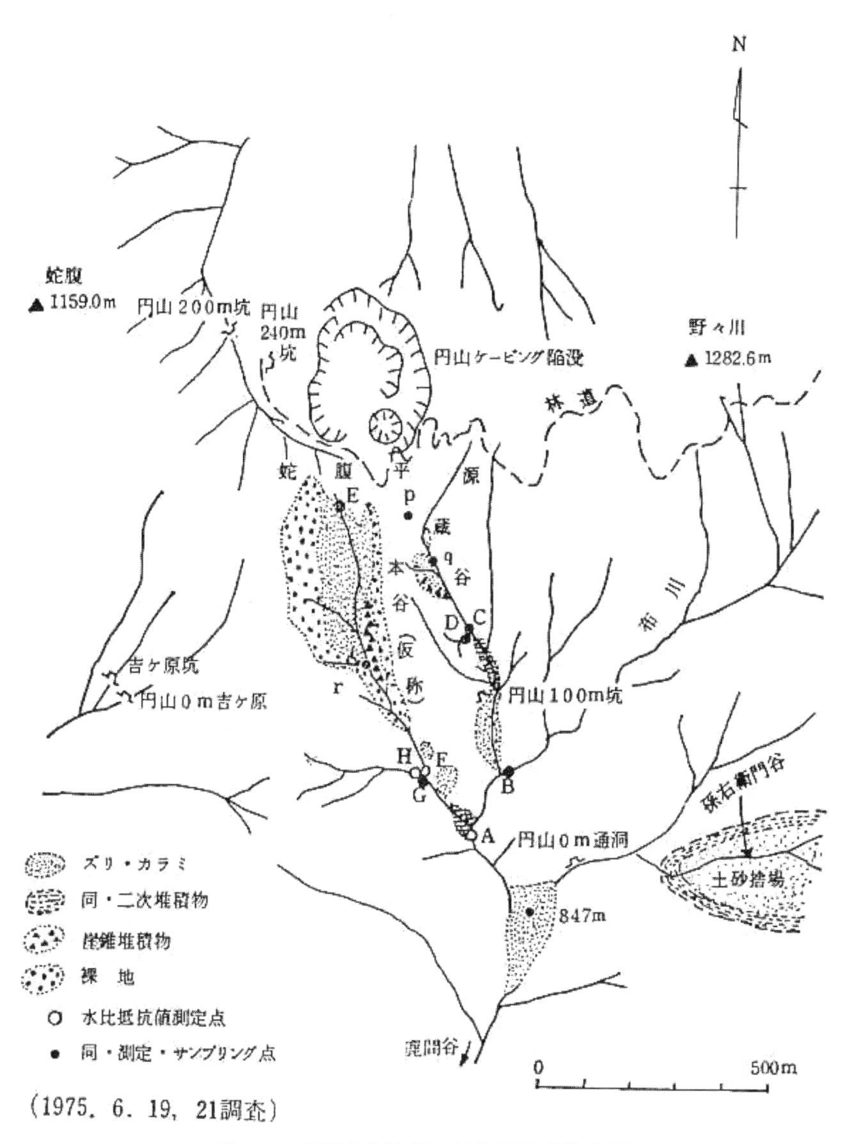

図7-3　鹿間谷上流部の蛇腹平周辺拡大図

出所：『イタイイタイ病発生源対策委託研究総合報告書』1978年。

(2) 鹿間谷の上流部

以下、流路は自然谷と三面張りの区間を交えながら、右岸側の山腹に掘られた非常用切替水路に豪雨時の水を振り分ける目的で設けられた溢流堤を経て、鹿間谷堆積場第３ポンドの排水処理施設に達している。1977年の排水班調査データによると、第３ポンドに入るカドミウム負荷の約45％が、鹿間谷上流部から流出したものであった。

図7-2と**図7-3**に示したように、鹿間谷の東側の支谷、孫右衛門谷には、栃洞二十五山頂上付近の露天掘りの廃石を堆積する目的で、1976年に大規模な土砂捨場が新設された。土砂捨場の排水は、鹿間谷堆積場第３ポンドに導かれて処理されるが、三面張りの排水路を有する。

廃石中の浸透水は、見かけ上きれいに澄んでいても、カドミウムなどの重金属の溶存成分が多く、坑内水のように濁度が汚染の目安になっていたことと事情が異なり、溶存イオン量を示す電導度が汚染の目安となる。

しかし、降雨時に濁度が増した場合は、浸透水中のカドミウム濃度も増加するが､希釈効果によりカドミウム濃度がやや減少する場合もある。この場合でも、水量が増えるので、重金属負荷量としては増加し、平水時の数倍以上になる事例も観測されている。

一方、休廃坑・廃石捨場が流域にない野々川（布川）は、カドミウム濃度が0.2ppbと、非汚染河川レベルであるが、源蔵谷や本谷との合流により、水量が多い布川の非汚染水を希釈・増量することになり、鹿間谷堆積場第３ポンドの排水処理負荷を増大させていた。

４．休廃坑・廃石捨場からの重金属流出防止対策

現在、通産省鉱山保安監督部の指導に基づく形で、一般に行われている重金属流出防止対策は、坑口閉塞や通気遮断、中和処理などによる坑内水の流出防止または水質改善と、廃石捨場や裸地に対する覆土・植栽工事である。覆土・植栽は、降水の表面浸透を制御し、汚染土壌や廃石

の移動や飛散を防ぐ措置として期待されている。しかし、その修景効果が目立つ点を利用して、植物が活着すれば良しとするなら問題である。浸透水の改善も含めて、重金属の流出防止効果が十分に現れなければ、工事は単に「臭いものに蓋」をする意味しかない。

神岡鉱山では、1973年の金属鉱業等鉱害対策特別措置法の制定以降、同法に基づく使用済特定施設としての補助金も得て、休廃坑・廃石捨場対策工事を進めてきた。その内訳は、植草、植樹、覆土、アスファルト被覆、擁壁、水路改修延長などである。

1976年以降、鹿間谷上流の蛇腹谷や漆山高坑などでは、植栽工事が行われているが、まだ十分な効果は上がっておらず、源流部の降水の浸透と土砂の移動は続いており、根本的には機械力による斜面整形、覆土・植樹や砂防堰堤の設置などの対策強化が必要となる。さらに、1976～77年にかけて東茂住地区の清五郎谷のほぼ全域に植草されたが、植草域はほとんどすべてヘビノネゴザに遷移している。

第８章　神通川水系のダム底質における重金属の蓄積と流出（神通川班）

神岡鉱山の排水は、飛騨山地に発する高原川へ流入し、高原川は岐阜県と富山県の県境付近で宮川と合流して神通川となり、富山平野を貫流して日本海に入る。イタイイタイ病被害地域の水田を灌漑する農業用水は、神通川から取水している。**図8-1**の神通川水系の断面モデル図に示すように、この高原川—神通川水系には、上流から浅井田ダム、**写真8-1**の新猪谷ダム、**写真8-2**の神通第一ダム（以下、神１ダムと略）、**写真8-3**の神通第二ダム（以下、神２ダムと略）および**写真8-4**の神通第三ダム（以下、神３ダムと略）の五つの北陸電力㈱ダムがあり、高原川—神通川水系の水は、主に北陸電力㈱のダムと発電所内を流れていると言っても過言ではない。

これらのダムに堆積した土砂がカドミウムなどの重金属を多量に含んでいることは、科学技術庁［1969］のデータからも明らかであった。

第２章に詳述した第２回立入調査では、「①高原川に流入する神岡鉱山地域の谷川底質には、高濃度の重金属汚染がある。②浅井田ダムより下流の高原川—神通川底質は、下流に行くほど高濃度の重金属汚染がある。③増水時の河川水カドミウム濃度は、平水時よりも高く、増水時の神通川水系のカドミウム搬送量は、平水時の13～20倍にも増加すると推定できる」などの結果が得られた。

これらの知見から、農地土壌の重金属再汚染を防止するためには、神岡鉱山における発生源対策のみならず、神通川水系に存在する重金属についても対策を考えねばならない。それにはまず、神通川水系における重金属の蓄積と流出の実態を把握する必要があることが痛感された。そこで、発生源対策に関する委託研究の第４テーマとして「神通川水系にける重金属の蓄積と流出に関する研究」が取り上げられ、特に神通川水系のいくつかのダム底質における重金属の存在とその挙動について調査研究が行われた。

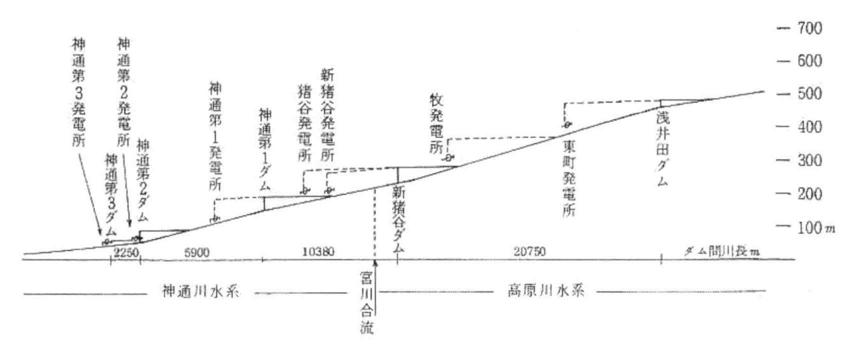

図8-1 神通川水系の断面モデル図

出所：『イタイイタイ病発生源対策委託研究総合報告書』1978年。

写真8-1 北電新猪谷ダム堰堤

出所：2013年10月6日、畑撮影。

写真8-2 北電神１ダム堰堤
出所：2013年10月6日、畑撮影。

写真8-3 北電神２ダム堰堤
出所：2013年10月6日、畑撮影。

写真8-4 北電神３ダム堰堤
出所：2013年10月6日、畑撮影。

1. 神通川流域の地質的環境

神通川流域の地質的環境を調査した。この調査結果によると、神通川流域を構成する岩石・地層は、それらの生成年代と岩質から、「①第四紀に形成した堆積物、②新第三紀に形成した堆積物と火山性岩質、③中生代ジュラ紀～白亜紀に形成された堆積物および④飛騨複合岩体を構成する岩石類」に大別され、これらの岩層はほぼ新しいものから古いものに東西方向に帯状分布をしている。したがって、南北に流路を持つ高原川―神通川は、地質構造に対して直交している。

①の第四紀堆積物は、河岸段丘と火山灰層であり、量的に見て河川底質に及ぼす影響は看過できる。

②の新第三紀系は、中新世である北陸層下位の八尾亜層群に属し、楡原累計層、岩稲累層を主とし、神３ダム下流に黒瀬谷塁層が分布するが、これらのカドミウム濃度は0.55～0.93ppm、亜鉛／カドミウム比は108であった。

③の中生層は、いずれも手取層群で、カドミウム濃度は0.55～0.93ppm、亜鉛／カドミウム比は100であった。

④の飛騨複合岩体を構成する岩石は、神岡鉱山地域の鉱床母岩となるものを含んでおり、船津期深成岩類とその前期の飛騨片麻岩類とからなる。前者は、はんれい岩類、船津型花崗岩類、眼球片麻岩からなるが、いずれも岩質はきわめて均質で、カドミウム濃度はそれぞれ0.5、0.46、0.42ppm、亜鉛／カドミウム比はそれぞれ120、128、131であった。後者の飛騨片麻岩類は、神岡鉱山の鉱床群の母岩であり、各種片麻岩、晶質石灰岩、角閃岩のほか、ミグマタイト質岩から構成される。

これらの岩石は、高原川と宮川の中間を通る地帯を境として、地質構造、岩種構成、ミグマタイト質岩石の性質等において、著しい差異がある。特に、鉱床の特徴から見ると、宮川流域はスカルン型磁鉄鉱鉱床のみが見られ、高原川流域はスカルン型閃亜鉛鉱、方鉛鉱鉱床のみが分布している。

神岡鉱山の鉱床群は、高原川右岸に沿ってほぼ南北に分布している。片麻岩中のカドミウム濃度は0.38ppm、亜鉛／カドミウム比は108であり、亜鉛含有率は、角閃岩35ppm、黒雲母片麻岩45ppm、晶質石灰岩20ppmであった。

以上をまとめると、次の３点が明らかとなる。

① 基盤の地質状態から見ると、高原川―神通川水系は、常願寺川支流の和田川・小口川と類似している。

② 宮川流域と高原川流域を地質学的または地球化学上の比較地域とするのは、あまり意味がない。

③ 神岡鉱山の鉱床母岩の片麻岩中の重金属濃度は、他の岩層と比較しても低く、重金属は鉱床として小範囲に局在していると言える。

したがって、自然状態に存在する鉱床露頭が面積的に見て、河川底質に及ぼす影響（重金属負荷量）は、それほど大きなものではないと考えられる。

2．神岡鉱山による神通川ダム底質のカドミウム汚染

神岡鉱山の影響は、神通川本流の各ダム底質のカドミウム濃度とその頻度分布に表れている。神岡鉱山上流の浅井田ダムの平均カドミウム濃度は、0.67ppm、神岡鉱山下流の新猪谷ダムが2.86ppm、神１ダムが2.33ppm、神２ダムが2.32ppmおよび神３ダムが2.06ppmとなっており、神岡鉱山直下の新猪谷ダムでカドミウム濃度が急に高くなり、その後、下流のダムになるにつれて漸減している。

図8-2に神通川水系各ダム底質のカドミウム濃度の頻度分布を示す。浅井田ダムは、カドミウム濃度0.7ppmを中心とする幅が極めて狭い分布をしており、自然状態に最も近いと言える。しかし、新猪谷ダムより下流の各ダムでは、カドミウム濃度が著しく増加し、分布の幅も高濃度域に広がっており、浅井田ダムから新猪谷ダムに至る地域、すなわち、神岡鉱山地域でカドミウム濃度の付加があったことを示している。

図8-3に神通川水系各ダム底質の粒度別カドミウム濃度を示す。一般的な河川底質では、汚染、非汚染を問わず、細かい粒子になるほど、カドミウム濃度は高くなると言われ、神１ダムと神２ダムでは、その傾向を示すが、神３ダムでは粒度差はあまりなく、新猪谷ダムでは、粗粒（-48～＋100メッシュ）と細粒（-270メッシュ）が、中粒（-100～200メッシュ）よりも濃度が高くなっている。一方、神岡鉱山の選鉱廃滓も粗粒（+200メッシュ）と細粒（-270メッシュ）が、中粒（-100～270メッシュ）より高濃度の傾向を示しており、過去における選鉱廃滓の新猪谷ダムへの流入を推測させる興味ある事実である。

図8-4に神１ダム不攪乱柱状試料の深度別・粒度別カドミウム濃度を示す。カドミウム濃度は、堆積深度により異なり、深度0.20m、1.25mおよび1.85mの試料が高かった。これは、ダム底質が垂直方向に不均一であり、高低の濃度部分が層状をなしていることを意味する。

表8-1に神通川ダム底質のカドミウム濃度の変化を示す。神１ダムについては、 1968年の科学技術庁データ［1969］では、1.6～18ppmであったものが、1975年の神通川班の富山大データでは、0.87～4.88ppm、平均2.33ppm、1976年の排水班の京大データでは、0.92～2.3ppm、平均1.39ppmと、約10分の1に減少している。

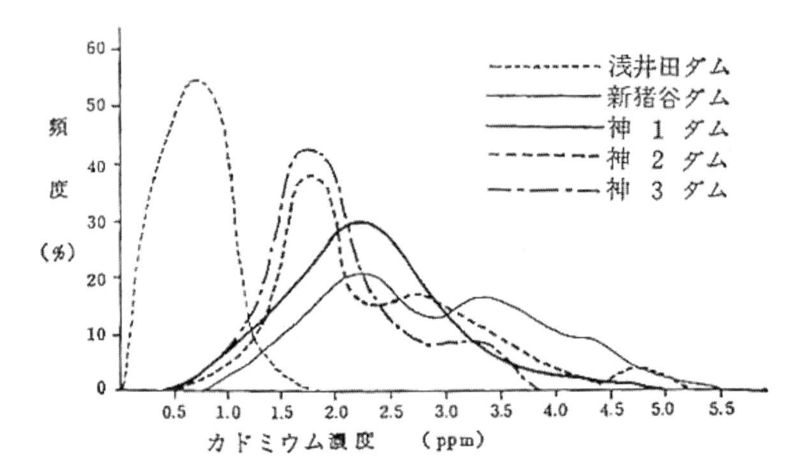

図8-2 神通川水系各ダム底質のカドミウム濃度の頻度分布

出所：『イタイイタイ病発生源対策委託研究総合報告書』1978年。

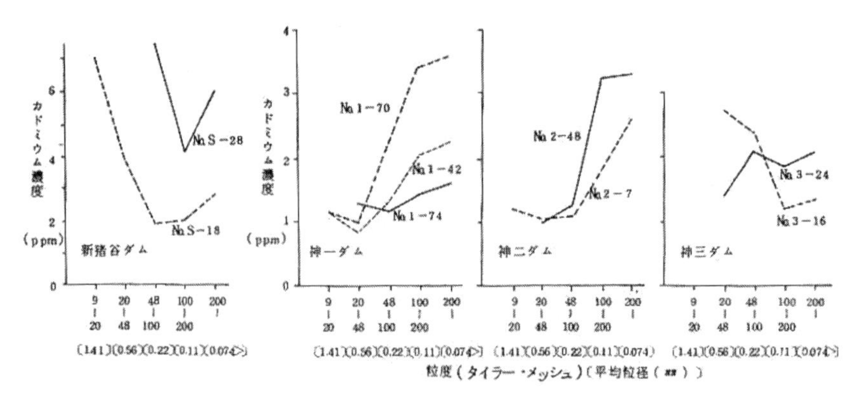

図8-3 神通川水系各ダム底質の粒度別カドミウム濃度

出所：『イタイイタイ病発生源対策委託研究総合報告書』1978年。

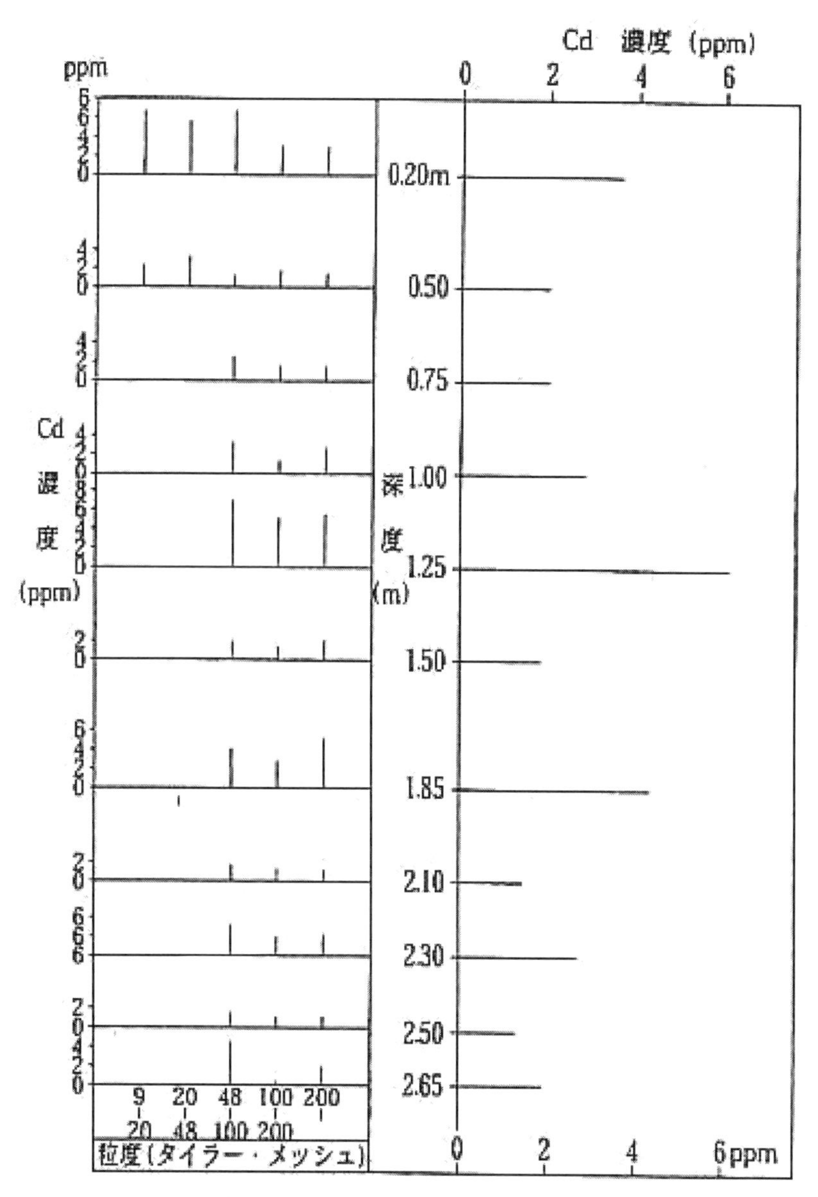

図8-4　神1ダム不攪乱柱状試料の深度別・粒度別カドミウム濃度
出所：『イタイイタイ病発生源対策委託研究総合報告書』1978年。

ダ　ム　名	1976年の京大データ			1975年の富山大データ			1968年の科学技術庁のデータ
	試料数	Cd濃度範囲（ppm）	Cd濃度平均値（ppm）	試料数	Cd濃度範囲（ppm）	Cd濃度平均値（ppm）	Cd（ppm）
浅井田ダム	—	—	—	22	0.36～1.20	0.67	—
新猪谷ダム	5	0.7～5.0	2.40	71	1.21～5.45	2.86	9.6～18
神1ダム	7	0.9～2.3	1.39	123	0.87～4.88	2.33	1.6～18
神2ダム	4	1.0～3.0	2.10	59	0.66～4.21	2.32	5.9～12
神3ダム	—	—	—	26	0.89～4.73	2.06	—

(注)　富山大グループ（相馬，中川）のデータ〔1975〕および、科学技術庁「神通川流域におけるカドミウムの挙動態様に関する特別研究報告書」（1969）より作成

表8-1　神通川ダム底質のカドミウム濃度の変化

出所：『イタイイタイ病発生源対策委託研究総合報告書』1978年。

第９章　神通川水系におけるカドミウム汚染の現状（排水班）

図9-1の高原川―神通川水系統模式図に示すように、高原川―神通川水系（以下、神通川水系と略）は、槍ヶ岳、穂高山、焼岳周辺の北アルプスに源を発し、平湯川と蒲田川の合流後、双六川を合して浅井田ダムに流入する上流部と、東西5km、南北15kmに及ぶ神岡鉱山地域を流下する中流部、および岐阜県と富山県の県境の国境橋付近で高山地域を流下する宮川水系と合流して神通川となり、北陸電力㈱神通川第１ダム（以下、神１ダムと略し、他のダムも同様）、神２ダムそして神３ダムへと流下して富山平野に達する下流部からなる。農地汚染をもたらした農業用水は、神２ダム右岸から大沢野用水が、神３ダム左岸から牛ヶ首用水が取水されている。

本章では、1975年10月から1976年10月までの６回にわたる排水班の現地調査と、その後、現在まで継続されている神通川水質常時監視をもとに、１．神通川水系のカドミウム汚染、２．神岡鉱山のカドミウム汚染負荷、３．北電水路汚染負荷の原因究明、４．神通川水系における農業用水の安全性、５．神通川水系における常時監視体制の確立について検討する。

１．神通川水系のカドミウム汚染

(1) 神通川水系の水質

1975～76年に調査した神通川水系の水質調査地点は、**図9-1**に示し、神通川水系河川水のカドミウム濃度の測定結果は**表9-1**に示す。**表9-1**は、神岡鉱山地域との相対位置によって上流から下流へと配列しており、対照水系として常願寺川も示す。

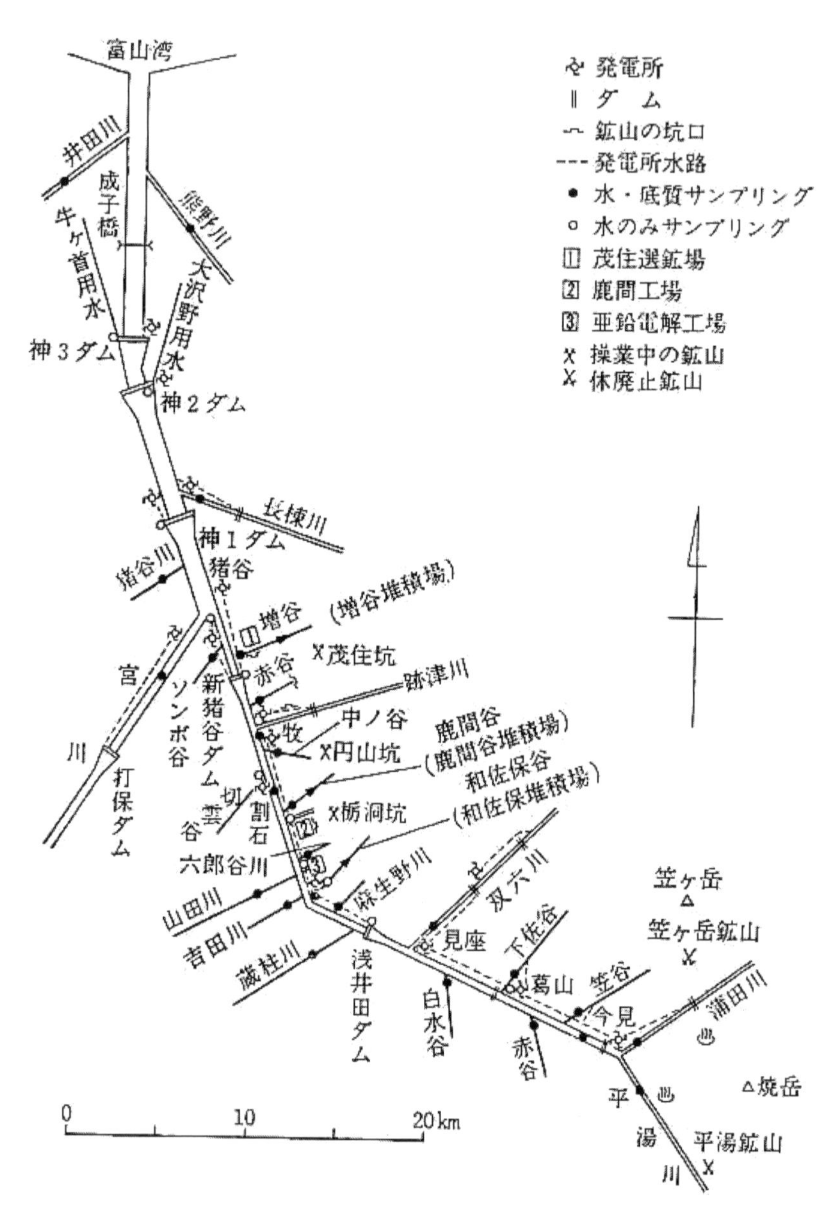

図9-1 高原川―神通川水系統模式図

出所：『イタイイタイ病発生源対策委託研究総合報告書』1978年。

神岡鉱山地域に対する位置関係	河川名	Cd濃度（ppb）			
		'75.10調査 増水時	'76.5調査 平水時	'76.7調査 増水時	'76.10調査 平水時
神岡鉱山地域よりも上流	平湯川	0.12	tr	0.17	
	蒲田川	tr	tr	0.15	
	葛山発電所	0.04	tr	0.06	
	白水谷	0.03		0.03	
	蔵柱川	0.03		0.06	
	見座発電所	tr		0.18	
	浅井田ダム	0.22	0.05	0.11 0.18 0.08	0.05
神岡鉱山地域（高原川右岸）	和佐保谷		0.69	0.35	
	鹿間谷			14.0	
	中ノ谷			2.17	
	赤谷			3.23	
	跡津川	0.07		0.15	0.12
神岡鉱山地域対岸（高原川左岸）	吉田川	0.13		0.03	
	山田川	0.18	tr	0.02	0.09
	荒田谷			0.12	
	ソンボ谷			0.10	
神岡鉱山地域よりも下流	宮川	0.06	tr	0.12　0.06	0.13
	黒谷川			0.04	
	東猪谷			0.18	
	伏木谷			tr	
	小糸沢			0.16	
	猪谷川			0.12	
	砂場谷			0.12	
	片掛沢			tr	
	大谷（庵谷）			0.07	
	大谷川（大谷橋下）			0.06	
	長良谷			0.04	
	松ヶ谷			0.05	
	石黒谷			0.09	
	清水谷			0.01	
	外花谷			0.02	
	今生津谷			0.01	
	大谷川（須原沢）			0.31	
	神通川（大沢野大橋下）			0.11	
	神1ダム	0.28	0.04	0.20　0.34	0.18
	神2ダム	0.20	tr	0.16　0.34	0.23
	神3ダム	0.22		0.21　0.36	
	牛ヶ首用水		0.07		0.19
対照水系	常願寺川		tr		

表9-1 神通川水系河川水のカドミウム濃度

出所：『イタイイタイ病発生源対策委託研究総合報告書』1978年。

① 神通川水質のカドミウムの自然界値

表9-1によると、神岡鉱山地域の上流、神岡鉱山地域の対岸、神岡鉱山地域の下流の諸支流および対照水系の常願寺川のカドミウム濃度は、平水時はtr（0.01ppb未満）または0.1ppb前後であり、増水時に多少高くても0.2ppb前後である。この値は、カドミウム汚染を受けていない北陸や九州地方の河川水のカドミウム濃度とほぼ同レベルであり、神通川のカドミウム濃度の自然界値は特に高くないことが分かる。

② 神岡鉱山による神通川水質のカドミウム汚染

一方、神岡鉱山の排水などが流入している鹿間谷、赤谷、中の谷などの増水時のカドミウム濃度は、2～14ppbであり、①の自然界値の10～70倍になっている。つまり、神通川支流のカドミウム濃度は、神岡鉱山地域で有意に高く、神岡鉱山地域以外では、自然界値に近いレベルになっている。

表9-2に示す神通川水系ダムの増水時のカドミウム濃度は、神岡鉱山上流の浅井田ダムで0.19ppbレベルなのが、神岡鉱山排水等の流入により、新猪谷ダムで0.9ppbとなり、その後、高原川とほぼ同流量を有し、カドミウム濃度も0.07ppbの宮川の合流による希釈効果で、神１ダム～神２ダム～神３ダムも0.3～0.5ppbレベルまで低下していることが分かる。

表9-2は1976年に調査した神通川水系各ダムの河川水中カドミウムの存在形態を示す。浅井田ダムの５月データ以外は、すべてのダム河川水で、平水時・増水時を問わず、溶存イオン状で存在するカドミウムの比率が70％以上になっている。また、増水時にはＳＳ（浮遊粒子）量は増加するが、ＳＳ中カドミウム濃度は逆に減少している。したがって、増水時に河川水のカドミウム濃度が増えるのは、ＳＳ状カドミウムの増加によるのではなく、イオン状カドミウムの増加によるものである。

サンプル＼データ	(A) Total Cd (ppb)	S.S.量 (mg/L)	S.S.中 Cd (μg/g)	(B) S.S.状 Cd (ppb)	(A)−(B) イオン状 Cd (ppb)	S.S.状 Cd/イオン状 Cd (%比)	備考
浅井田ダム（5月）	0.05	2.5	10	0.025	0.025	50/50	鉱山上流のバックグラウンド 但し（5月 平水時 7月 増水時）
浅井田ダム（7月）	0.19	7.0	2.3	0.02	0.17	5/95	
新猪谷ダム（5月）	0.35	2.3	27	0.06	0.29	17/83	牧発電所放水（北電水路負荷）が直接影響する
新猪谷ダム（7月）	0.90	5.1	1.6	0.01	0.89	1/99	
宮川（7月）	0.07	7.8	1.5	0.01	0.06	14/86	
神一ダム（5月）	tr (0.01)	2.2	13	0.03	−		Total Cd濃度は大沢野用水のデータであり参考データである。
神一ダム（7月）	0.34	13.2	38	0.50	−		S.S.中Cd 38 ppmは新猪谷ダム、神二ダムと比較して高すぎるので再分析の必要がある。
神二ダム（7月）	0.30	17.6	4.5	0.08	0.22	27/73	
神三ダム（7月）	0.47	23.6	4.2	0.10	0.37	21/79	

表9-2 神通川水系各ダムの河川水中カドミウムの存在形態（1976年）
出所：『イタイイタイ病発生源対策委託研究総合報告書』1978年。

(2) 神通川水系の河川底質

河川底質は、河川水との間に物質代謝作用があり、水質の影響を受けるとともに、水質にも影響を与えるので、河川における環境汚染調査では、水質と同時に底質の調査も必要となる。

① 神通川水系の河川底質中カドミウム濃度の自然界値

図9-2に1975〜76年に調査した神通川水系の河川底質中カドミウム濃度分布を示す。神岡鉱山地域の和佐保谷、六郎谷、鹿間谷、中の谷、赤谷、および増谷の谷川と支流の跡津川を除くほぼすべての諸支流の底質のカドミウム濃度は、0.2〜0.7ppmの範囲にある。

この値は、すでに報告されている非汚染土壌のカドミウム濃度0.4ppmまたは第８章で述べた神通川流域の飛騨片麻岩体を構成する岩石のカドミウム濃度0.38～0.5ppmと比較して同程度であり、通常の河川底質のカドミウム濃度の自然界値とみなせる。

イタイイタイ病裁判で被告・三井金属鉱業㈱側の証人に立った鉱山地質学者の新田［1972］は、「神通川上流域は、源流部の焼岳の火山活動の影響で、一般岩石や土壌中に通常の自然界値の数倍のカドミウムを含有しており、それがイタイイタイ病を起こした原因である」と結論するが、これらのデータは強力な反証となっている。

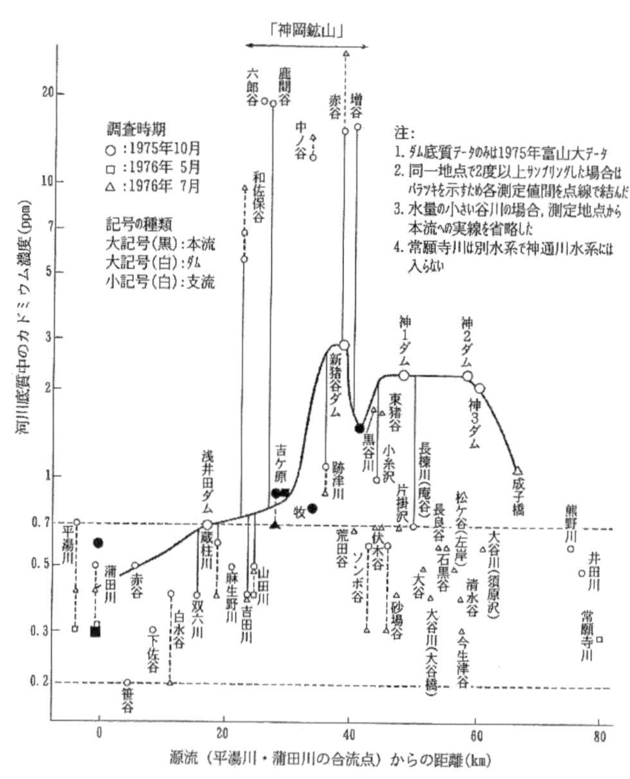

図9-2　高原川―神通川水系の河川底質中カドミウム濃度分布
出所：『イタイイタイ病発生源対策委託研究総合報告書』1978年。

② 神岡鉱山による神通川底質のカドミウム汚染

神岡鉱山地域の谷川底質のカドミウム濃度は、5～20ppmで異常に高く、過去の鉱業活動による汚染の深刻さを明瞭に物語っている。また、神岡鉱山の影響は、神通川水系の各ダム底質の平均カドミウム濃度にも表れている。神岡鉱山上流の浅井田ダムは0.67ppmと非汚染レベルであり、神岡鉱山下流の新猪谷ダムは2.86ppm、神1ダムは2.33ppm、神2ダムは2.32ppm、神3ダムは2.06ppmとなっており、神岡鉱山直下の新猪谷ダムでカドミウム濃度が急に高くなり、その後、下流のダムになるにつれて漸減している。

(3) 神通川水系の水質と底質の関係

図9-3に神通川水系における河川底質のカドミウム濃度と河川水のカドミウム濃度の相関を示す。河川水のカドミウム濃度Cと、河川底質のカドミウム濃度Qとは、有意の相関が見られ、両者の関係は$Q=4.25C^{0.629}$というフロインドリッヒの等温吸着式とよく適合した。

また、**表9-2**に示したように、神通川水中カドミウムの70％以上はイオン状であることから、河川水中カドミウムイオンと河川底質中カドミウム濃度の間には、一定の平衡関係が存在している。したがって、この平衡関係が存在することは、的確な発生源対策により河川水のカドミウム濃度を低下させれば、ダム底質や河川底質のカドミウム濃度も低下させうることを示唆する。

図9-4に神通川水系における土砂収支を示すが、ダムに流入する土砂の汚染度が下がれば、底質の浄化は自然と進行するものと考えられる。神通川水系における水質と底質の浄化は、1972年の神岡鉱山第1回立入調査以降、着実にしかも急速に進行しているが、河川水と河川底質のカドミウム濃度は減少したとはいえ、自然界値をまだ上回っていた。

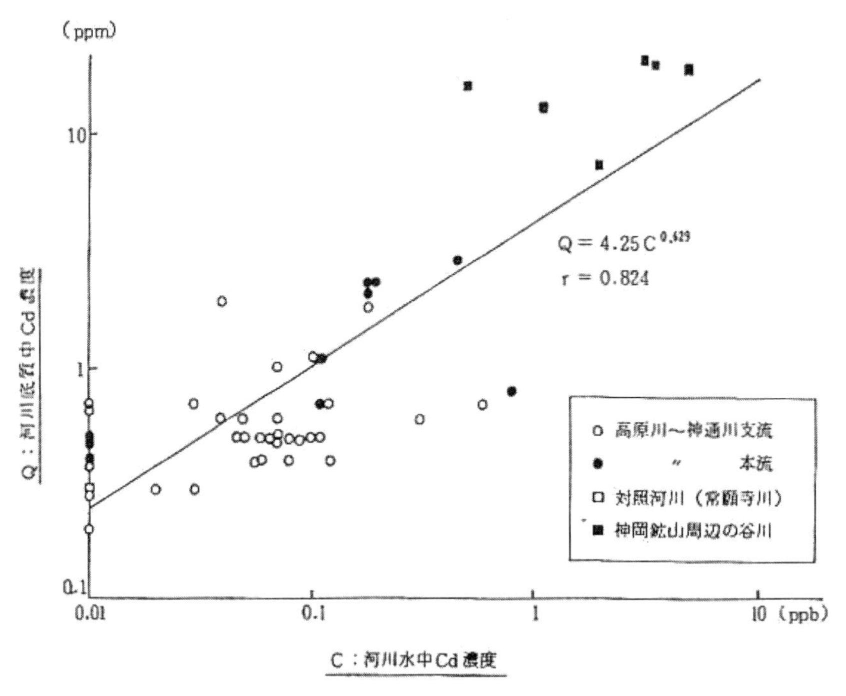

図9-3 神通川水系における底質のカドミウム濃度と河川水のカドミウム濃度の相関

出所：『イタイイタイ病発生源対策委託研究総合報告書』1978年。

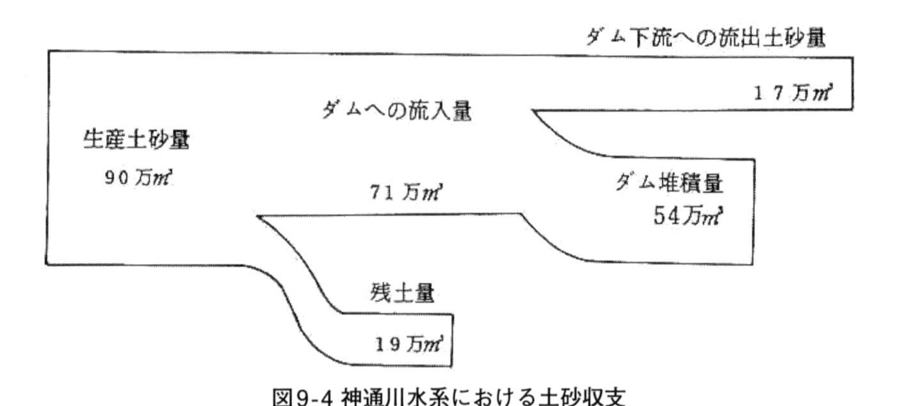

図9-4 神通川水系における土砂収支

出所：『イタイイタイ病発生源対策委託研究総合報告書』1978年。

2．神岡鉱山のカドミウム汚染負荷

神岡鉱山第１回立入調査以降に実施した発生源対策により、神通川水系の河川水と底質のカドミウム濃度は、約10分の１に減少し、牛ヶ首用水の水質も非汚染河川並みの0.1ppbレベルに近付いてきている。しかし、現在なお、自然界値より高いカドミウム濃度の所が存在し、今なお神岡鉱山地域からのカドミウム汚染負荷が継続していることは否定できない。神通川水系における河川水のカドミウム濃度は、環境基準10ppbを満足しているが、低レベルの長期暴露による生命体への影響については、未だ十分な科学的知見が得られていないとし言えない今日では、少なくとも自然界値までの低下を図ることが望まれる。

本節では、神岡鉱山周辺の神通川水系における水質と水量調査を元に、神岡鉱山地域からのカドミウム排出量が、神通川下流のカドミウム汚染に与える負荷を明らかにし、今後の発生源対策に必要な情報を提供する。

(1) 神岡鉱山のカドミウム汚染負荷

図9-5に神岡鉱山周辺のおける水系統モデルを示す。**図9-5**を見ると、神岡鉱山地域では、神岡鉱山の８排水や諸谷川の流入や、発電のための取水など、何か所も水の流出入があるが、神通川水系の途中にあるダムは、水流の一つの集約点になっている。

したがって、ダムの水質と底質のカドミウム濃度は、そのダムへの流入水の汚染度を表すものと考えられる。浅井田ダムは、神岡鉱山地域の上流に位置し、その水質は神通川水系の自然界値とみなせる。

表9-3に神通川水系におけるカドミウム流出データを示す。1975～76年排水班調査の各ダムにおけるカドミウム流出量は、浅井田ダムが平水時1～2mg/秒、増水時5～10mg/秒、新猪谷ダムが平水時20mg/秒、増水時40～60mg/秒、神１ダムが平水時4～15mg/秒、増水時40～60mg/秒、神２ダムが平水時1～20mg/秒となっていた。

つまり、神通川のカドミウム流出量は、浅井田ダムから神岡鉱山地域を通過した新猪谷ダムで著しい増加が認められ、神１から神３の三つのダムを流下する過程で、沈殿・堆積作用等により幾分減少するものの、大部分は下流の牛ヶ首用水まで達していた。

神岡鉱山地域における神岡鉱山以外のカドミウム汚染負荷源としては、蔵柱川、山田川などの非汚染河川からの自然負荷が考えられるが、それらのカドミウム負荷量はたかだか0.5mg/秒以下と見積もられ、総負荷量に対する寄与率は小さい。

一方、神岡鉱山地域からのカドミウム汚染負荷源は、神岡鉱山の８排水口からの負荷（以下、８排水口負荷と略）、休廃止・廃石捨場からの負荷（以下、休廃坑負荷と略）の二つである。調査時の８排水口負荷は、2.3～7.3mg/秒であった。休廃坑負荷は、複雑な水の道筋があるので、直接推定することは困難であるが、休廃止・廃石捨場付近を通過した水が流入する和佐保谷、六郎谷、鹿間谷、中の谷、赤谷および跡津川からの全カドミウム負荷を休廃坑負荷とみなしても、通常その合計は2mg/秒を超えることはなかった。

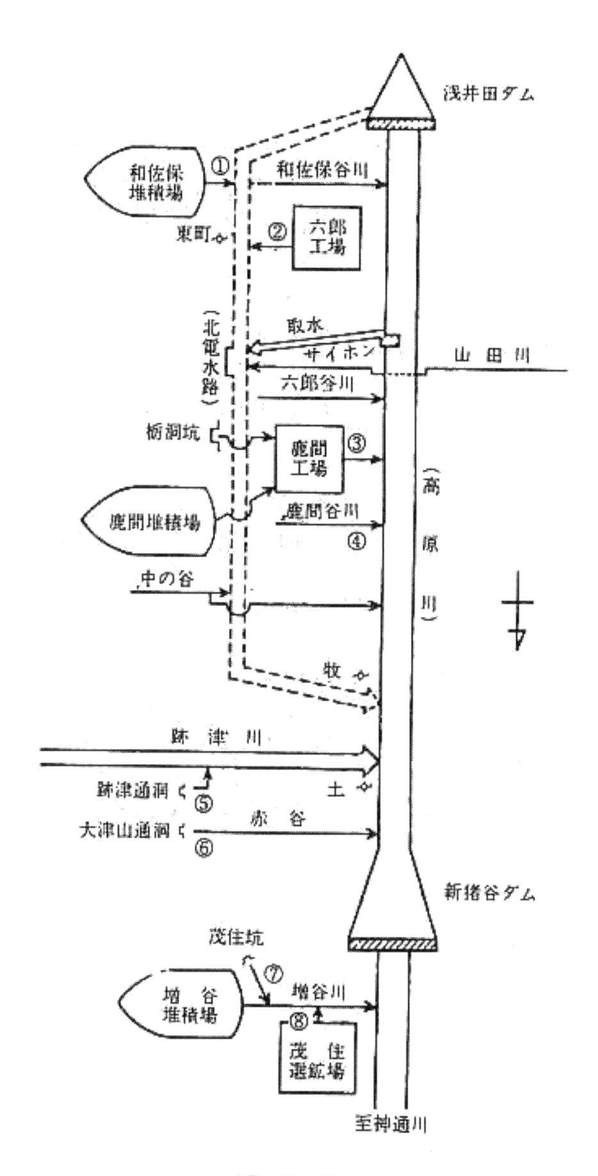

図9-5神岡鉱山周辺のおける水系統モデル
出所：『神岡鉱山立入調査の手びき』1978年版。

測定点＼調査日		'75年 10/28	29	30	'76年 5/11	12	'76年 7/20	21	22	'76年 10/5
降雨量（㎜）		10/26	27 28 16	29 30 33 5	5/9 10 0 0	11 12 2 5	7/16 17 5 6	18 19 40 11	20 21 22 0 0 0	10/3 4 5 0 13 7
浅井田ダム	流入									
	濃度	0.22			0.05		0.16	0.10	0.11	0.05
	流量	22.7	62.0	77.0	37.0	37.0	73.4	56.1	47.0	26.9
	流出	5.0			1.9		11.7	5.6	5.2	1.3
神岡鉱山負荷	8排水口	(4.5)	(7.3)	(5.7)	(2.3)	(3.0)	(3.5)	(3.2)	(4.0)	2.0(2.8)
	休廃坑		2.5							＞0.2
	北電水路				10.8				35.9	15.1
牧発電所	流入									
	濃度		0.30		0.34				0.83	0.55
	流量				41.4	44.7	51.4	51.4	51.4	31.4
	流出				14.1				42.7	17.3
高原川（吉ヶ原）	流入入									
	濃度		1.05		0.93				1.05	0.20
	流量		5.0		3.1					
	流出		5.3		2.9					
新猪谷ダム	流入									
	濃度		0.33	0.22	0.34	0.49	0.62	0.78	0.65	0.45
	流量	36.0	60.0	115.0	53.0	52.0	97.4	76.6	63.3	44.0
	流出		19.8	25.3	18.0	25.5	60.4	59.7	41.1	19.8
宮川	流入									
	濃度			0.06		tr(0.01)	0.12	0.06		0.13
	流量	27.0	52.0	115.0	44.0	45.0	90.7	71.3	56.0	33.0
	流出			6.9		<0.5	10.9	4.3		4.3
神1ダム	流入									
	濃度			0.28		0.04	0.20	0.34		0.18
	流量	63.0	103	200	96.0	97.0	199	147	122.0	81.0
	流出			56.0		3.9	39.8	50.0		14.6
神2ダム	流入									
	濃度			0.20		tr(0.01)	0.16	0.34		0.23
	流量	64.0	105	205	98.0	99.0	186	151	125.0	84.0
	流出			41.0		<1.0	29.8	51.3		19.3
神3ダム	流入									
	濃度			0.22			0.21	0.36		
	流量	64.0	105	205						118.0
	流出			45.1						
牛ヶ首用水	濃度					0.07				0.19
	流量					53.0				53.0
	流出					3.7				10.1

註

1）Cd流出量（mg/sec）＝Cd濃度（ppb）×流量（m³/sec）
2）休廃坑は和佐保谷川、鹿間谷川、中の谷、六郎谷川とした。
3）8排水口の（三井データ）は、通産省名古屋鉱山保安監督部提出のデータから計算した数値である。
4）神岡鉱山負荷は浅井田ダム～新猪谷ダム間の負荷とした。
5）北電水路負荷は浅井田ダム～牧発電所間の負荷から和佐保堆積場水、亜鉛電解工場排水、高原川取水の負荷を引いたものとした。
6）濃度測定時以外のダム等の流量は当日12時の流量値を用いた。
7）同一地点で複数サンプルの場合は濃度、流量ともに平均値を用いた。

表9-3 神通川水系におけるカドミウム流出データ

出所：『イタイイタイ病発生源対策委託研究総合報告書』1978年。

(2) 北電水路のカドミウム汚染負荷の発見

神岡鉱山の８排水口負荷量と休廃坑負荷量を合わせても、たかだか10mg/秒に満たず、新猪谷ダムにおける数十mg/秒のカドミウム流出量を説明できない。そこで、第三の汚染負荷源として、東町発電所〜牧発電所間において神岡鉱山地域の地下を通過する北陸電力㈱発電用水路での負荷（以下、北電水路負荷と略）の存在が、明らかになった。

すなわち、**表9-3**に示したように、北電水路は地下暗渠になっているのに、この間に平水時10数mg/秒、増水時には約36mg/秒のカドミウム負荷量の増加が測定され、調査当日の８排水口負荷＋休廃坑負荷の5〜10倍にも達し、神岡鉱山負荷の大半を占めることが推定された。

この推定を確認するために、1977年5〜9月の農業用水灌漑期の５か月間にわたり、**写真9-1**の北電東町発電所放水口、**写真9-2**の北電牧発電所放水口および牛ヶ首用水で毎日採水を行なって分析した結果から、カドミウム負荷量等を計算したのが、**表9-4**の神通川水系モニタリングデータである。**表9-4**から明らかなように、神岡鉱山のカドミウム汚染負荷量は、神通川下流における全カドミウム流出量の50〜85%を占めており、神岡鉱山からのカドミウム排出が今なお神通川下流の水質に大きな影響を与えていることが分かった。なお、北電水路負荷量の平均値8mg/秒は、20.7kg/月となり、約21kg/月となる。

とくに、北電水路負荷は、神岡鉱山負荷の65〜82%を占めているので、調査時の牛ヶ首用水の平均カドミウム濃度0.16ppbを自然界値の0.1ppb以下にまで下げるためには、北電水路負荷の原因を究明し、その対策を講じることが不可欠の課題となった。

写真9-1 北電東町発電所放水口
出所：1993年8月8日、畑撮影。

写真9-2 北電牧発電所導水管
出所：2012年5月29日、畑撮影。

地点	項目		5月 (n=26)	6月 (n=30)	7月 (n=31)	8月 (n=31)	9月 (n=30)	5～9月の総平均（n=148） 平均値	範囲	標準偏差	変動係数(%)
東町放水	水量（m^3/sec）		39.1	32.5	31.2	23.8	11.2	26.8	1.8～43.6	11.4	42.6
	Cd濃度（ppb）		0.24	0.25	0.25	0.22	0.33	0.26	0.06～1.23	0.17	66.3
	Cd負荷量（mg/sec）		9.5	8.2	7.7	5.2	3.7	6.8	0.4 36.1	5.1	74.7
	Cd負荷率（%）		35.1	52.3	36.0	41.9	32.5	39.1	—	—	—
神岡鉱山負荷	8排水口	Cd負荷量	3.0	2.1	2.9	2.4	2.5	2.6	—	—	—
		Cd負荷率	11.0	13.2	13.7	19.3	22.0	15.0	—	—	—
	北電水路	Cd負荷量	13.5	9.5	7.6	5.6	4.9	8.0	0～30.7	—	—
		Cd負荷率	50.0	60.9	35.3	45.1	43.1	46.2	—	—	—
	計	Cd負荷量	16.5	11.6	10.5	8.0	7.4	10.6	—	—	—
		Cd負荷率	61.0	84.1	49.0	64.4	65.1	61.2	—	—	—
牧放水	水量（m^3/sec）		45.8	36.9	36.8	24.3	15.8	32.1	9.7～52.0	12.6	39.1
	Cd濃度（ppb）		0.52	0.51	0.44	0.49	0.61	0.51	0.19～0.97	0.16	30.6
	Cd負荷量（mg/sec）		24.0	18.7	16.3	11.8	9.6	15.8	4.8～43.3	7.4	46.9
	Cd負荷率（%）		88.7	120	75.8	95.2	84.2	91.4	—	—	—
神通川下流	水量（m^3/sec）		142	101	122	87.5	72.8	104	38～160	35.1	33.7
	Cd濃度（ppb）		0.19	0.16	0.18	0.14	0.16	0.16	0.06～0.34	0.05	31.4
	Cd負荷量（mg/sec）		27.0	15.6	21.5	12.4	11.4	17.3	3.8～50.6	9.0	51.9
	Cd負荷率（%）		100	100	100	100	100	100	—	—	—

(注) 1．Cd負荷率は、神通川下流部のCd負荷量に対する各地点のCd汚染寄与率を意味する。

2．八排水口のCd負荷量は、通産省名古屋鉱山保安監督部提出の会社側データより計算した。

3．北電水路のCd負荷量は、東町放水～牧放水間のCd負荷量から六郎工場排水、高原川取水等の流入水のCd負荷量（過去の調査データ1mg/secと概算）を差し引いたものとした。

表9-4 神通川水系モニタリングデータ

出所：『イタイイタイ病発生源対策委託研究総合報告書』1978年。

3．北電水路汚染負荷の原因究明

前節の神岡鉱山のカドミウム汚染負荷調査から、北電水路負荷という予想もしなかった汚染負荷源が発見された。北電水路（牧導水路）水系統図を**図9-6**に示すが、東町発電所の放水口から地下トンネルに入り、六郎工場の川側〜六郎堆積場〜鹿間工場の山側〜鹿間谷堆積場下流を通過し、牧発電所放水口まで約８kmに及ぶ地下水路である。

そこで、北電水路のカドミウム汚染源としては、六郎工場、六郎堆積場、鹿間工場および鹿間谷堆積場の４か所が疑われた。六郎工場には、1943〜60年の間に使用された旧赤渣捨場跡があり、亜鉛電解工場からの漏液などが汚染源になっている可能性はあった。また、現在も鉱業所内の工事残土捨場として使用中の六郎堆積場も汚染源となりうる。

(1) 北電水路の汚染源調査

このような可能性を確認するために、1977年に３回にわたり、**図9-7**の六郎工場周辺見取図にボーリング地点×１と記した六郎堆積場と、×２と記した20ｍシックナー東にボーリング孔を初めて掘削し、孔内水の分析をした。その結果、地点２の20ｍシックナー東の地下水のカドミウム濃度は、10〜50ppbと高かった。また、地下水面は海抜388ｍにあるボーリング孔口より６〜７ｍ下であり、海抜380ｍの北電水路水面より上にある。

なお、この付近の地質は砂礫に富み、直径10cmを超える玉石が多く見られることから、汚染地下水は容易に北電水路に達すると思われた。また、六郎堆積場の地下水のカドミウム濃度は、３ppbと低かった。

さらに、**図9-7**に示すように、1978年には×３と記した事務所東と、×４と記した旧赤渣捨場で新たにボーリング孔が掘削されたが、いずれも40〜180ppbと20ｍシックナー東よりも高い汚染地下水が見出され、六郎工場が北電水路の汚染源になっている可能性が確認された。

一方、鹿間谷堆積場放水口付近の北電水路直上における約60ｍに達

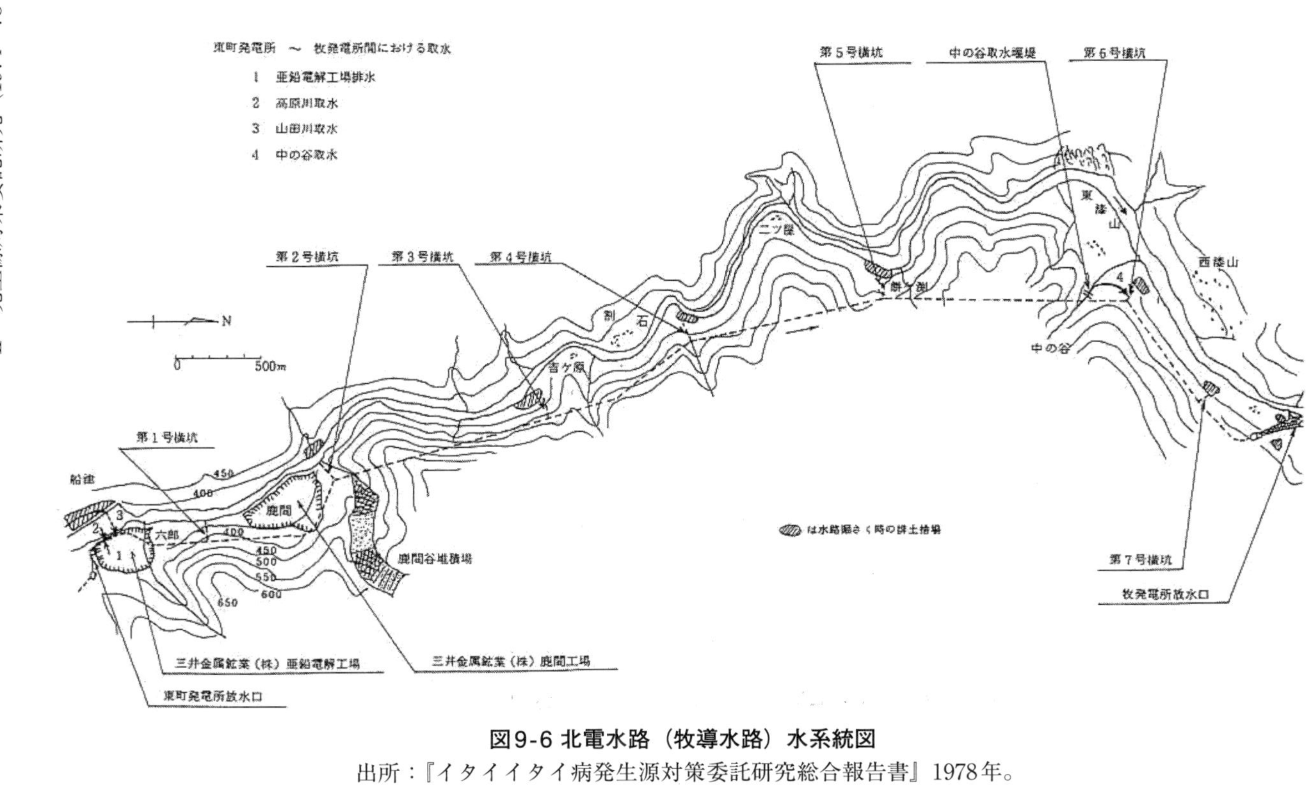

図9-6 北電水路（牧導水路）水系統図

出所：『イタイイタイ病発生源対策委託研究総合報告書』1978年。

するボーリングコアサンプルの観察によると、この地点の地質は主に片麻岩からなる岩盤であった。地下水位は地表から約20m下であり、北電水路より約30m上であった。地下水のカドミウム濃度は、六郎工場よりも低かったが、18.6ppbであり、鹿間谷堆積場の浸透水により汚染されている可能性はあった。

表9-5の1977年10月25日午後に行なった北電水路汚染負荷量調査結果によると、東町〜牧発電所の中間地点にある第4号横坑地点の測定結果では、北電水路内へのカドミウム負荷の大半が、第4号横坑地点よりも上流の六郎地区〜鹿間地区間で流入しており、六郎工場と鹿間谷堆積場などが汚染源の可能性が強いことが分かった。

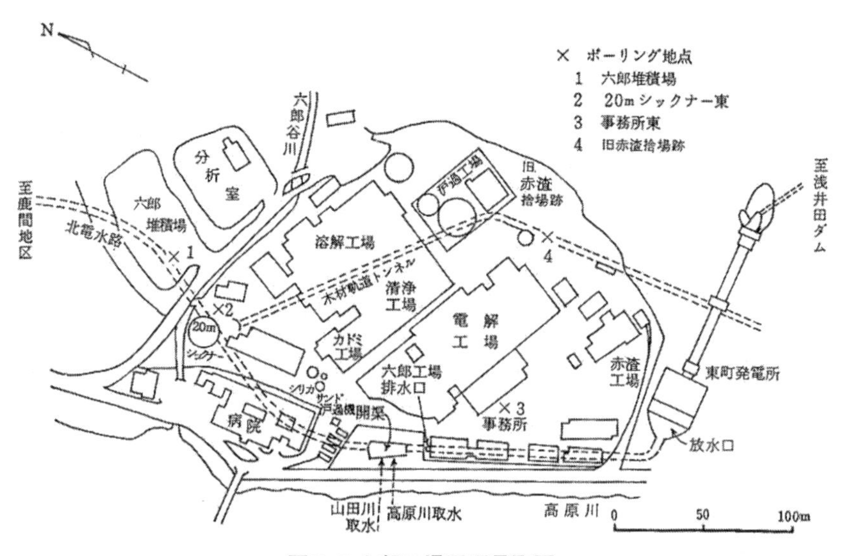

図9-7 六郎工場周辺見取図

出所：『イタイイタイ病発生源対策委託研究総合報告書』1978年。

(2) 六郎工場の旧木材軌道トンネル調査

図9-7に示すように、六郎工場には、高原川沿いの北電水路と反対の山手側に、旧赤渣捨場跡から溶解工場の地下を経て20mシックナー付

枠内上段は負荷（mg/sec）、下段（かっこ内）は濃度（ppb）

調査年月日	1976. 10. 5				1977. 7. 28　午前中				同　左　午　後				1977. 10. 25* 午前中				同　左　午　後			
元　素	Cd	Zn	Pb	Cu	Cd	Zn	Pb	Cu	Cd	Zn	Pb	Cu	Cd	Zn	Pb	Cu	Cd	Zn	Pb	Cu
L_1	2.02	582	81	177	1.54	386	162	97	1.08	432	135	36	2.10	223	21	50	1.49	271	35	65
A 東町発電所放水	(0.08)	(23)	(3.2)	(7)	(0.08)	(20)	(8.4)	(5)	0.06	(24)	(7.5)	(2)	(0.28)	(31)	(2.8)	(7)	(0.16)	(29)	(3.7)	(7)
L_2	0.75	154	14	66	0.91	152	37	43	0.65	276	46	58	0.33	54	7	8	0.57	90	7	20
B途中で加わる負荷**	高・亜	〃	〃	〃	高・山 亜・中	〃	〃	〃	〃	〃	〃	〃	高山亜	〃	〃	〃	〃	〃	〃	〃
$L_1 + L_2$ C既知の負荷の合計	2.77	736	85	243	2.45	538	199	140	1.73	708	181	68	2.43	277	28	58	2.06	361	42	85
六郎前開渠における	9.30	2136	86	104	7.03	778	126	176	4.27	452	85	126	3.56	173	20	27	4.04	197	16	55
流　下　量	(0.32)	(82)	(3.4)	(4)	(0.28)	(31)	(5.0)	(7)	0.17	(18)	(3.4)	(5)	(0.39)	(19)	(2.2)	(3)	(0.37)	(18)	(1.5)	(5)
第4号樋坑地点にお	—	—	—	—	—	—	—	—	—	—	—	—	採水時コンタミが起こった				7.97	950	20	33
ける流下量	(—)	(—)	(—)	(—)	(—)	(—)	(—)	(—)	(—)	(—)	(—)	(—)					(0.73)	(87)	(1.8)	(3)
L_3	17.3	2732	104	283	10.4	590	139	94	9.45	923	135	90	8.76	291	38	65	10.5	347	39	64
D 牧発電所放水	(0.55)	(87)	(3.3)	(9)	(0.44)	(25)	(5.9)	(4)	0.42	(41)	(6.0)	(4)	(0.90)	(30)	(4.0)	(7)	(0.98)	(32)	(3.6)	(6)
$L_3-(L_2+L_1)$ E 北電水路負荷	14.5	1996	19	40	7.9	52	—	—	7.72	215	—	22	6.33	14	10	7	8.4	—	—	
D／C	6.2	3.7	1.1	1.2	4.2	1.1	—	—	5.5	1.3	—	1.3	3.6	1.1	1.4	1.1	4.1	—	—	—

*　東町、牧における午前、午後とは各3回サンプリングの平均である。

**　枠内下段は流入負荷の略（高；高原川取水、山；山田川取水、亜；亜鉛電解工場排水、中；中の谷取水）

表9-5 北電水路汚染負荷量調査結果

出所：『イタイイタイ病発生源対策委託研究総合報告書』1978年。

近に達する旧木材軌道トンネルが存在する。このトンネルは、浅井田ダム、北電水路、六郎工場と同時期の戦時中の1941年頃に建設されたもので、全長400m余りあり、かつては浅井田ダム上流からの木材の運搬に使われていた。

図9-8の六郎工場の旧木材軌道トンネル見取図に示すように、トンネル入口から約30m地点から奥へ約100mの辺りまで、コンクリートの割れ目から地下水の湧水があり、各所に木栓などによる水止め跡が見られ、側面には白色、淡黄色、淡緑色、青緑色、赤褐色などの固形物が付着していた。

このトンネル側溝の流水、湧水および付着物中の重金属を分析したところ、入口から82m入った地点B-18の湧水のカドミウム濃度は2.3ppm、亜鉛濃度は18.6ppm、固形物では、カドミウム濃度は389ppm、亜鉛濃度は2.84%と、きわめて高濃度であった。

このトンネルに見られるように、亜鉛湿式製錬工程を有する六郎工場では、重金属を多量に含有する工程水や、赤渣などの廃棄物からの浸出水が相当量、地下に浸透している危険性があることが分かり、北電水路にも同様に汚染地下水が湧出していることが推定された。

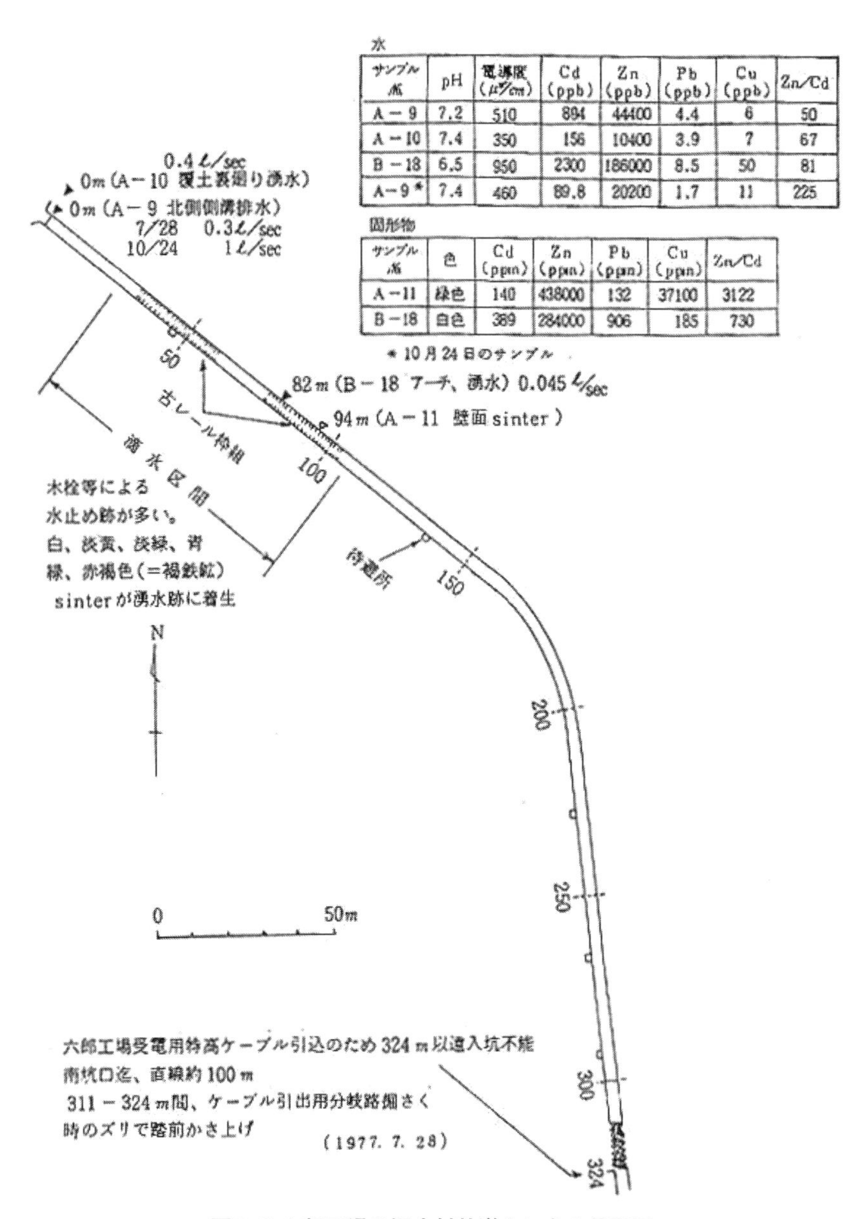

水

サンプル№	pH	電導度（μ℧/cm）	Cd（ppb）	Zn（ppb）	Pb（ppb）	Cu（ppb）	Zn/Cd
A－9	7.2	510	894	44400	4.4	6	50
A－10	7.4	350	156	10400	3.9	7	67
B－18	6.5	950	2300	186000	8.5	50	81
A－9*	7.4	460	89.8	20200	1.7	11	225

固形物

サンプル№	色	Cd（ppm）	Zn（ppm）	Pb（ppm）	Cu（ppm）	Zn/Cd
A－11	緑色	140	438000	132	37100	3122
B－18	白色	389	284000	906	185	730

＊10月24日のサンプル

図9-8 六郎工場の旧木材軌道トンネル見取図

出所：『イタイイタイ病発生源対策委託研究総合報告書』1978年。

4．神通川水系における農業用水の安全性

前述したように、神通川の水は発電用水に使われるとともに、下流のダムでは農業用水として取水されている。この農業用水が過去においてイタイイタイ病をもたらしたカドミウムの媒体となった。カドミウムは、亜鉛、鉛、銅などに比べて水稲による土壌中の汚染元素の吸収利用率が約3倍と高く、水中カドミウム濃度が自然界値より少しでも高ければ、土壌への吸着が起こる。そこで、農業用水の安全性についてカドミウムを指標として検討する。

農業用水を通じての土壌と米のカドミウム汚染を二度ともたらさないための水質環境基準として、国が定めた0.01ppm（＝10ppb）を用いるわけにはいかない。農学者の飯村ら［1975］は実験データに基づき、次の指摘をしている。

「0.01ppmのカドミウムを含む水を、年間10a当たり1,500トン灌漑すれば、15gに高いカドミウムが土壌に加えられることになり、これは作土層中に年間0.1ppm程度の増加が起こることに相当する。水田土壌中の自然含量は平均0.45ppm程度であるから、10年も経たないうちに土壌中濃度は1ppmを超え、このような土壌からは前述のように1ppmを超える汚染米が生産される可能性がある。したがって、土壌汚染防止の立場からは、水質環境基準0.01ppmは高すぎると言わざるを得ない。」

したがって、発生源対策の基本目標が国の水質環境基準ではなく、「発生源対策の成果は、当然、非汚染河川と同等の水質レベルまで回復せしめること」と定めたのは、農地の再汚染防止の観点からは必然であった。

図9-9は、1976年5～9月の灌漑期間中に牛ヶ首用水で実施した週単位の定期サンプリング（増水時には追加サンプリング）の26個のデータのカドミウム濃度分析値と、牛ヶ首用水が取水している神3ダム流量との関係を示したものである。神3ダム流量が増加すると、牛ヶ首用水のカドミウム濃度が増加する傾向が見られ、特に異常出水時に神岡鉱山

のカドミウム汚染負荷が増加していると考えられる。神３ダム流量が400㎥/秒以下の平水時のカドミウム濃度は、0.06～0.2ppbの間にばらついており、平均濃度は0.14ppbであった。異常出水がなかった1977年は、**表9-4**に示したように、平均濃度は0.16ppbと、1976年と同レベルであった。これらは神通川水の自然界値0.1ppb以下に近付いてきており、自然界値達成の展望は十分にある。

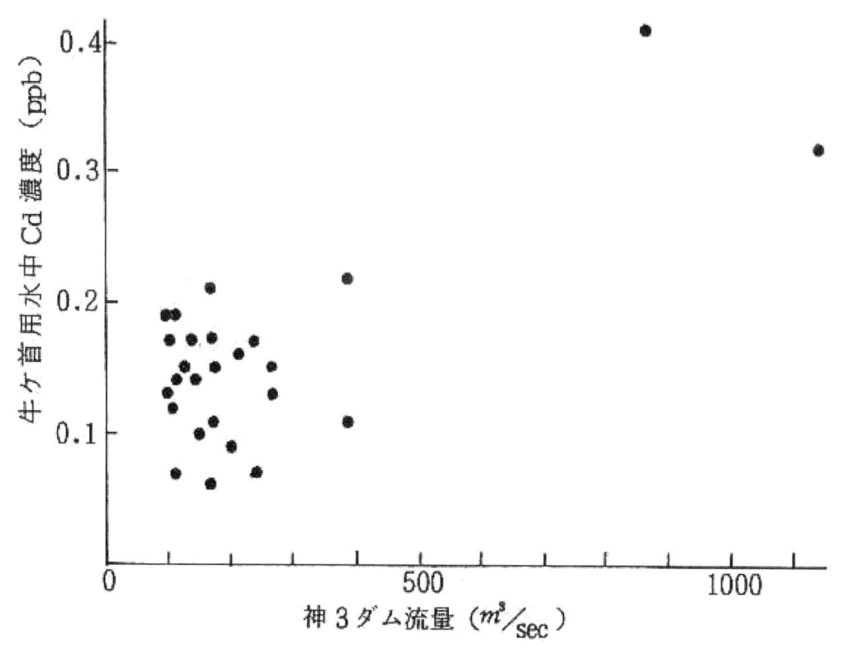

図9-9 牛ヶ首用水のカドミウム濃度と神３ダム流量との関係
出所：『イタイイタイ病発生源対策委託研究総合報告書』1978年。

５．神通川水系における常時監視体制の確立

神通川水系における公害発生源対策を確立する場合、神岡鉱山の存在はその位置と規模において決定的な意味を持っており、この常時監視体制を検討するに当たり、神岡鉱山の立地条件とともに、鉱山開発の歴史的過程も無視できない。

養老年間に始まり、戦国時代を経て、明治以降、現在に至るまでの鉱山開発の歴史的過程は、第7章の**図7-1**に示したように、東西5km、南北15kmの広範囲にわたり、無数の休廃坑・廃石捨場が散在する現状を生み、神通川中流部水源の中に、鉱山開発の巨大な足跡を残している。とくに、明治以降の三井資本による大規模かつ急速な鉱山開発は、地域の山間農家の養蚕と農業を駆逐し、戦前・戦中の乱開発と戦後の高度成長とによって生じた公害は、神通川下流の農業地域にイタイイタイ病を発生せしめるに至ったのである。

現在、粗鉱を年間200万トン処理し、和佐保谷、鹿間谷および増谷に巨大な堆積場が建設され、選鉱処理後の廃滓が堆積され、将来とも数十年は採掘が継続される。したがって、神岡鉱山排水に対する常時監視体制の対象は、休廃坑・廃石捨場、堆積場水、坑内水および工場排水など、広範囲で多様なものである。

神通川水系におけるカドミウム等重金属汚染の発生源は、神岡鉱山の鉱業活動により生じたものであり、神岡鉱山に対する常時監視体制の確立は、とりもなおさず、神通川水系におけるカドミウム汚染防止対策を確立することになる。

第3章で詳述したように、1972年の第1回立入調査以降、神岡鉱山の排水対策は飛躍的に進展し、1977年度には、神岡鉱山8排水口からのカドミウム排出量は、月間5kgレベルになり、排水の平均濃度は2ppbレベルに減少した。この成果は、神通川下流の水質にも反映し、牛ヶ首用水のカドミウム濃度は、平均0.16ppbとなり、非汚染河川レベルに近付きつつある。

しかし、神岡鉱山のカドミウム汚染負荷は、今なお存在しており、その大部分は原因不明の北電水路負荷であり、休廃坑・廃石捨場や堆積場などの長期的観点に立った対策が残っている。本節では、再汚染防止の恒久的対策を進めるために神通川水系における常時監視体制の確立を提案する。

(1) 神岡鉱山における常時監視体制

公害発生源を直接管理する神岡鉱業所が、あらゆる鉱業活動において公害防止に主体的に取り組むことが重要である。各発生源としては、休廃坑・廃石捨場、堆積場、坑内水、工場排水、北電水路などがある。神岡鉱業所が誠意を持って公害防止対策を実施すれば、神通川下流の清流がよみがえることは確かである。そのためには、毎年の全体立入調査で神岡鉱業所の公害防止対策の進展状況を具体的に把握し、評価していくことが必要である。また、被害住民団体に発生源対策専門委員が選ばれたが、科学者や弁護士と協力して、専門立入調査を行う。

(2) 神通川水系における常時監視体制

神岡鉱山下流のダム底質中のカドミウム濃度は、第1回立入調査以後、確実にかつ急速に減少しているが、神通川水系の非汚染河川底質中のカドミウム濃度の数倍の値であり、過去の神岡鉱山の鉱業活動による汚染の影響は、未だ消えていない。したがって、各ダムと牛ヶ首用水の水質モニタリングを実施する必要がある。モニタリングに当たっては、鉱業所と被害住民団体でクロスチェックする必要がある。

第10章　委託研究終了時の発生源対策の到達点と今後の課題

イタイイタイ病裁判提訴から10年、裁判判決から６年を経過し、神岡鉱山の発生源対策は、公害防止協定に基づく被害住民団体、弁護団および科学者の実践的立入調査と委託研究班の学際的調査研究により、ようやく抜本的なものになりつつある。土壌復元と復元後の再汚染防止を可能にする基礎条件を確立する段階に達した。本章では、１.発生源対策の到達点、２.今後の課題と常時監視体制について総括する。

１．発生源対策の到達点

まず、裁判判決直後に実施された第１回・第２回立入調査時に提起された問題点について、結論的に現状を対比してみる。

(1) 神岡鉱業所の８排水口から排出されるカドミウムは、水質汚濁防止法に基づき、鉱業所が名古屋鉱山保安監督部へ提出している報告書では、８排水口の全排水の年間平均カドミウム濃度は、1972年に8ppb台であったが、1977年に2ppb台に減少した。また、カドミウムの総排出量は、月間35kg台から7kg台へと約５分の１に減少した。しかし、当初不明であった北電水路に月間約21kgにもなるカドミウム汚染負荷が存在することが明らかとなった。また、休廃坑・廃石捨場からの汚染負荷は、未だに評価できていない。

(2) 神岡鉱業所が排煙として大気中に放散しているカドミウム量は、1972年当時、月間5kg程度であったが、1977年には1.5kg前後に減少した。

(3) (1) と (2) のカドミウム排出量の算出に用いられた測定方法、サンプリング方法などは、なお検討を要する個所や事項は残るが、フレームレス原子吸光分析装置やオートサンプラーなど分析測定機器の充実がなされ、大幅に改善されている。その結果、データの精度と信頼性はかなり向上している。

⑷ 神通川水系の水質と底質の汚染については、神３ダムの水質カドミウム濃度は、1968年の科学技術庁データでは1.5ppbであったが、神３ダムから取水している牛ヶ首用水のカドミウム濃度は、1977年に平均0.12ppbと、約10分の１以下に減少した。また、底質のカドミウム濃度も、神１ダムで見ると、1968年の科学技術庁データでは、16～18ppmであったが、1975年の神通川班データでは、0.87～4.88ppm、平均2.33ppm、1976年の排水班データでは、0.9～2.3ppm、平均1.39ppmと、ほぼ10分の１に減少している。

このように、1978年までに達成された神岡鉱山における発生源対策の成果は、神通川下流の底質と農業用水の水質改善に反映しており、農学者の森下［1977］によれば、牛ヶ首用水のカドミウム濃度0.16ppbは、汚染水田土壌における「灌漑水からの作土層への混入量は、洗脱量とほぼ同一レベルにある」と評価されている。

２．今後の課題と常時監視体制

神岡鉱山における発生源対策の今後の課題は、次のように要約できる。

⑴ 北電水路汚染負荷の原因究明と対策

北電水路への汚染地下水の浸透状況を直接調べるために、北電水路の一次使用停止を北陸電力㈱に要請する。また、六郎工場周辺の地下水脈や地下水汚染を調査するために掘削したボーリング孔４本における地下水位、地下水質の定期観測はもちろん、新規ボーリング孔３本を掘削する。さらに、1977年から実施している北電水路汚染負荷量のモニタリングは、今後も継続するとともに、原因究明の進展に合わせて対策を検討する。

⑵ 神岡鉱山の８排水口対策

坑内水の清濁分離、堆積場浸透水の別途処理、排水処理施設の維持管理、リサイクルの拡大強化などを推進し、８排水口からのカドミウム排出量を５kg/月以下にする。また、８排水口の平均カドミウム濃度を坑内清水の1ppbレベルに下げる。

(3) 神岡鉱山の排煙対策

排煙排出口における測定間隔を短縮し、排煙によるカドミウム排出量データの信頼性を高める。また、建屋の環境集じんを強化するとともに、神岡鉱業所周辺に浮遊粉じんの測定点を設けて定期観測する。

(4) 休廃坑・廃石捨場対策

神岡鉱山周辺の休廃坑、とくに廃石捨場からの重金属流出を防止するために砂防堰堤や山腹水路の設置、植栽や植林の実施を強化する。また、集中豪雨や雪解け時に重金属を含む懸濁物が流出するので、休廃坑・廃石捨場周辺の沢における重金属流出量の測定体制を整備する。さらに、沢水の清濁分離を進めて、濁水は排水処理系統に導く。

(5) 廃滓堆積場の構造安全性の確立

集中豪雨や地震など異常時の堆積場の構造安全性を厳密に検討し、異常時を考慮した堆積方法を確立する。また、堆積量そのものを削減するために、鉱石採掘時における廃石混入率の低下、廃滓の坑内充填率の増大を図る。

(6) 神通川水質のモニタリング

農業用水の安全性チェック、土壌復元後の再汚染防止、神岡鉱山の汚染負荷量把握などを目的として、1977年より牛ヶ首用水にオートサンプラーを設置して、毎日サンプリングを実施しているが、この牛ヶ首用水モニタリングを今後も継続する。

(7) 被害住民自身による発生源監視体制

神通川カドミウム被害団体連絡協議会は、1977年から発生源対策専門委員会を発足させ、被害住民自身による発生源監視体制の確立を目指しているので、その体制を強化し発展させる。

Ⅲ　専門立入調査の実施と協力科学者グループの活動（1979〜2021年）

1978年の委託研究班解散後、協力科学者グループに再編され、1979年から発生源対策住民専門委員とイタイイタイ病弁護団とともに、年1回の全体立入調査のほかに年数回の専門立入調査を実施してきた。調査コースは、排水、排煙、坑内、北電水路、休廃坑、植栽などであり、それぞれ年1回程度実施した。全体立入調査も回を重ねるにつれ、調査地点はまとめられ、1993年の第22回全体立入調査コースを**表Ⅲ-1**に示すが、8コース・10班で実施している。また、**表Ⅲ-2**に2019年の専門立入調査コースを示す。

なお、1978年には『神岡鉱山立入調査の手びき』も発行されたが、神岡鉱業所も『神岡鉱業所の鉱害防止対策』と題する年次報告書を1980年版から毎年提出するようになった。

Ⅲ部では、Ⅱ部の発生源対策委託研究で明らかとなった次の課題への取り組みとその成果を報告する。

①　神岡鉱山の8排水口対策

②　神岡鉱山の排煙対策

③　神岡鉱山の休廃坑・廃石捨場対策

④　北電水路汚染負荷対策

⑤　神岡鉱山の廃滓堆積場の構造安全性

⑥　神通川水質・底質のモニタリング

1. 鹿間工場・和佐保堆積場コース（A班20名・B班20名）

鹿間工場正門 —— 30 mシックナー —— -430 m沈砂池 —— カラミ水砕水リサイクル —— ロールブレーカー —— 鉛SDL焼結 —— 溶鉱炉 —— 鉛電解工場 —— 491 m² バッグフィルター —— 選鉱場 —— 精鉱貯鉱舎 —— カローコーン・シックナー群 —— マルスポンプ —— 36 mシックナー —— FS炉 —— 鹿間総合調整池 —— 旭ヶ丘会館（昼食）
（午後）A・B班共　和佐保堆積場天端 —— 流業管理センター

2. 六郎工場・和佐保堆積場コース（A班20名・B班20名）

六郎工場裏門 —— 焼鉱鉱舎前 —— 揚鉱舎前 —— 揚鉱バッグ —— 赤泥脱水工場 —— 山腹トンネル入口 —— 溶解 —— 濾過 —— 清浄 —— 旧圧炉水平ボーリング —— 電解井戸 —— 旧電解工場 —— 新電解工場 —— 事務所東井戸 —— 総合排水 —— 急速濾過機 —— カドミ工場 —— 20 mシックナー —— 旧木材軌道トンネル —— 六郎堆積場 —— 旭ヶ丘会館（昼食）
（午後）A・B班共　和佐保堆積場天端 —— 流業管理センター

3. 佐和保堆積場・鹿間谷堆積場コース（20名）

和佐保堆積場暗渠出口 —— 同天端 —— 同尺八 —— 切替水路 —— 途中、車中で濁水ピークカット説明 —— 円山0 m —— 鹿間谷第3ポンド（昼食）—— 栃洞 —— 坂巻堆積場 —— 東雲ダストジャー —— 流業管理センター

4. 体廃坑コース（20名）

円山0 m —— 孫右衛門谷暗渠出口 —— 鹿間谷上部測定堰 —— 蛇腹谷 —— 蛇腹平緑化工事説明 —— 円山陥没排水設備（昼食）—— 源蔵谷 —— 円山100 m坑口 —— 布川取水堰 —— 円山0 m —— 流業管理センター

5. 茂住選鉱工場・増谷堆積場コース（25名）

増谷堆積場天端 —— 坑内水出口 —— 尺八 —— 尺八出口 —— 第1ポンド —— 上平会館（昼食）—— 茂住選鉱場 —— 増谷総合排水 —— 茂住総合排水 —— 同放流先 —— 流業管理センター

6. 栃洞上部坑内・栃洞露天掘コース（15名）

産廃物投入口 —— 東平120 m坑口 —— 濁水バッグ —— 180 m坑口 —— 切羽 —— 露天掘下部 —— 清濁水分離 —— 栃洞0 m —— 銀嶺会館（昼食）—— 木皮緑化工事 —— 露天掘現場 —— 露天掘濁水処理状況 —— 流業管理センター

7. 茂住坑内コース（15名）

跡津通洞入坑 —— 茂住下部坑内 —— 清濁水分離 —— 切羽 —— 旧坑内事務所（昼食）—— 上部清濁水分離 —— 茂住-500坑口出坑 —— 流業管理センター

8. 水質測定点コース（20名）

牛ヶ首オートサンプラー —— 神一オートサンプラー —— 増谷総合排水オートサンプラー —— 茂住選鉱排水オートサンプラー —— 跡津通洞 —— 跡津鍋嚢坑口 —— 牧オートサンプラー —— 鹿間谷堆積場 —— 底設暗渠出口 —— 鹿間総合排水オートサンプラー（昼食）—— 東町オートサンプラー —— 亜鉛電解排水 —— 第二分析室 —— 流業管理センター

提供：神通川流域カドミウム被害団体連絡協議会

表Ⅲ-1 第22回神岡鉱山全体立入調査コース

出所：『イタイイタイ病－発生源対策22年のあゆみ』1994年。

6月 10日（月）

8:30 ～ 9:00　調査打合わせ

9:00 ～ 12:00　六郎工場

六郎堆積場・高圧脱水プレス・焼鉱鉱舎・酸化鉱処理設備・溶解・清浄工程・旧電解工場揚水井戸・山腹トンネル入口・放水庭湧水中継槽・新電解工場床下・新電解工場屋上・バリア井戸群・急速ろ過装置出口・旧木材軌道トンネル入口・20mシックナー・緊急貯水槽・亜鉛電解工場排水・北電水路湧水中継槽移設確認

13:00 ～ 16:00　鹿間工場・鹿間谷

－370m坑口・第２横坑中継槽・鹿間谷川・鹿間谷底設暗渠出口・30mシックナー・－430m沈砂池・排煙処理設備（脱硫塔・脱水銀塔）・煙灰処理工場・バグフィルター増設場所・煙灰鉱舎・溶鉱炉・鉛バッテリー破砕工場・18mシックナー・36mシックナー・化成品工場・硫酸タンク・鹿間総合調整池・排水管理センター

6月 11日（火）

8:30 ～ 12:00　増谷堆積場・茂住工場

増谷堆積場天端・茂住－320m坑口・第1ポンド・非常排水路出口工事・茂住30mシックナー・茂住総合排水(Gd)・増谷堆積場水・跡津通洞水(Gd)・跡津川・東大ＳＫ斜坑(Gd)・北電水路牧オートサンプラー

13:00 ～ 16:00　和佐保堆積場・和佐保川・鹿間谷

和佐保堆積場水・殿用水・非常排水路放流口・和佐保川・和佐保堆積場天端・和佐保堆積場尺八・大留川寮跡横・栃洞０m通洞沈砂池・鹿間谷測定堰・鹿間谷第３ポンド

16:00～17:00　総括質疑　開始時間は視察終了後、すぐに実施約1時間予定。

17：00頃　帰途

別途被団協のみで高原川(Gd)・宮川(Gd)・牛ヶ首用水(Gd)の採水。

表Ⅲ-2 2019年の神岡鉱山専門立入調査コース

第11章　神岡鉱山の8排水口（7排水口）対策

神岡鉱山の排水は1972年以降、①和佐保堆積場水、②亜鉛電解工場水、③鹿間総合排水、④鹿間谷堆積場水、⑤跡津通洞水、⑥大津山通洞水、⑦増谷堆積場水および⑧茂住選鉱総合排水の８排水口から、高原川へ直接または北電水路を経て放流されていたが、2004年の六郎工場重油流出事故後の排水改善対策により2006年に亜鉛電解工場水が鹿間総合排水に統合されて、2006年以降は7排水口となった。**写真11-1**に重油流出事故を起こした六郎工場の重油タンクを示すが､小さいタンクである。

なお、７排水口の水質データには、神岡鉱業㈱のデータを用いるが、毎年の専門立入調査時にクロスチェックしており、ほぼ妥当な値であるとの結論を得ている。

図11-1に７排水口のカドミウム濃度とカドミウム排出量の経年変化を示す。７排水口のカドミウム濃度は、1972年の第１回立入調査時には約８ppbだったが、1978年の委託研究終了時には約２ppbとなり、1979～2015年間は１～２ppbレベルであり、2016年以降は１ppb以下と、目標としていた坑内清水レベルに到達した。カドミウム排出量も1972年の約427kg/年が1978年の約87kg/年へと、約５分の１になり、その後漸減して、採掘停止した2001年以降は約50kg/年以下となり、2020年現在は約31kg/年となった。

表11-1に2020年の７排水口の排水量・カドミウム濃度・カドミウム排出量を示す。各排水口のカドミウム濃度は、１ppb前後となり、７排水口の平均値も１ppbとなった。各排水口別のカドミウム排出量の割合は、鹿間総合排水が約54％と半分以上を占め、増谷堆積場水が約16％、跡津通洞水が約10％、和佐保堆積場水が約9％と続く。

図11-2に神岡鉱業㈱の鉱害防止投資額の年次推移を示すが、累計額は307億円を超える。排水処理関係が208億円と、全体の約３分の２を

占めるが、これには７排水口対策と後述の北電水路対策も含む。

本章では、排水口別に対策の進捗状況を述べることとする。

写真11-1 重油流出事故を起こした六郎工場の重油タンク
出所：2013年10月6日、畑撮影。

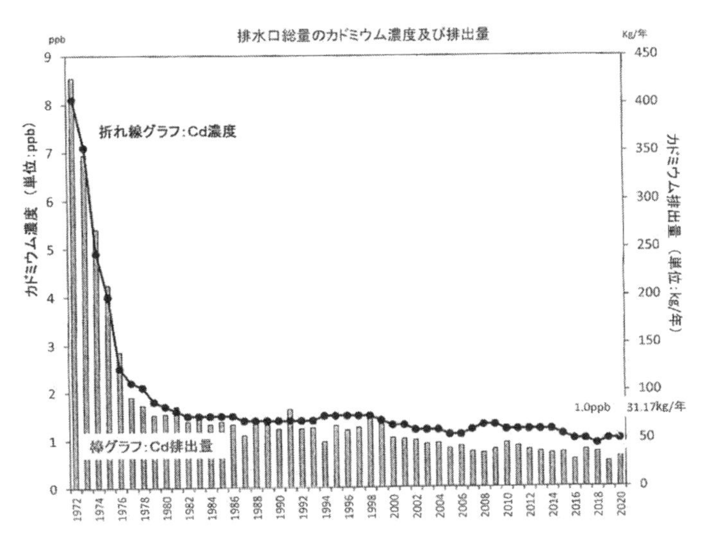

図11-1 ７排水口のカドミウム濃度と排出量の経年変化
出所：『発生源監視資料集』2020年版。

排水口名	2020年					
	排水量 m³/年	割合 %	濃度 μg/l	排出量 g/年	排出量 g/月	割合 %
和佐保たい積場水	3,009,900	8.2	0.9	2,651	221	8.5
鹿間総合排水	13,486,300	36.9	1.2	16,692	1,391	53.6
鹿間谷たい積場水	688,700	1.9	1.7	1,181	98	3.8
跡津通洞水(−500m)	5,975,000	16.3	0.5	2,996	250	9.6
大津山通洞水(0m)	757,100	2.0	0.5	387	32	1.2
増谷たい積場水	10,227,800	28.0	0.5	5,125	427	16.4
茂住総合排水	2,439,700	6.7	0.9	2,137	178	6.9
7排水口合計	36,584,500	100.0	1.0	31,169	2,597	100.0
月　平　均	3,048,708	−	1.0	2,597	−	−
※亜鉛電解工場水	2,696,700	−	1.3	3,432	286	−

※：亜鉛電解工場水は、鹿間総合排水の内訳として表示している。7排水口集計には、入っていない。

表11-1 7排水口の排水量・カドミウム濃度・カドミウム排出量

出所：『神岡鉱業の鉱害防止対策』2020年版。

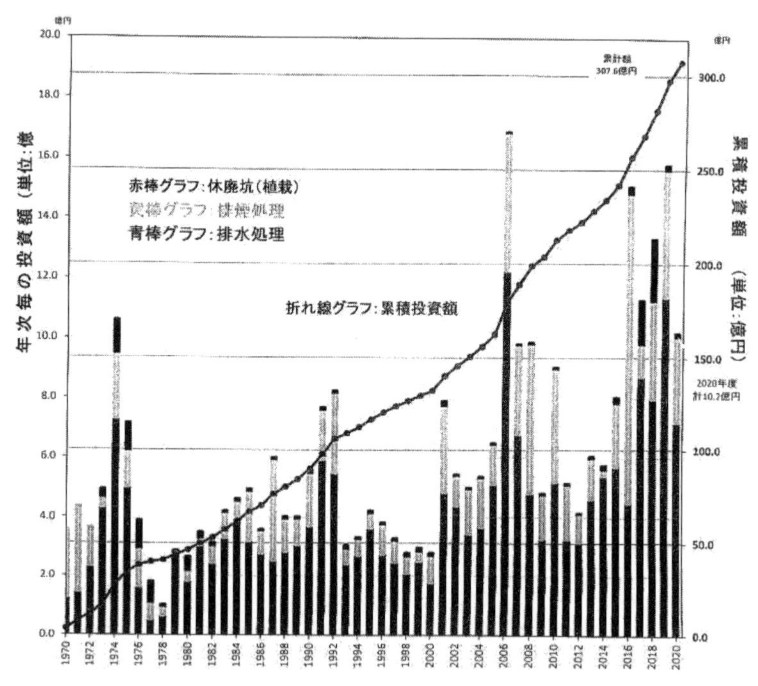

図11-2　神岡鉱業㈱の鉱害防止投資額の年次推移

出所：『発生源監視資料集』2020年版。

1．和佐保堆積場水

図11-3に和佐保堆積場水のカドミウム濃度とカドミウム排出量の経年変化を示す。1972年のカドミウム濃度は約17ppbもあったが、1978年には約4ppbへと激減し、1992年以降は1～2ppbレベルで推移し、2019年以降は1ppb以下になっている。カドミウム排出量は1978年に約26kg/年もあったが、その後減少し、1992年には約9kg/年となり、2020年には約2.6kg/年となっている。

これだけ減少した理由は、次の4点の効果と考えられる。

① 2001年の神岡鉱山の採掘停止による廃滓投入の停止、栃洞上部（0m）坑内濁水を一時投入したが、水質悪化したので、現在は鹿間工場のシックナーのスピゴット（沈殿物）のみを投入していること。

② 堆積場浸透水が流入していた底設暗渠をコンクリートで封鎖し、**写真11-2**に示すように、沢水切替水路内に尺八用鋼管を敷設して付け替えたこと。

③ 1992年に実用化された「スライムポンドに投入する石灰ミルク用水を山腹水路水からポンド上澄水に切り替える方式」は、ポンド上澄水の一部リサイクルを実現するものであり、排水量の10％削減（約40万㎥/年）をするとともに、石灰投入位置の最適化と相まって水質改善をもたらしたこと。

④ 廃滓、坑内濁水、スピゴットなどのスライムポンド投入位置の最適化によるポンド上澄水の水質改善。

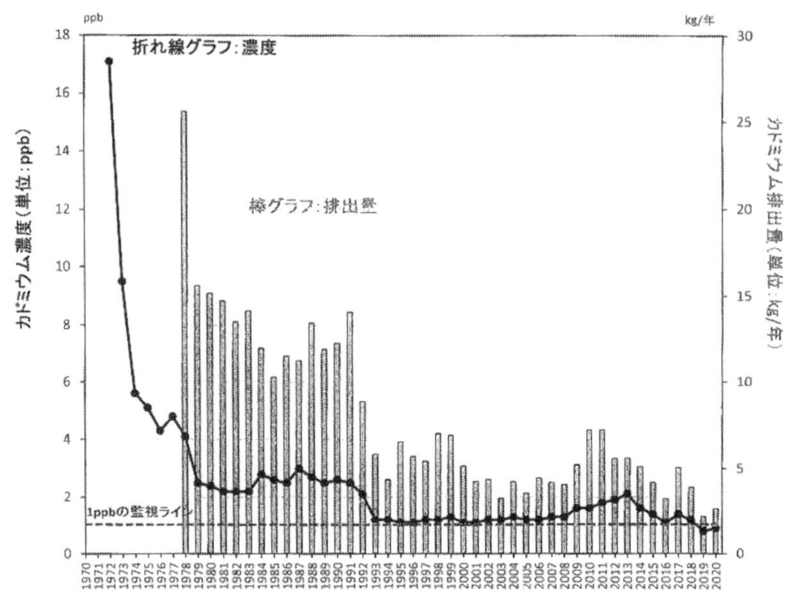

図11-3 和佐保堆積場水のカドミウム濃度と排出量の経年変化

出所：『発生源監視資料集』2020年版。

写真11-2 和佐保堆積場の沢水切替水路出口と尺八用鋼管

出所：2012年5月29日、畑撮影。

2．亜鉛電解工場水

図11-4に亜鉛電解工場水のカドミウム濃度とカドミウム排出量の経年変化を示す。1972年の第1回立入調査時のカドミウム濃度は約13ppbもあったが、1976年の委託研究中に約1ppb前後へと激減し、1992年まで1ppb前後が続いたが、1993年以降は1～2ppbレベルで推移している。カドミウム排出量は1979年に約8kg/年あったが、その後減少し、2006年には約2kg/年となった。2006年の鹿間総合排水への統合後、2015年までは約4～6kg/年と増加したが、2017年以降は3kg/年と減少している。この理由は、排水口の廃止により、排水管理が不十分になったのかもしれないが、2014年の急速ろ過装置の増設と2018年の20mにシックナーの改修により改善された。**図11-5**に六郎工場の水系統を表す見取図を示す。

このように減少した理由は、次の二つの効果が大きい。

① 第3章4（2）で詳述した1975年に設置されたシリカサンドによる自動急速ろ過装置の効果が大きい。**写真11-3**に示すように、2014年に増設されて2基体制となり、2014年以降は、カドミウム濃度と排出量は減少した。

② **写真11-4**に示すように老朽化していた20mシックナーを2018年に改修して、排水処理効率を向上させたこと。

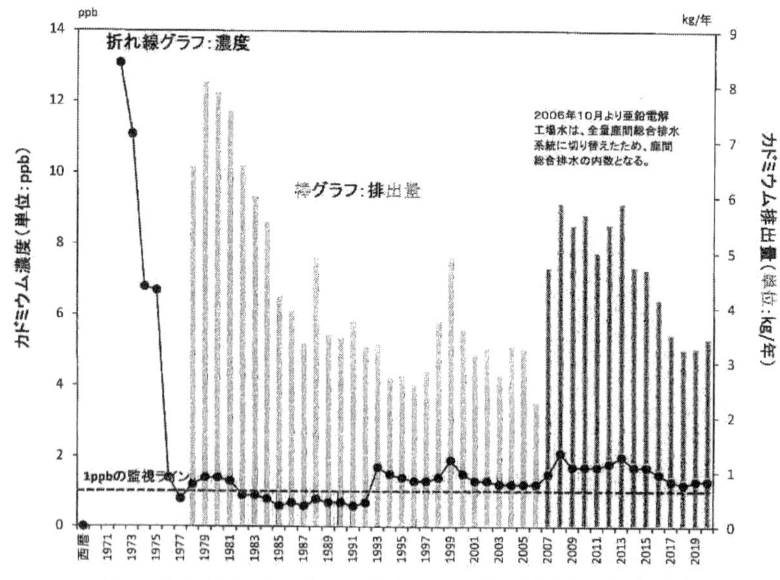

図11-4 亜鉛電解工場水のカドミウム濃度と排出量の経年変化

出所:『発生源監視資料集』2020年版。

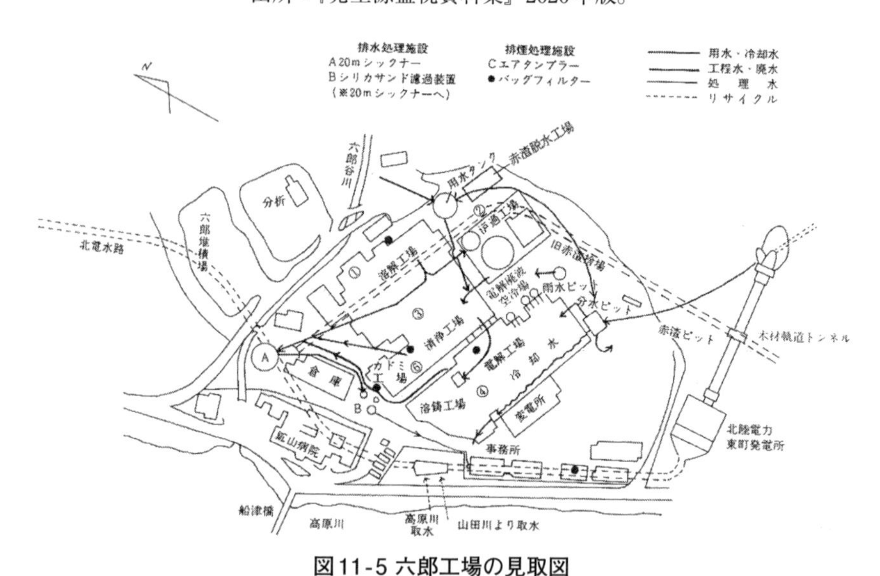

図11-5 六郎工場の見取図

出所:『神岡鉱山立入調査の手びき』1985年版。

写真11-3 ２基に増設された自動急速ろ過装置
出所：2013年10月6日、畑撮影。

写真11-4 老朽化していた六郎20ｍシックナー
出所：2013年10月6日、畑撮影。

3．鹿間総合排水

図11-6の７排水口と鹿間総合排水の排水量・カドミウム濃度・カドミウム排出量の推移に示すように、鹿間総合排水は、鹿間工場の排水口であり、排水量とカドミウム排出量が最も大きく、８（2006年以降、７）排水口のカドミウム排出量の過半を占める重要な排水口である。また、**図11-7**に現在の鹿間工場排水系統図を示す。

図11-8に鹿間総合排水のカドミウム濃度とカドミウム排出量を示す。1972年の第１回立入調査時のカドミウム濃度は約14ppbもあったが、1978年の委託研究後に約３ppb以下へと激減し、1998年まで２ppbレベルが続き、1999年以降は１～２ppbレベルで推移している。カドミウム排出量は1979年に約27kg/年であったが、その後増加し、1998年には約42kg/年と最大になったが、その後減少し、2006年の亜鉛電解工場水の合流後は、亜鉛電解工場水を含めても約20kg/年以下へと減少している。

この変動の原因として、次の４点が考えられる。

① 1972～78年のカドミウム濃度の急減は、第３章で詳述した排水処理設備の改善、選鉱工程水のリサイクル、製錬工程水の一部リサイクルなどによると考えられる。

② 1979～99年のカドミウム排出量の増加と変動は、濃度が一定なので、**図11-6**に示す1976年の栃洞露天掘り開始、1987年の栃洞露天掘り跡地のカミサイ砂利採取開始などによる排水量の増加と変動が一因と考えられる。また、**図11-9**に鹿間総合排水カドミウムバランスを示すが、用水源が坑内水と鹿間谷堆積場水に依存しているので、降水量の変動が排水量とカドミウム排出量の変動要因になる。

③ 2001年に神岡鉱山は採掘を停止し、選鉱場も操業を停止したので、坑内濁水の減少と選鉱排水が排出されなくなり、カドミウム排出量が減少したと考えられる。

④　2004年の鹿間谷堆積場水の異常出水と六郎工場の重油流出事故を受けて、2005 〜 2006年に鹿間工場と六郎工場の大規模な排水改善工事がなされ、とくに、**図11-7**に示すように、30 m シックナーと36 m シックナーの2基体制にしたので、2007年以降、カドミウム排出量は減少したと考えられる。

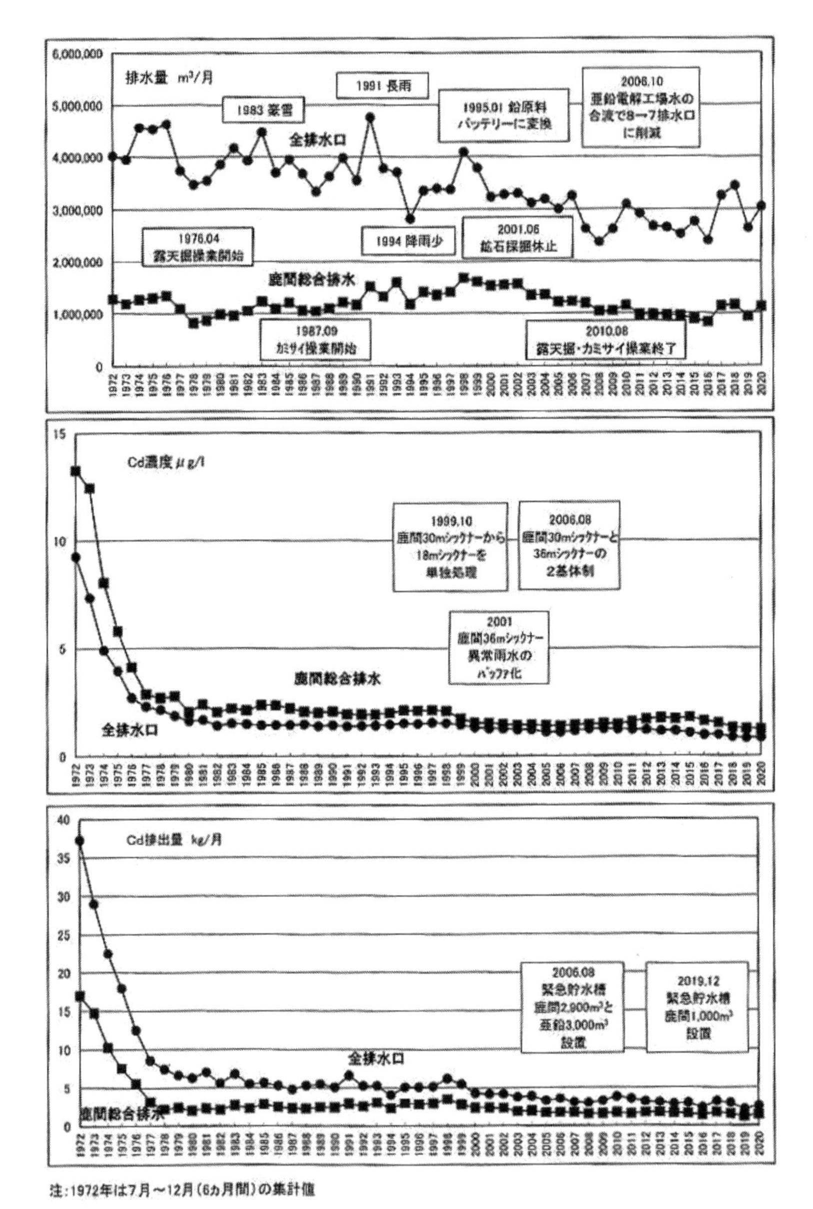

図11-6 7排水口と鹿間総合排水の排水量・カドミウム濃度・カドミウム排出量の推移

出所：『神岡鉱業の鉱害防止対策』2020年版。

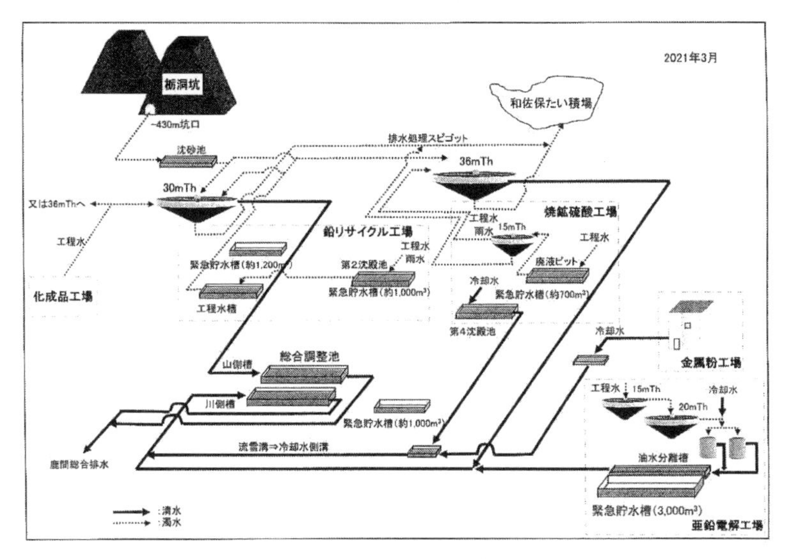

図11-7鹿間工場排水系統図

出所：『神岡鉱業の鉱害防止対策』2020年版。

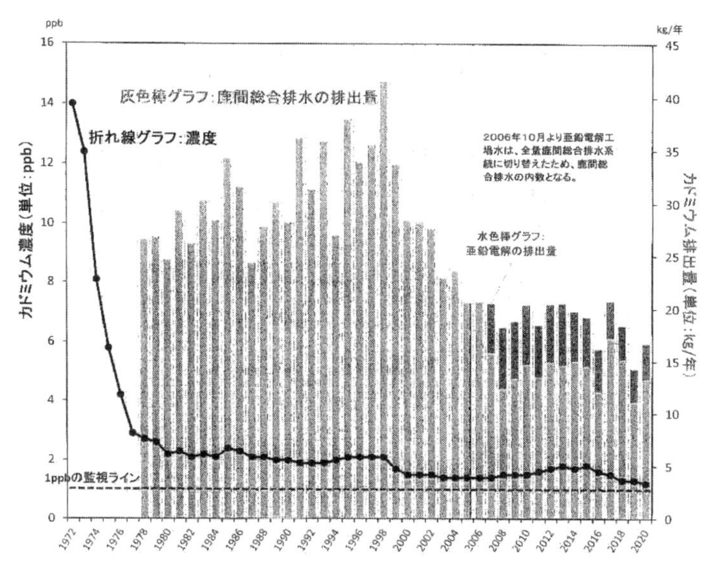

図11-8 鹿間総合排水のカドミウム濃度と排出量の経年変化

出所：『発生源監視資料集』2020年版。

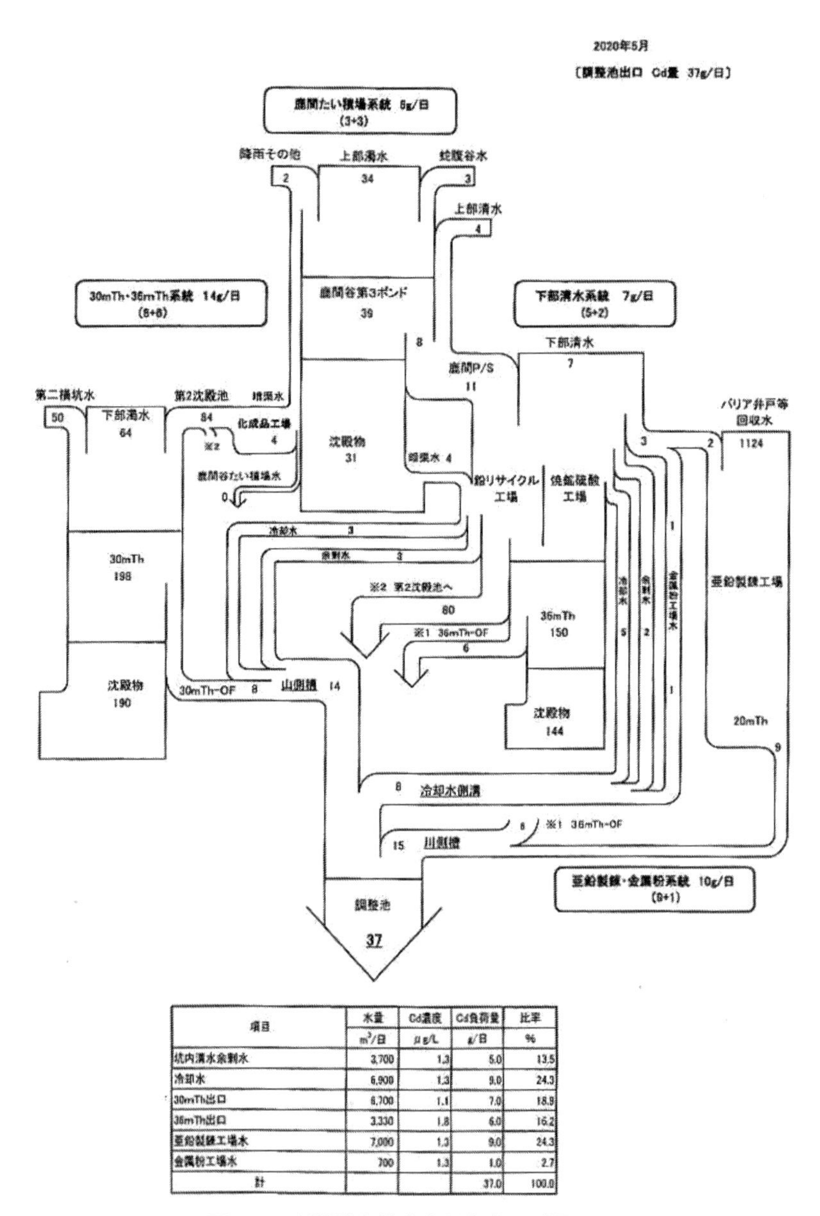

項目	水量	Cd濃度	Cd負荷量	比率
	m^3/日	μg/L	g/日	%
坑内清水余剰水	3,700	1.3	5.0	13.5
冷却水	6,900	1.3	9.0	24.3
30mTh出口	6,700	1.1	7.0	18.9
36mTh出口	3,330	1.8	6.0	16.2
亜鉛製錬工場水	7,000	1.3	9.0	24.3
金属粉工場水	700	1.3	1.0	2.7
計			37.0	100.0

図11-9 鹿間総合排水カドミウムバランス

出所：『神岡鉱業の鉱害防止対策』2020年版。

4．跡津通洞水

図11-10に跡津通洞水のカドミウム濃度とカドミウム排出量の経年変化を示す。跡津通洞水は、茂住坑下部（-500 m）の坑内清水であり、カドミウム濃度はほぼ1 ppb以下であり、排水量の変動は少なく、濃度変化と排出量変化が連動している。しかし、排水量が約500万㎥/年と、鹿間総合排水の約半分もあるので、カドミウム負荷量は約10%を占める。

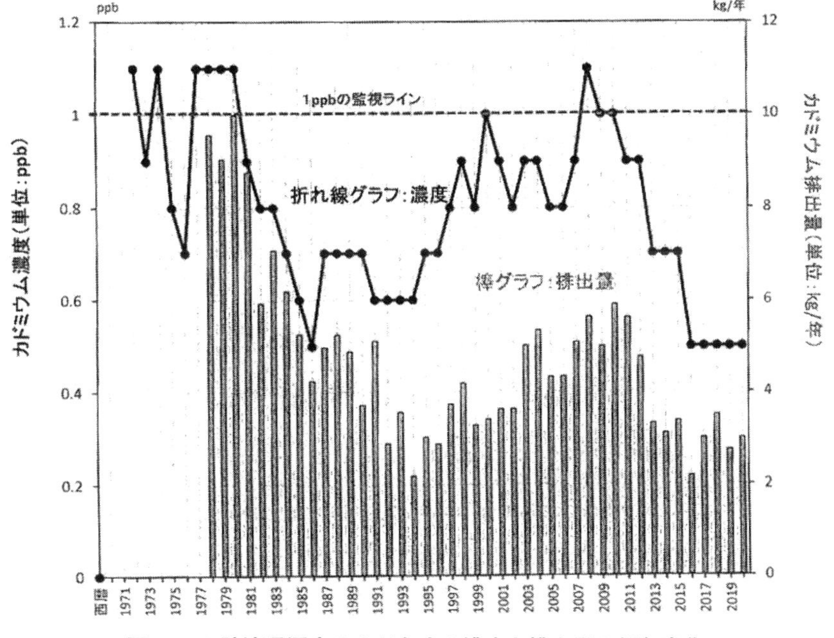

図11-10 跡津通洞水のカドミウム濃度と排出量の経年変化
出所：『発生源監視資料集』2020年版。

5.鹿間谷堆積場水

図11-11に鹿間谷堆積場水のカドミウム濃度とカドミウム排出量の経年変化を示す。鹿間谷堆積場の第3ポンド上澄水と底設暗渠水は、鹿間工場用水に送水されており、8排水口の一つである鹿間谷堆積場水とは、**写真11-5**に示す底設暗渠水の余り水である。1974年の委託研究開

始時にカドミウム濃度は約８ppbもあったが、1979年の委託研究終了後は約４ppbと半減し、その後も減少傾向にあり、2009年以降は2ppb以下である。とくに、注目される対策としては、1992年に底設暗渠内の高濃度湧水を分離導水したことと、第３ポンド周辺斜面の休廃坑・廃石捨場の影響を受けた汚染沢水が底設暗渠の支流に流れ込む構造になっていたので、汚染沢水を第３ポンドに導水・処理したことである。

すなわち、第３章の**図3-14**に示したように、底設暗渠水には水質の悪い堆積場浸透水が流入していたが、1991年に底設暗渠内湧水のうち約半分のカドミウム負荷を有する湧水（カドミウム濃度約9ppb、水量1,000㎥／日）分離導水し、**写真11-6**に示す中継タンクから鉛製錬工程の冷却水に使用後、30ｍシックナーで処理する工事を行なったことは、高く評価できる。

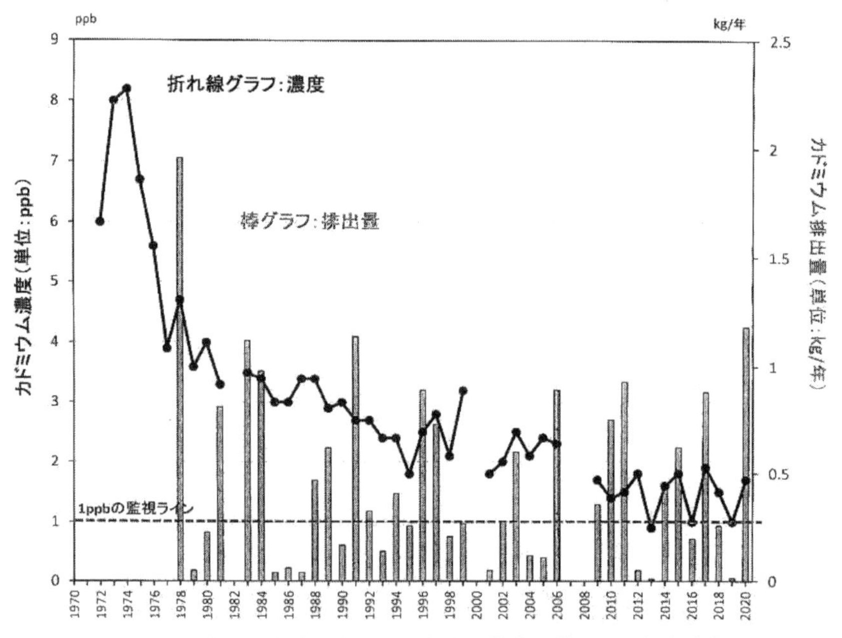

図11-11 鹿間谷堆積場水のカドミウム濃度と排出量の経年変化

出所：『発生源監視資料集』2020年版。

写真11-5 鹿間谷堆積場底設暗渠出口
出所：2013年5月20日、畑撮影。

写真11-6 鹿間谷堆積場底設暗渠内高濃度湧水の分離中継タンク
出所：2013年5月20日、畑撮影。

6．大津山通洞水

図11-12に大津山通洞水のカドミウム濃度とカドミウム排出量の経

年変化を示す。大津山通洞水は、茂住坑上部（-0m）の坑内半濁水であり、1972年のカドミウム濃度は約5ppbだったが、採掘量の減少とともにカドミウム濃度も減少し、1994年の茂住坑採掘停止後は、約1ppb以下の坑内清水レベルになっている。排水量も少ないので、現在のカドミウム排出量は0.5kg/年以下と、8排水口全体の2%以下である。

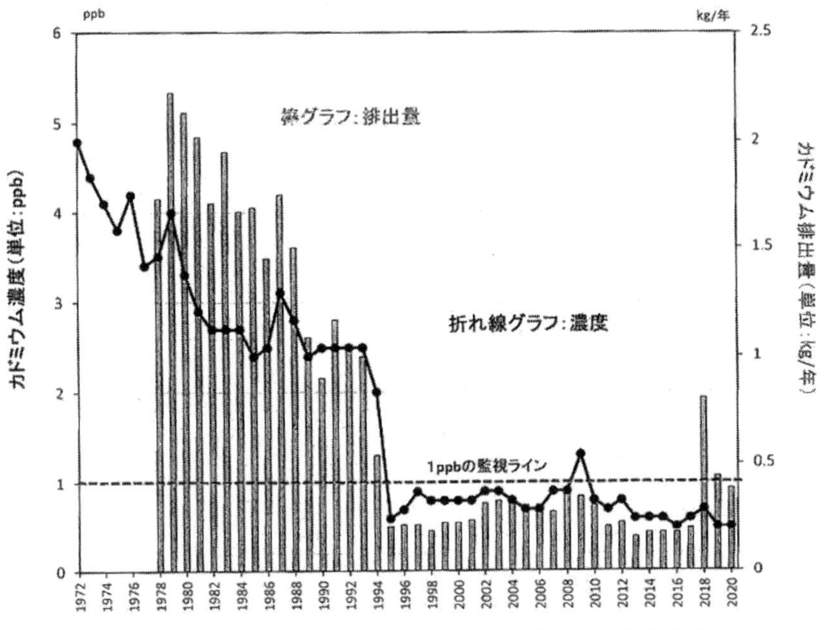

図11-12 大津山通洞水のカドミウム濃度と排出量の経年変化

出所：『発生源監視資料集』2020年版。

7．増谷堆積場水

図11-13に増谷堆積場水のカドミウム濃度とカドミウム排出量の経年変化を示す。1972～75年のカドミウム濃度は約2ppbだったが、その後下がり、1984年以降は1ppb前後となり、さらに下がり、2013年以降は0.5ppbになっている。1978～99年のカドミウム排出量は、10～15kg/年だったが、2000年以降は5～10kg/年へ減少している。この理由は、1994年の茂住坑採掘停止による廃滓の第3ポンド投入中止

によると考えられる。

第３ポンド上澄水、堆積場浸透水、茂住下部（-320 m）坑内清水などが合流して増谷堆積場水として増谷川を経て高原川に放流され、現在のカドミウム濃度は0.5 ppbレベルであるが、排水量が鹿間総合排水に次いで多いので、カドミウム排出量は８排水口全体の約２割を占める。

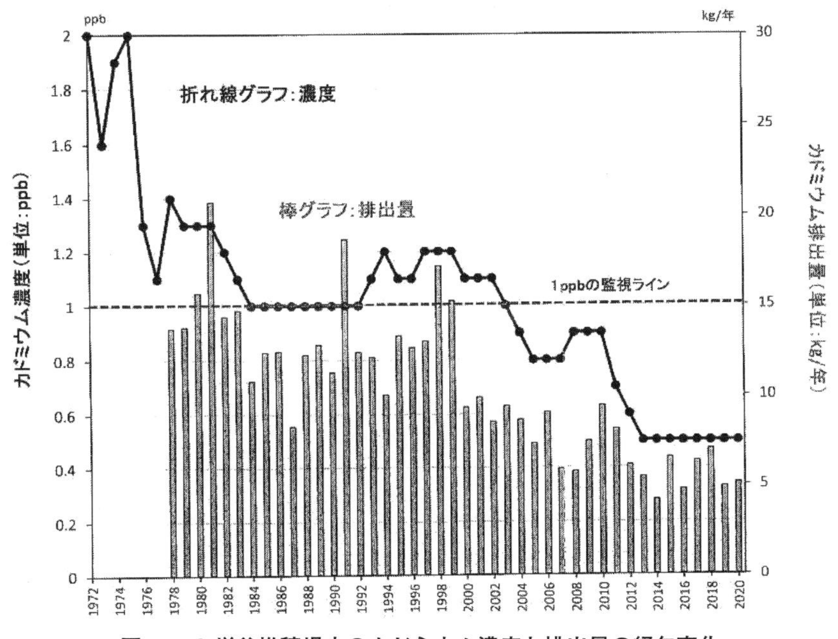

図11-13 増谷堆積場水のカドミウム濃度と排出量の経年変化
出所：『発生源監視資料集』2020年版。

８．茂住総合排水

図11-14に茂住総合排水のカドミウム濃度とカドミウム排出量の経年変化を示す。1972～76年のカドミウム濃度は２ppb前後だったが、1978～2007年は１ppb前後となった。しかし、2008～11年は1.5ppb以上になったのは、茂住30ｍシックナーの不調が原因であり、2010～11年に改修されたので、2012年以降は1ppb以下となっている。

1978～2007年のカドミウム排出量は、1kg/年前後だったが、2008

年以降は2kg/年前後と増加している。2008～11年は茂住30mシックナーの不調が原因であり、2012～19年は、東京大学の大型低温重力波望遠鏡（かぐら）トンネル掘削工事の濁水処理を2012～14年に茂住30mシックナーで行い、その後、排水量が増加したためと考えられる。

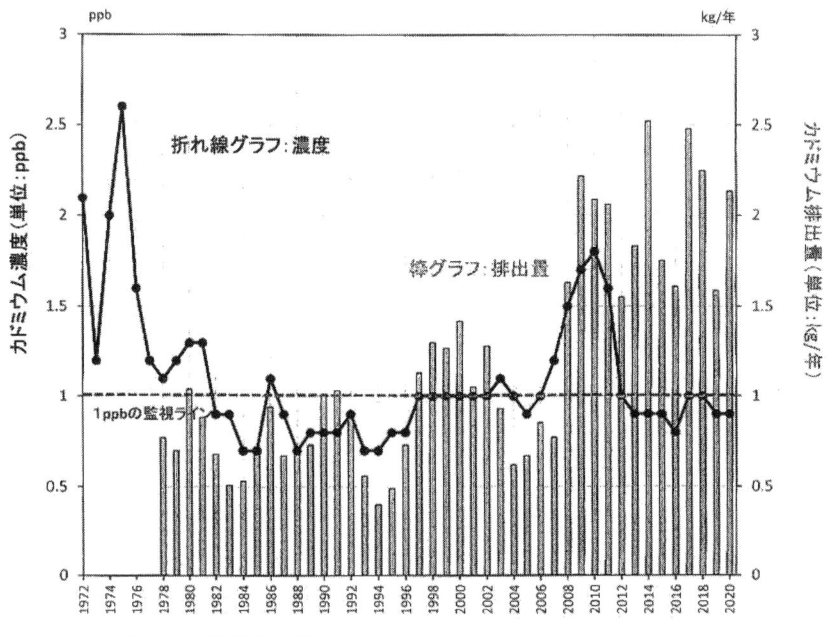

図11-14 茂住総合排水のカドミウム濃度と排出量の経年変化
出所：『発生源監視資料集』2020年版。

9．排水管理センターの設置

鹿間工場の鹿間総合調整池近くの建屋に排水管理センターが設置された。センターでは、神岡鉱山の各排水口、シックナー、堆積場などの監視カメラが設置され、水質や水量データもオンラインで分かるようになっており、異常があれば、すぐに駆け付ける体制が確立している。**写真11-7**に排水管理センターの中央制御パネルを示す。

写真11-7 鹿間工場の排水管理センター

出所：2012年5月28日、畑撮影。

第12章　神岡鉱山の排煙対策

図12-1に1972～92年の大気中へのカドミウム排出量の年次推移を示し、**図12-2**に1981～2020年の大気中へのカドミウム排出量の年次推移を示す。1978年の委託研究終了後の主な排煙対策を述べる。

1．赤渣乾燥工程の改善

従来、水分の多い赤渣は重油燃焼式のロータリーキルン（回転炉）で乾燥されていた。しかし、この方法ではカドミウムを含む大量の粉じんが発生し、**図12-1**と**図12-2**に示すように、鉱煙関係集じん機からのカドミウム排出量の約3～4割は、赤渣排煙を湿式処理するエアータンブラーから排出されていた。改善を強く求めていたところ、1987年に**写真12-1**の火を使わない高圧脱水プレスに変更されて排煙は一切出なくなり、カドミウムも排出されなくなった。そして、**図12-2**に示すように、鉱煙関係集じん機からのカドミウム排出量はほぼ半減し、0.2kg/月台になった。これは、排煙処理方法の改善にとどまらず、排煙発生工程そのものの改善であり、10年来の懸案が解決し、高く評価できる。**図12-3**に赤渣脱水工程の排煙と排水の変更内容を示す。

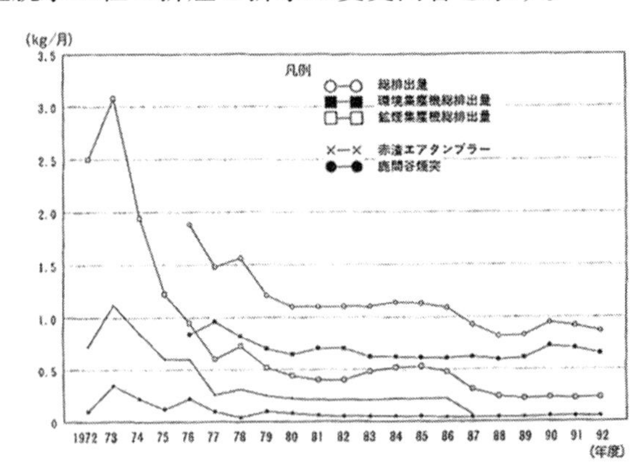

図12-1 大気中へのカドミウム排出量の年次推移（1972～92年）
出所：『イタイイタイ病』1994年。

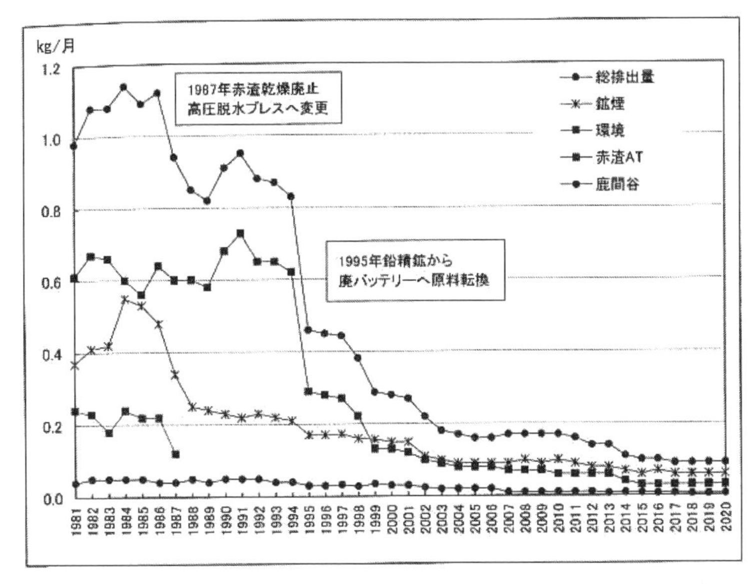

図12-2 大気中へのカドミウム排出量の年次推移（1981 ～ 2020年）

出所：『神岡鉱業の鉱害防止対策』2020年版。

写真12-1 六郎工場の赤渣高圧脱水プレス

出所：2013年10月6日、畑撮影。

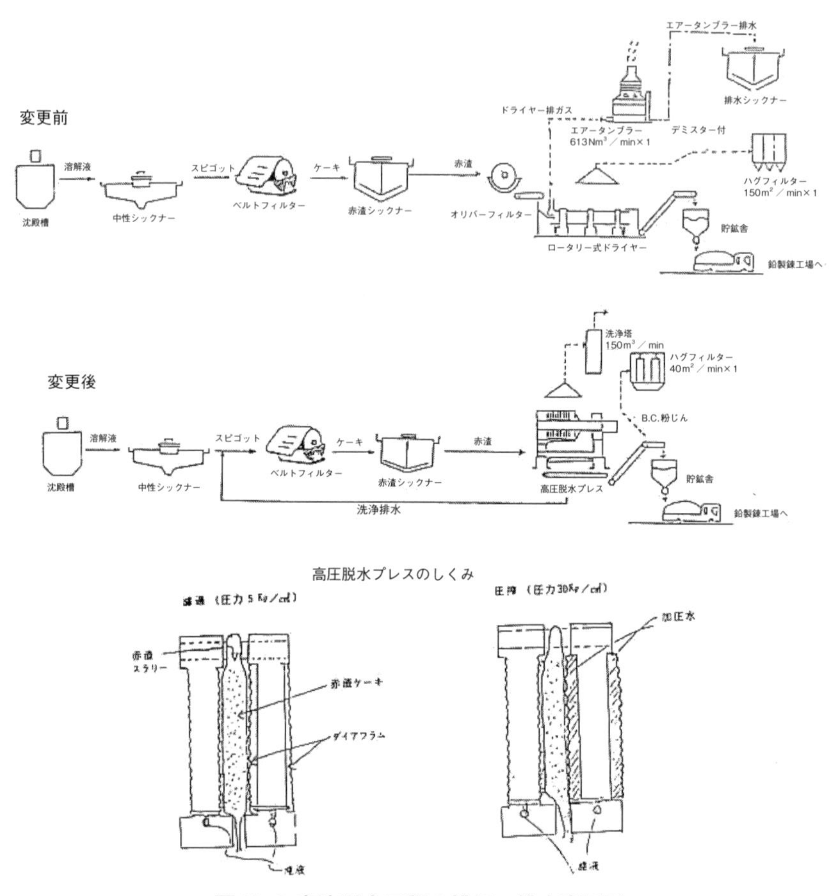

図12-3 赤渣脱水工程の排煙・排水変更図

出所：『立入調査の手びき』1991年版。

2.集じん関係の改善

環境関係集じん機を増設した結果、**図12-1**と**図12-2**に示すように、環境関係集じん機からのカドミウム排出量は鉱煙関係集じん機よりも多くなり、横ばいまたは増加している。

これは今まで建屋から環境に放出されていたカドミウムを捕集したためである。このように、集じん関係の改善により、排煙からのカドミウム排出量は、1987年以降、1kg/月以下となった。

3．鉛製錬原料の転換

1995年に鉛製錬の原料を鉛精鉱から廃バッテリーへ転換し、焼結炉を休止したことにより、**図12-2**に示すように、環境関係集じん機からのカドミウム排出量が大幅に減少し、総排出量も0.8kg/月から0.4kg/月へと半減した。鉛リサイクル工場を**写真12-2**に示す。

4．排煙処理施設の改善

図12-4に現在の排ガスおよび粉じん処理施設を示す。2001年以降、老朽化した集じん機の更新や増設を行うとともに、2003年に熔鉱炉排煙脱硫塔２基更新し、2007年に**写真12-3**に示す１基を増設して、**図12-4**に示すように、３段直列処理している。また、2016年には、水俣条約発効による非鉄製錬施設への水銀規制に対応するために**写真12-4**に示す熔鉱炉排煙の脱水銀塔を設置した。その結果、**図12-4**に示すように、2002年以降、大気中へのカドミウム排出量は0.2kg/月以下となり、2015年以降は0.1kg/月以下になった。

写真12-2 鉛リサイクル工場
出所：2017年6月19日、畑撮影。

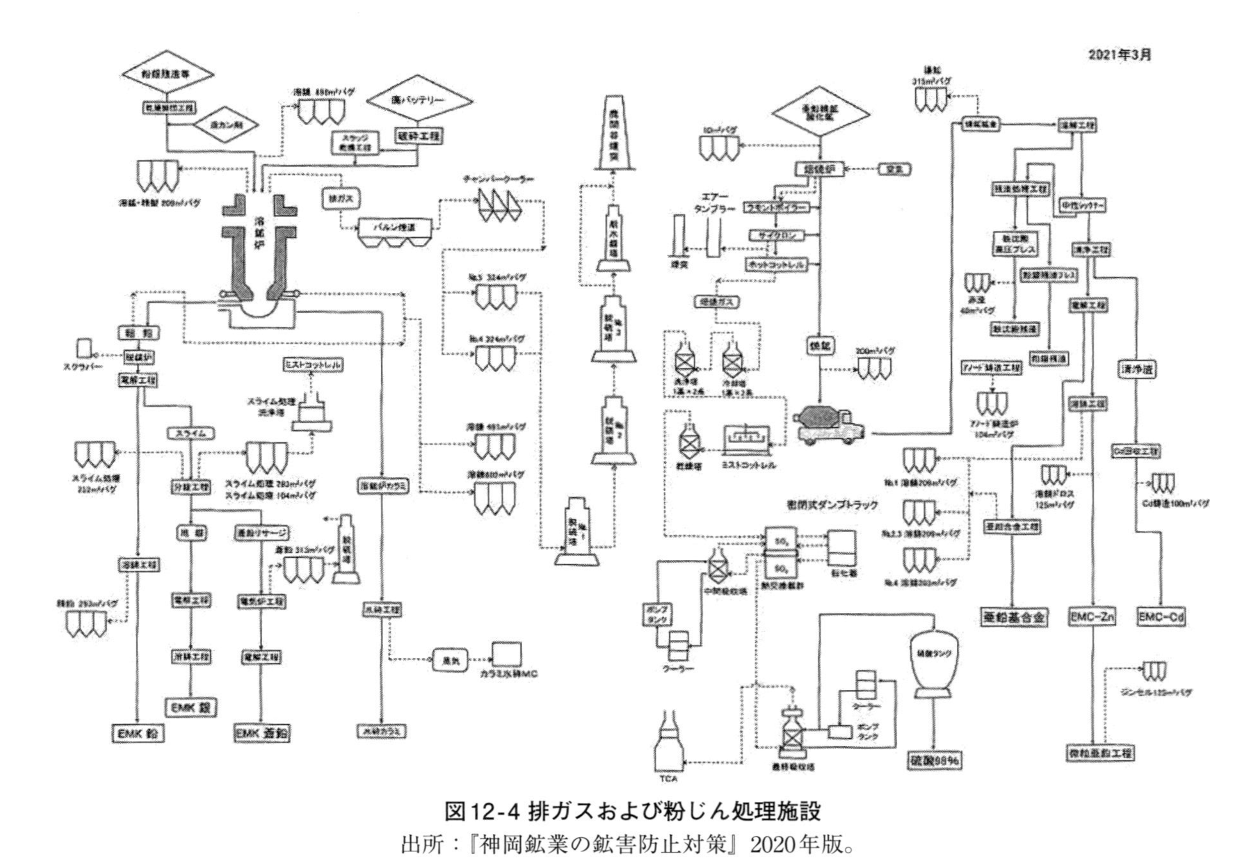

図12-4 排ガスおよび粉じん処理施設

出所：『神岡鉱業の鉱害防止対策』2020年版。

写真12-3 増設された鉛熔鉱炉排煙脱硫塔
出所：2017年6月19日、畑撮影。

写真12-4 新設された鉛熔鉱炉排煙脱水銀塔
出所：2017年6月19日、畑撮影。

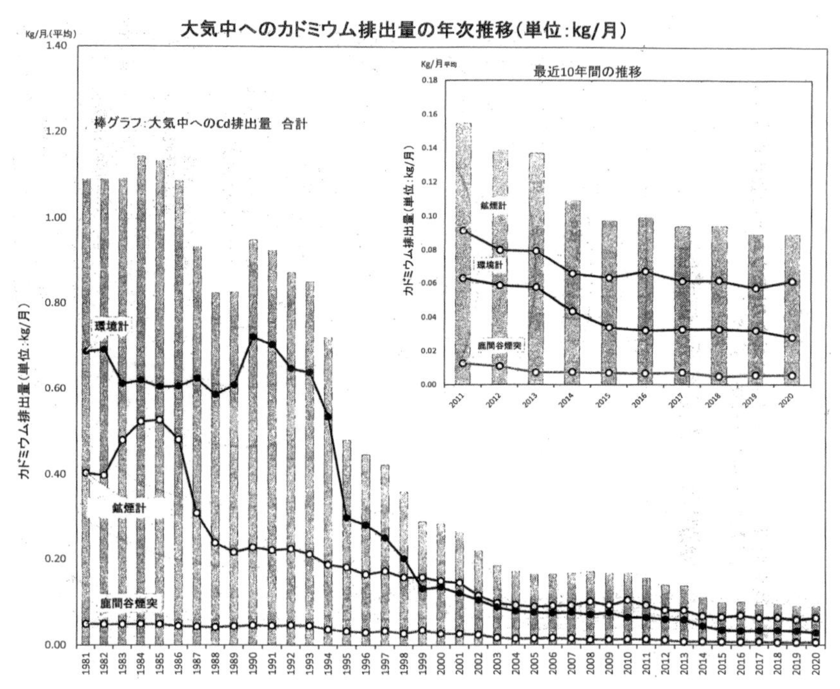

図12-5 大気中へのカドミウム排出量の経年変化（1981 ～ 2020年）
出所：『発生源監視資料集』2020年版。

5．大気環境モニタリング

図12-6に浮遊粉じん測定箇所位置図を示すが、鹿間工場内３か所と六郎工場内１か所の工場内４か所、工場外が上流側３か所と下流側１か所の４か所の合計8か所で、毎月１回の同時測定を実施している。**図12-7**の浮遊粉じんのカドミウム濃度年次推移に示すように、鹿間工場の発生源（鉛山腹水路横）のカドミウム濃度は、1995年の鉛精鉱から廃バッテリーへの原料転換以降、急激に減少した。

図12-8に降下ばいじん測定箇所位置図を示すが、工場内３か所と工場外７か所の合計10か所にダストジャーを設置して通年測定を行なっている。**図12-9**の降下ばいじん測定値の年次推移に示すように、浮遊

粉じんと同様に、1995年の鉛精鉱から廃バッテリーへの原料転換以降、急激に減少した。また、**図12-8**に示すように、1985年から鹿間工場を中心とする半径４kmの円を45度毎に８等分し、さらに半径をそれぞれ１km、２km、３kmの円で区切り32区分とし、各区分毎にダストジャーを設置して、降下ばいじんを調査している。最近のデータでは、半径４km円内の降下ばいじん中のカドミウム量は、約0.6kg/月であった。

さらに、1988年から鹿間工場から８km以遠、約30km下流方向への影響を調査するために、12か所にダストジャーを設置した。その結果を**図12-10**の神通川下流方向の降下カドミウム量の年次推移に示すが神通川下流方向に行くにつれて、降下カドミウム量は減少した。

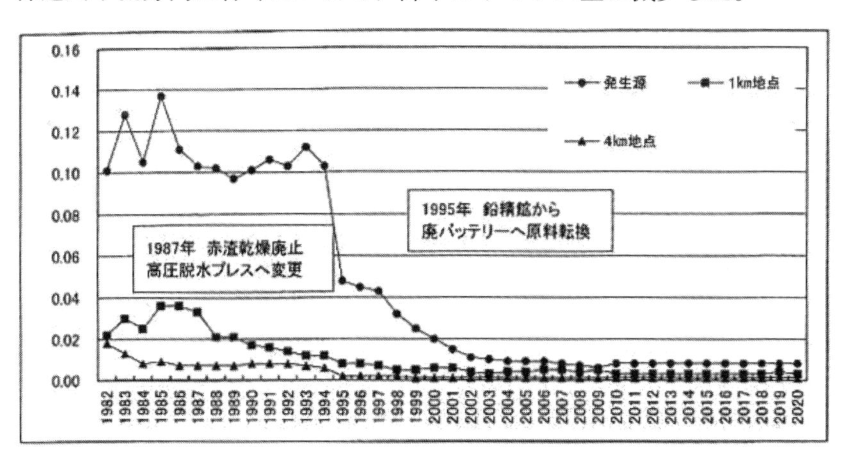

図12-7 浮遊粉じんのカドミウム濃度年次推移　Cd（μg/m³）

出所：『神岡鉱業の鉱害防止対策』2020年版。

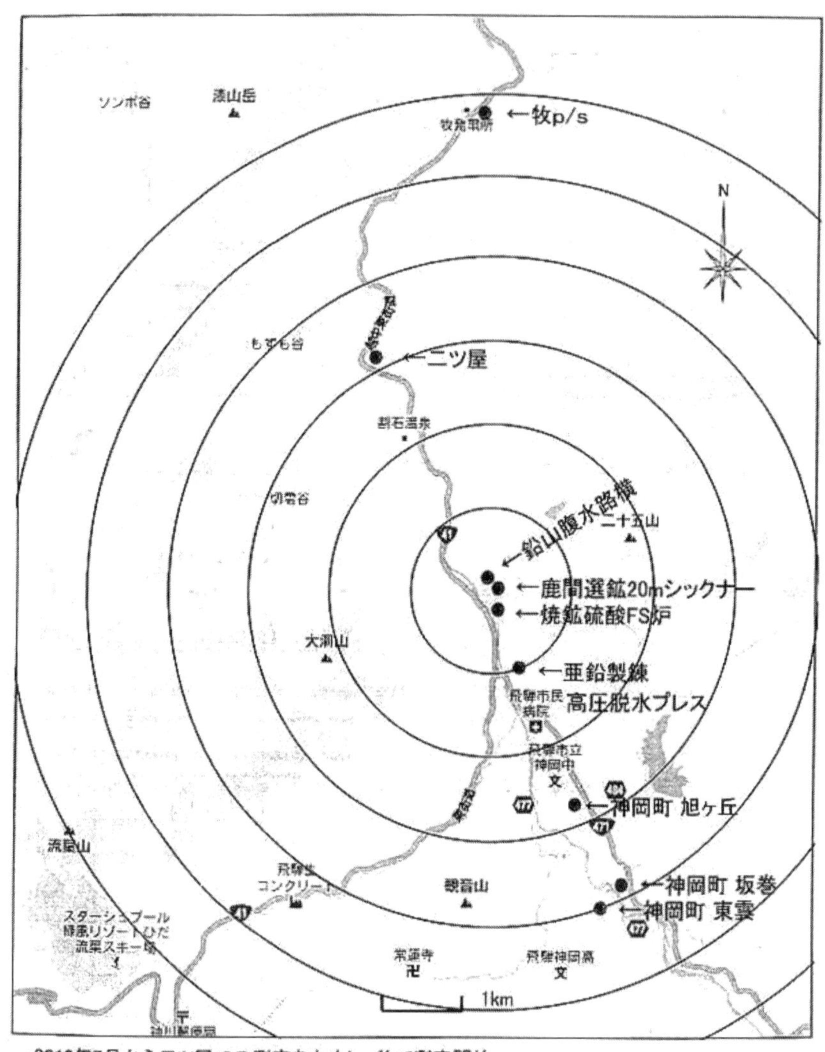

図12-6 浮遊粉じん測定箇所位置図

出所：『神岡鉱業の鉱害防止対策』2020年版。

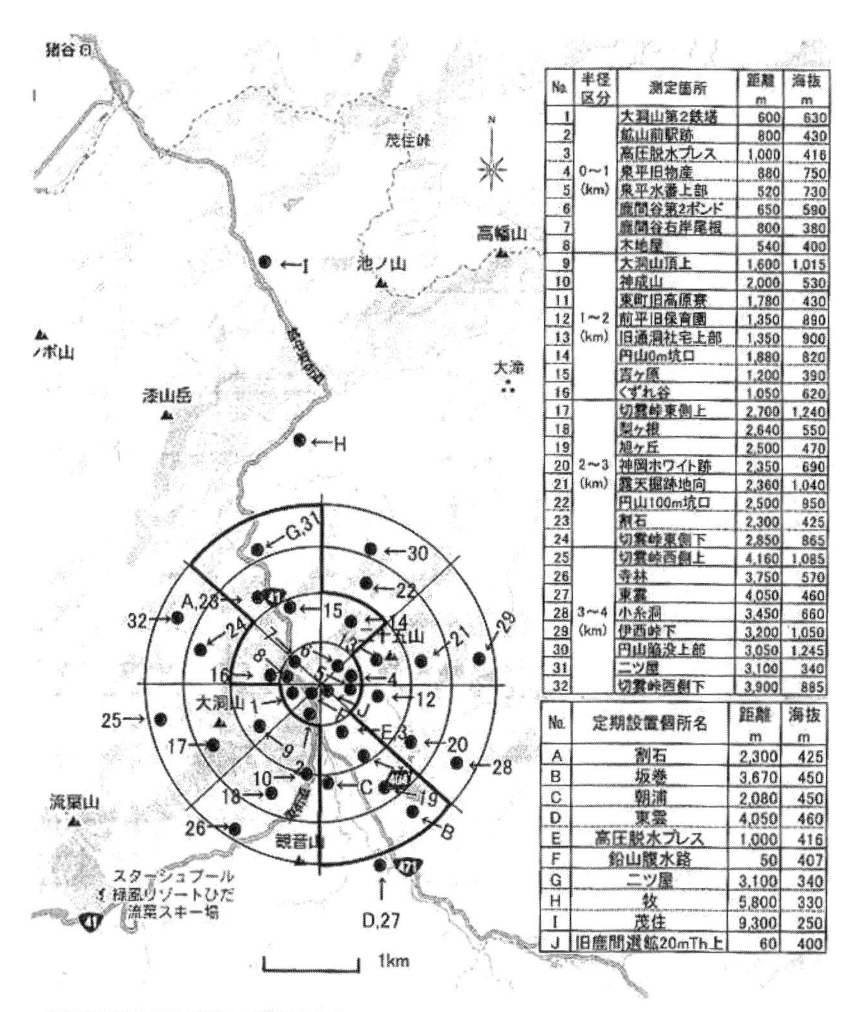

No.	半径区分	測定箇所	距離 m	海抜 m
1	0～1 (km)	大洞山第2鉄塔	600	630
2		鉱山前駅跡	800	430
3		高圧脱水プレス	1,000	416
4		鹿平旧物産	880	750
5		鹿平水番上部	520	730
6		鹿間谷第2ポンド	650	590
7		鹿間谷右岸尾根	800	380
8		木地屋	540	400
9	1～2 (km)	大洞山頂上	1,600	1,015
10		神成山	2,000	530
11		東町旧高原寮	1,780	430
12		前平旧保育園	1,350	890
13		旧通洞社宅上部	1,350	900
14		円山0m坑口	1,880	820
15		宮ヶ原	1,200	390
16		くずれ谷	1,050	620
17	2～3 (km)	切雲峠東側上	2,700	1,240
18		梨ヶ根	2,640	550
19		旭ヶ丘	2,500	470
20		神岡ホワイト跡	2,350	690
21		露天掘跡地向	2,360	1,040
22		円山100m坑口	2,500	950
23		割石	2,300	425
24		切雲峠東側下	2,850	865
25	3～4 (km)	切雲峠西側上	4,160	1,085
26		寺林	3,750	570
27		東雲	4,050	460
28		小糸洞	3,450	660
29		伊西峠下	3,200	1,050
30		円山陥没上部	3,050	1,245
31		二ツ屋	3,100	340
32		切雲峠西側下	3,900	885

No.	定期設置個所名	距離 m	海抜 m
A	割石	2,300	425
B	坂巻	3,670	450
C	朝浦	2,080	450
D	東雲	4,050	460
E	高圧脱水プレス	1,000	416
F	鉛山腹水路	50	407
G	二ツ屋	3,100	340
H	牧	5,800	330
I	茂住	9,300	250
J	旧鹿間選鉱20mTh上	60	400

・2018年7月から二ツ屋での測定を中止。

図12-8 降下ばいじん測定箇所位置図

出所：『神岡鉱業の鉱害防止対策』2020年版。

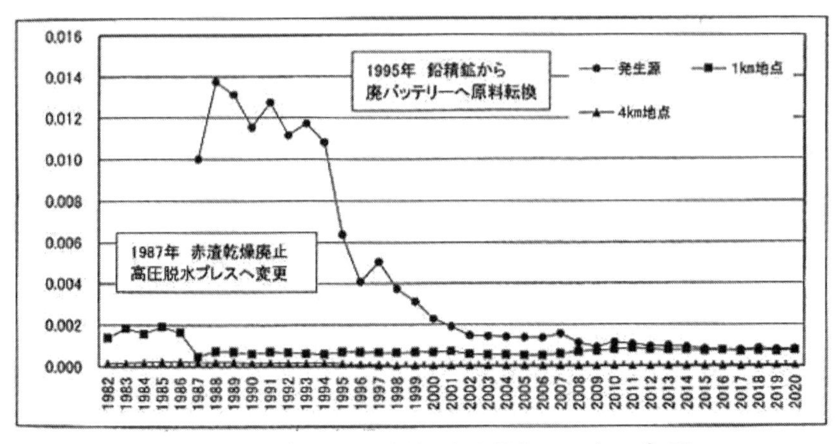

図12-9 降下ばいじん測定値の年次推移　Cd（t/km²/月）

出所：『神岡鉱業の鉱害防止対策』2020年版。

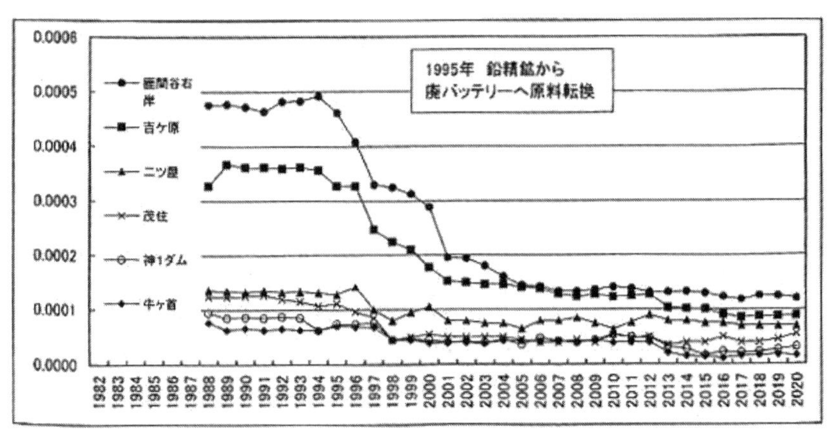

図12-10 神通川下流方向の降下カドミウム量の年次推移　Cd（t/km²/月）

出所：『神岡鉱業の鉱害防止対策』2020年版。

第13章　神岡鉱山の休廃坑・廃石捨場・植栽対策

本章では、休廃坑・排石捨場対策として取られた①清濁分離対策、②砂防堰堤・埋立、③休廃坑・廃石捨場のカドミウム負荷量調査および④植栽の現状について述べる。

1．清濁分離対策

(1) 鹿間谷上流部

第7章の**図7-3**に示した鹿間谷上流部の野々川（＝布川）は、水量が多く、流域に休廃坑・廃石捨場がないためにカドミウム約0.2ppbと非汚染河川レベルであるが、流域に休廃坑・廃石捨場があり汚染された源蔵谷や本谷（＝蛇腹谷）との合流により、鹿間谷堆積場第3ポンドの処理負荷を増大させていた。**図13-1**に示す鹿間谷上流部の水質・水量測定地点において、1982～83年の大雨時に水量と水質の連続測定を行い、1984年からは水質が良く、水量の多い布川の水をNo.12布川堰からバイパスで鹿間谷の清水系に導水して、源蔵谷と蛇腹谷の汚染水と分離した。

つまり、鹿間谷上流部沢水の清濁分離をしたのである。**写真13-1**に鹿間谷上流部の清濁分離堰堤（**図13-1**のNo.1測定堰）を示すが、右側のパイプから流出する水が布川の清水で沢水切替水路から鹿間谷川に流れ、堰き止められた濁水は鹿間谷堆積場第3ポンドの処理系統に入る。

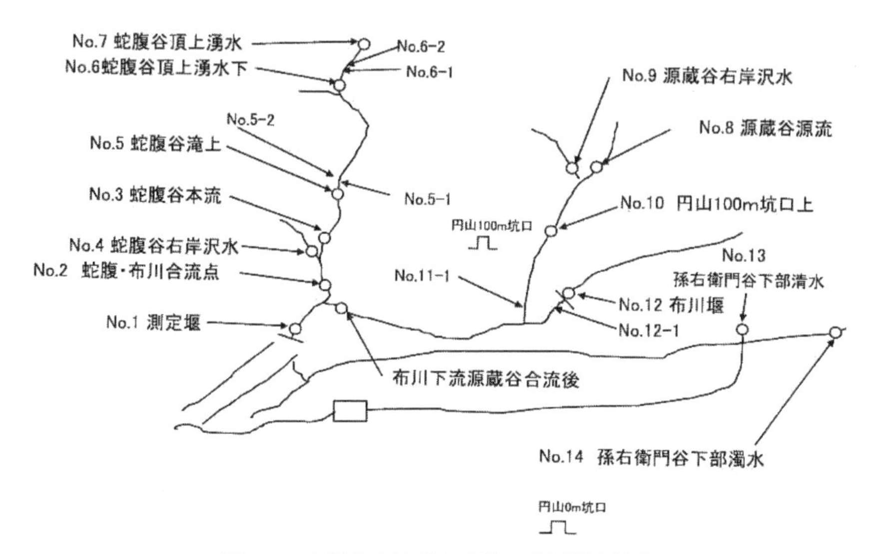

図13-1 鹿間谷上流部の水質・水量測定地点

出所：『神岡鉱業の鉱害防止対策』2020年版。

写真13-1 鹿間谷上流部の清濁分離堰堤

出所：2013年10月6日、畑撮影。

(2) 和佐保川上流部

図13-2に和佐保川上流部の水質・水量測定地点を示す。和佐保谷上流部の大留川源流は栃洞露天掘りに隣接しているために汚染され、露天掘り跡地下の神岡砕石場や栃洞露天掘り跡地からの汚染地下水が流入していた。そこで、1995年から大留川左岸No.7の汚染地下水を汲み上げる井戸を掘削して揚水し、坑内濁水系統に導水した。また、1999年には、神岡砕石場上流の清水を坑内清水系統に導き、2002年には大留川下流まで清水バイパス工事を実施し（**図13-2**の点線）、大留川の汚染水と混合しないようにするとともに、大留川にも堰を設けて汚染水を坑内濁水系統に導水した。これらも大留川水の清濁分離である。

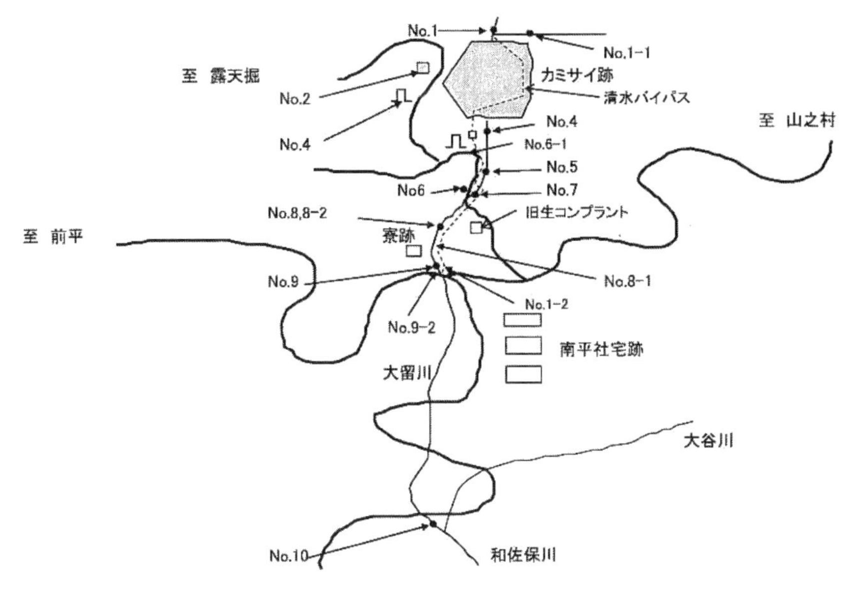

図13-2 和佐保川上流部の水質・水量測定地点
出所：『神岡鉱業の鉱害防止対策』2020年版。

2．砂防堰堤埋立

第7章の**図7-3**に示した鹿間谷上流部には、円山坑でケービング法という鉱床上部を採掘したために、**写真13-2**に示すように、火山の噴火口のような陥没した地域があり、雨水が溜まって池になっていた。1992年10月の大雨による地盤軟弱により円山ケービング陥没部の東側山腹法面が地滑りし、土砂が陥没部の池に流入した。その結果、池の水が溢れて土石流となり、中の谷に流下した。流下土砂量は2400㎥、流下水量は9100㎥と推定された。このように、土石流発生の危険もあり、廃石捨場末端付近の適地に砂防堰堤や遊水地を設ける必要があるが、砂防堰堤が実現したのは、操業中の孫右衛門土砂捨場に対処するための鹿間谷堆積場第3ポンド直上の1基のみである。

なお、2021年から東大のハイパーカミオカンデ掘削工事が始まるが、栃洞坑内の掘削ズリ（廃石）の一部（約50万m^3）を円山陥没部の埋立材として利用する。

写真13-2 円山陥没跡

出所：1999年8月8日、畑撮影。

3．休廃坑・廃石捨場のカドミウム負荷量調査

休廃坑・廃石捨場からカドミウムが流出している鹿間谷、和佐保川、中の谷、赤谷などについては、1983年から毎週、水量と水質の測定を行なっている。1983～92年間における休廃坑・廃石捨場からのカドミウム負荷量の推移を**図13-3**に示す。カドミウム負荷量は、0.8～2.8kg/月であり、降水量の増減に左右されていることがわかる。この理由は、第7章で詳述したように、降水が廃石捨場中を浸透することにより、カドミウムが付加されるためと考えられる。

表13-1に2020年の各休廃坑関連沢水下端カドミウム量調査結果を示すが、カドミウム負荷量は約0.6kg/月であり、鹿間谷清水系と和佐保川流域がそれぞれ約0.2kg/月と多い。**図13-4**に休廃坑関連沢水のカドミウム濃度年次推移を示すが、全体的に減少傾向であり、**写真13-3**に示す鹿間谷下流が1ppbレベルと一番高いが、中の谷、赤谷および和佐保川は0.5ppb以下の自然界値になっている。この理由は、後述する蛇腹谷、漆山、清五郎谷などで取り組んでいる植栽工事の効果によるものと考えられる。

また、鹿間谷上流の濁水系も約40ppbから約20ppbへと半減した。この理由は、後述する蛇腹谷植栽工事の進捗により、汚染土壌などが流出しなくなった効果と考えられる。

写真13-3 鹿間谷下流測定堰

出所：2012年5月28日、畑撮影。

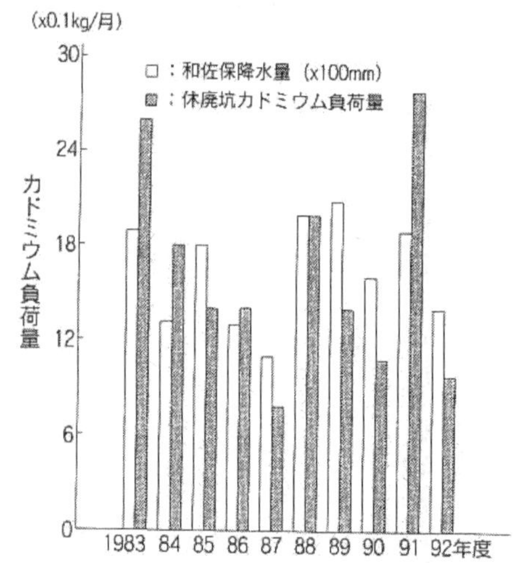

図13-3 休廃坑・廃石捨場からのカドミウム負荷量の推移

出所：『イタイイタイ病』1994年。

地域	Cd量（g/月）	Cd濃度（μg/ℓ）	対応表図No.	頁
① 和佐保川流域	256	0.41	3-3-3	68
② 六郎谷川流域	0	－	3-3-2	67
③ 鹿間谷濁水系	194	20.85	3-3-4	69
④ 鹿間谷清水系	248	1.22	3-3-5	70
⑤ 中の谷流域	73	0.37	3-3-6	71
⑥ 跡津川流域	－	0.05	3-3-2	67
⑦ 赤谷 流域	16	0.40	3-3-7	72
⑧ 長棟川流域	218	0.02	2-14	40
			3-3-2	67
⑨ 鹿間谷たい積場水	59	－	3-1-3	7
⑩ 大津山通洞水	32	－	3-1-3	7
計（①～⑧）（A）	1,005	－		
計③、⑨、⑩（B）	285	－		
(A)－(B)	720	－		

・⑦赤谷：国交省の工事で4月30日～11月末まで採水できなかったため、カドミウム量は2019年の値を用いた。

表13-1 各休廃坑関連沢水下端カドミウム量調査（2020年）
出所：『神岡鉱業の鉱害防止対策』2020年版。

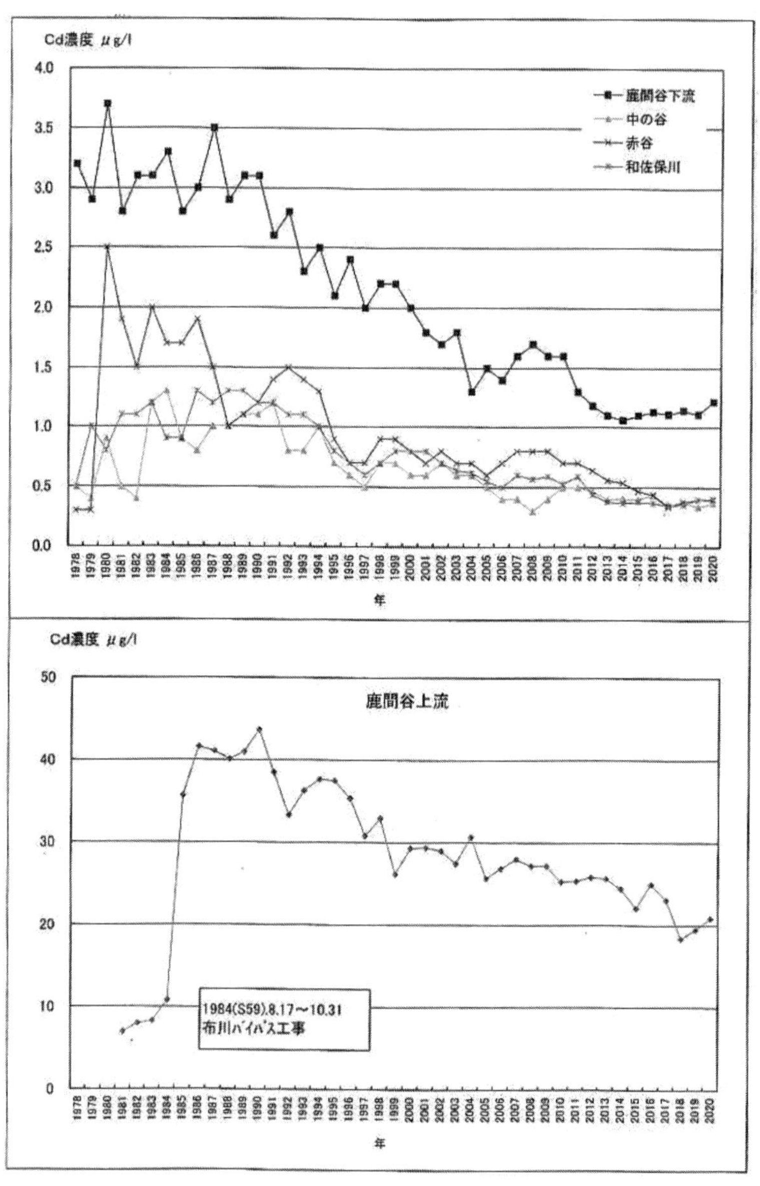

図13-4 休廃坑関連沢水のカドミウム濃度の年次推移

出所：『神岡鉱業の鉱害防止対策』2020年版。

4．植栽の現状

神岡鉱山では、1973年の金属鉱業等鉱害対策特別措置法の制定以降、1992年まで同法に基づく使用済特定施設としての約５億５千万円の休廃坑・廃石捨場対策工事を進めてきた。その内訳は、植草面積が約21ha、植樹面積が約51ha、覆土面積が約2,400㎡、アスファルト被覆面積が約7,800㎡、擁壁が約560m、水路改修延長が約980mである。

しかし、牧草などの外来種の植草や、植草なしの植樹はカモシカなどに食べられてことごとく失敗した。そこで、東茂住地区清五郎谷で1984年より植栽試験を開始し、1989年より自然植生の復元を目指して、東京経済大学の廣井敏男教授の指導で、被害住民団体と鉱業所側の共同実験を始めた。廣井教授らの調査によれば、荒廃地周辺の原植生はブナ林で、その後再生した二次林はミズナラを中心としたものと推定され、ミズナラ林の再生につながる緑化戦略を立てた。そして、当面導入する植物種は、牧草などの外来種でなく、周辺に自生するススキ・イタドリとし、簡単な基礎工を施せば、緑化をある程度進められる見通しがついた。その後、廣井教授らの植栽班は、50年、100年先を見通したこの方法で鉱業所側と植栽を共同で進めて成功した。

現在、休廃坑･廃石捨場など使用済みの施設については、1974年以来、鉱害防止工事を進めて大部分は終了した。現在は、①鹿間谷堆積場、②蛇腹谷、③漆山高坑、④清五郎谷、⑤露天掘り跡地および孫右衛門堆積場の６か所の植栽に取り組んでおり、順に説明する。

図13-5に沢水および植栽工事位置図を示す。

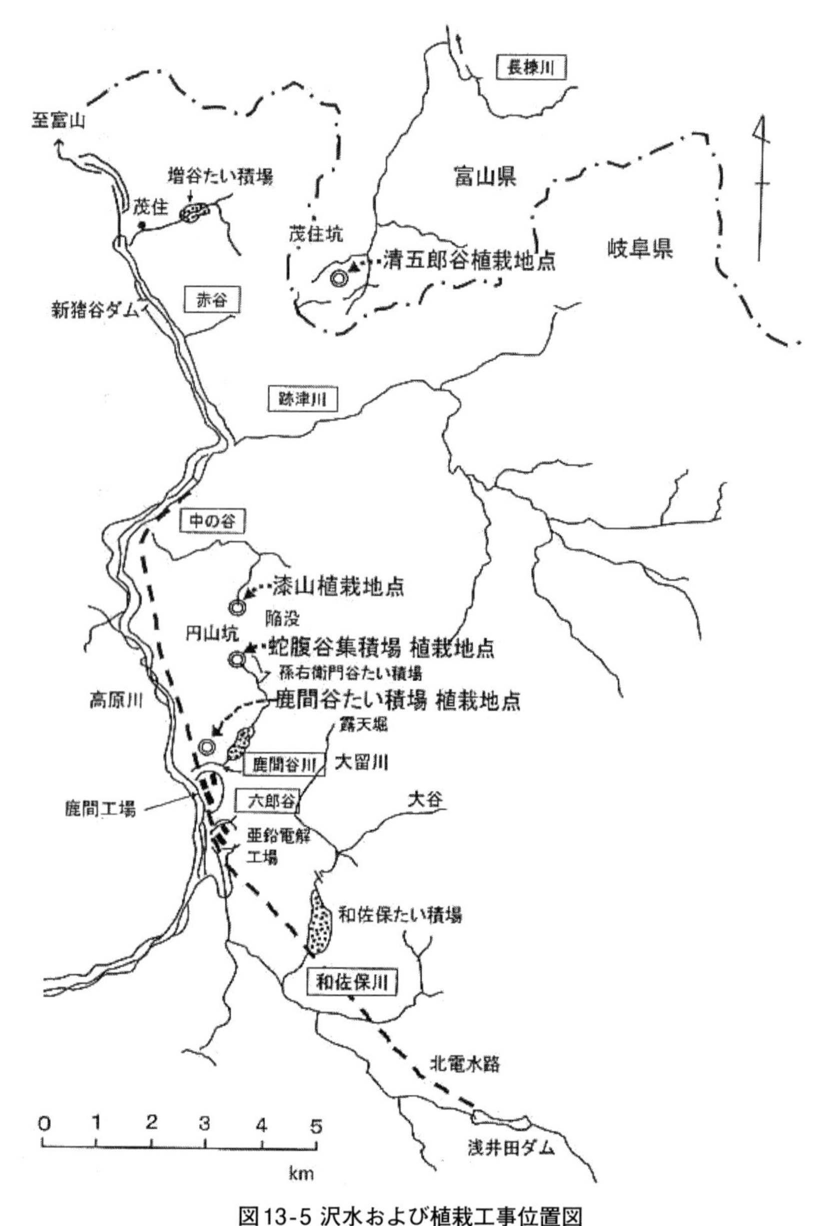

図13-5 沢水および植栽工事位置図

出所：『神岡鉱業の鉱害防止対策』2020年版。

(1) 鹿間谷堆積場

鹿間谷煙突の排煙で荒廃した急傾斜の山腹地に、1980年から５年間行なった段切工法としがらみ工法を併用した工事区域と、1995年、1997年に下流右岸に植草・植樹した区域に対して、追肥・撫育管理を継続した。1999年は下流右岸の急斜面で土留め工事、約250本の植樹・植草（ススキ、イタドリ、ヨモギ他）を実施した。また、1999～2001年に航空緑化試験を実施し、良い結果が得られた。**写真13-4**に2017年当時の鹿間谷下流の荒廃山腹を示す。なお、2018年には、鹿間工場北斜面の転石防止工事と緑化工事を実施した。

写真13-4 鹿間谷下流部の荒廃山腹（2017年）
出所：2017年9月30日、畑撮影。

(2) 蛇腹谷

1976年から1992年に土留めを併用した植草・植樹を行なった。1993年以降は、これまでに植えた樹木の木起こし、枝打ち、追肥、土留めの補強工事などを実施した。2000年は頂上付近の植生区域以外の裸地には、多機能フィルター・植生袋を試験的に設置した。2001年にもドングリ植生袋（1,000袋）を試験的に設置した。2007～08年は、道路補修、捕植、施肥、板柵補修追加45mを実施した。2008年以降は、ススキの成育を加速するために毎年追肥を継続している。近年では、ススキが繁茂して、その範囲も拡大してきたので、成育を監視していく。2014年からは、定点観測と施肥を実施している。

図13-6に蛇腹谷集積場・漆山高坑植栽工事模式図を示す。また、**図13-7**に蛇腹谷集積場植栽工事定点観測を示すが、草木が順調に生育していることが分かる。

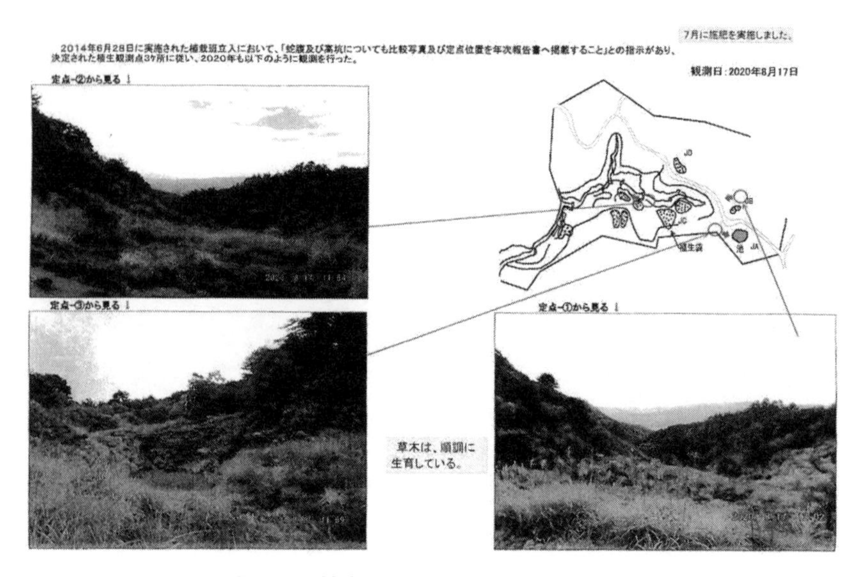

図13-7 蛇腹谷集積場植栽工事定点観測

出所：『神岡鉱業の鉱害防止対策』2020年版。

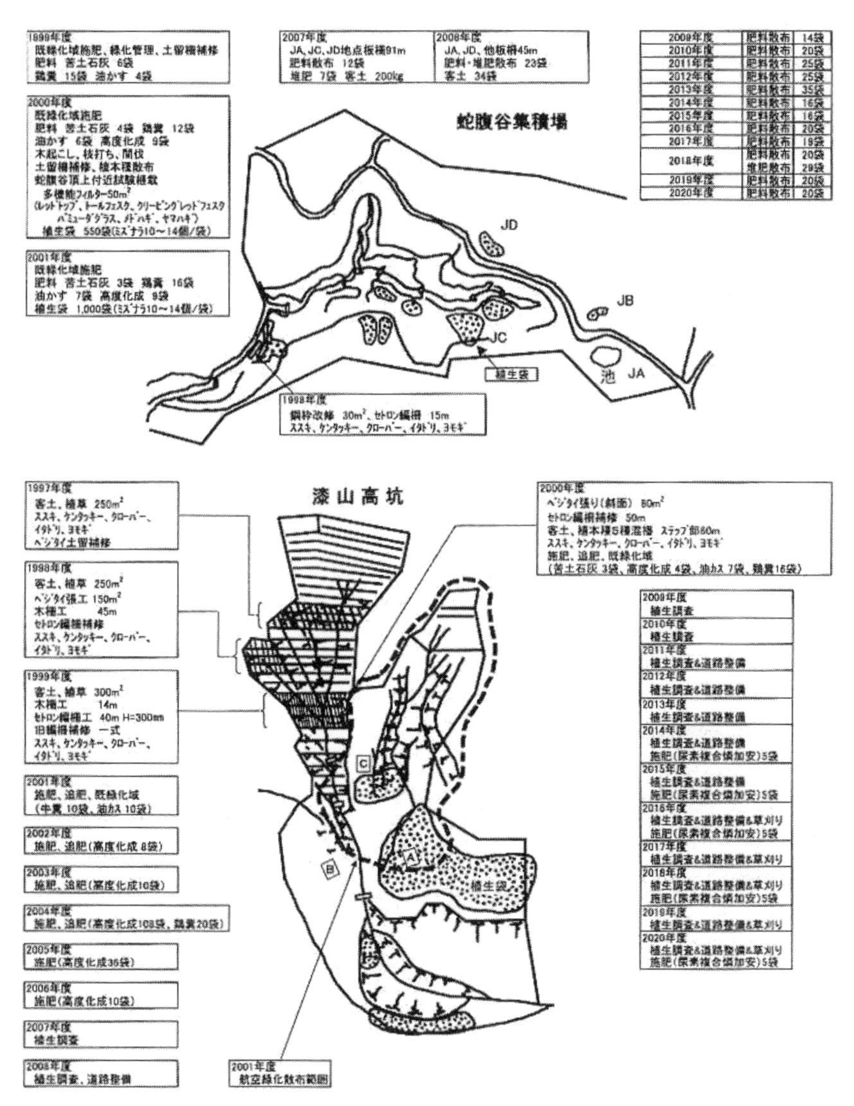

図13-6 蛇腹谷集積場・漆山高坑植栽工事模式図

出所：『神岡鉱業の鉱害防止対策』2020年版。

(3) 漆山高坑

1984年から7年間、上部付近のカラミ捨て地で客土・植草を行い、シラカバ、ヤマハンノキなどの植栽工事も実施した。上部付近の植栽した木本類は成育しなかったが、次第に周辺部から木本類や草木類が進入し、生育範囲が拡大してきた。2001年5月には、西側急傾斜地0.5haに試験航空緑化を実施し、11月には下部カラミ捨て地へドングリ植生袋を試験的に設置した。2007～08年は道路補修を実施した。アクセス道路に支障木が密生してきたので、2012～13年は支障木の伐採と道路整備を実施し、植生状況の継続調査を行なった。2014年からは、施肥の継続、道路整備、定点観測を実施している。**図13-6**に漆山高坑植栽模式図を示した。また、**図13-8**に漆山高坑植栽工事定点観測を示すが、草木は順調に生育している。

7月に施肥を実施しました。

2014年6月28日に実施された植栽班立入において、「蛇腹及び高坑についても比較写真及び定点位置を年次報告書へ掲載すること」との指示があり、決定された植生観測点1ケ所に従い、2020年も以下のように観測を行った。

観測日：2020年8月18日

定点から見る

2013年9月 ↑

定点

草木は順調に生育しています。

2020年8月 ↓

図13-8 漆山高坑植栽工事定点観測

出所：『神岡鉱業の鉱害防止対策』2020年版。

(4) 清五郎谷

1984年から植栽方法を決める各種試験を始め、2002年に**図13-9**の清五郎谷植栽ゾーニング測量地点図に示す17ゾーニングに基づいた植栽工法（網柵客土ススキ播種）により一部実施を開始した。2004年に17ゾーン対象の植栽事業化計画（2004〜10年）が承認され、計画に従い進められた。ゾーン№10,11の尾根頂上部は、板柵＋客土施工にススキ播種を進めた。2006年は、春から大津山道路が土砂崩れで不通となり、当年の植栽事業化実施分は中止となった。2007年9月の道路開通後、ゾーン10,11,17に板柵＋客土施工にススキ播種を進めた。2008年は、当初事業化計画に合わせて、未実施箇所と当年度分を実施し、追加工事として尾根北側の谷部ズリ山に大型植生袋80袋を設置した。№10ゾーンのヤナギ挿し木は不調に終わった。尾根上部南斜面№7ゾーンは、谷方向に板柵350ｍ、道路ズリ山下部に板柵40ｍを設置した。

2009年は、尾根南東斜面に約296ｍ、尾根北西斜面に約32ｍ、ズリ山に約91ｍの計約419ｍの板柵を設置し、客土施工とススキ播種を実施した。2010年は、尾根南東斜面に約118ｍ、銅平頂上部に約28ｍ、清五郎谷左岸斜面に約120ｍの板柵を設置し、客土施工とススキ播種を実施した。また、尾根の北西と南東両斜面に施肥を行なった。

2011年は、尾根南東斜面に約140ｍの板柵を設置し、植生土のう31袋とススキ播種、2010年施工分の雪害による板柵補修と客土を約40ｍ実施した。北西斜面ゾーン№11付近に植生土のう50袋とミズナラ幼木25本を植樹し、銅平頂上部に約60ｍの板柵と植生土のう120袋設置と、ミズナラ幼木28本の植樹を実施した。スイッチバック対面の斜面にもミズナラ幼木45本を植樹し、尾根の北西と南東両斜面に施肥を行なった。

2012年は、アクセス道路が崩落により不通となり、徒歩で現地入りし、客土49袋と施肥15袋を実施した。2013年に植栽工事は完了し、植生状況も順調に回復してきたので、**図13-10**の清五郎谷植栽工事定点観測に

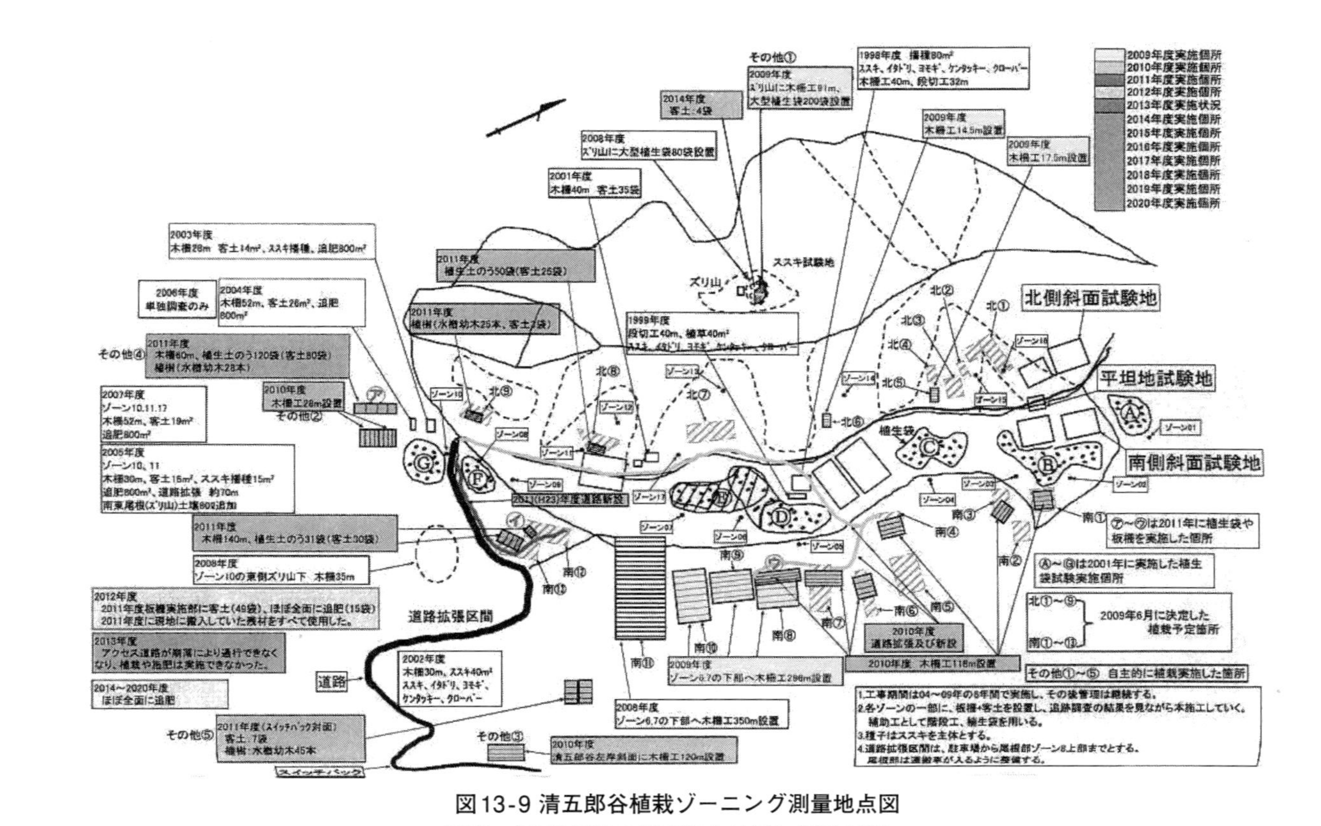

図13-9 清五郎谷植栽ゾーニング測量地点図

出所：『神岡鉱業の鉱害防止対策』2020年版。

示す植生観測点4箇所を選定し、2014年から定点観測と施肥・補修などを継続している。

図13-10 清五郎谷植栽工事定点観測
出所：『神岡鉱業の鉱害防止対策』2020年版。

(5) 露天掘り跡地

図13-11の栃洞鉱山の模式図に二十五山山頂部の露天掘り位置を示す。2001年に露天掘り跡地2甲2乙陥没部西向き斜面の整形を実施した。2002〜03年に2甲2乙西向き斜面47,602㎡に吹き付け植草を実施し、2005年は陥没部の残土整形を行い、2008年には958mの側溝を設置した。

2007年から南部側（二十五山側）の残壁整形も開始し、2008年には南部側2,434㎡に吹き付け植草を実施した。露天掘り沈砂池から東平120m坑口間の側溝容量増強工事は、2006年に完了した。2010年は北部側44,558㎡に吹き付け植草と、南部側92,872㎡に吹き付け植草を行なった。これで予定した露天掘り跡地の整備・植草は完了した。

2011年は、点検道路の整備を実施し、植草試験として使用済みシイタケ栽培のホタギと砕石屑を混ぜて、地表面の一部を被覆し、播種と幼木700本の植樹を実施した。2012年は、点検道路の整備や側溝・沈砂池の土砂揚げを実施し、前年までに実施した植草や植樹に対する施肥や生育状況の確認を行なった。また、シイタケ栽培のホタギや木材チップによる地表の追加被覆と播種を実施した。

2018年は、管理道路の舗装を行い、**図13-12**の露天掘り跡地の植栽の現状に示すように、2013年から2019年までに約20,000㎥の土壌を搬入し、客土平面積は約72,000㎡となった。

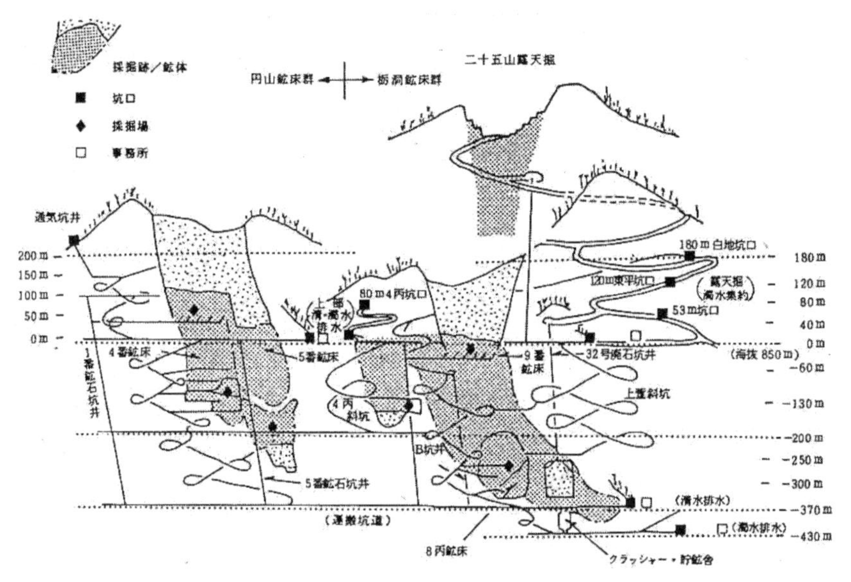

図13-11 栃洞鉱山の模式図

出所：『神岡鉱山立入調査の手びき』1991年版。

露天掘跡地への客土

2013～2019で約20,000m³の土壌を搬入し、客土平面積は約72,000㎡となりました。

客土量　2013年度：約　660m³（約　5,300㎡）
2014年度：約　1,500m³（約　6,500㎡）
2016年度：約　3,500m³（約12,000㎡）
2017年度：約 10,170m³（約33,000㎡）
2018年度：黒ボク土6,600m³確保
2019年年度：約3,700m³（約15,000㎡）

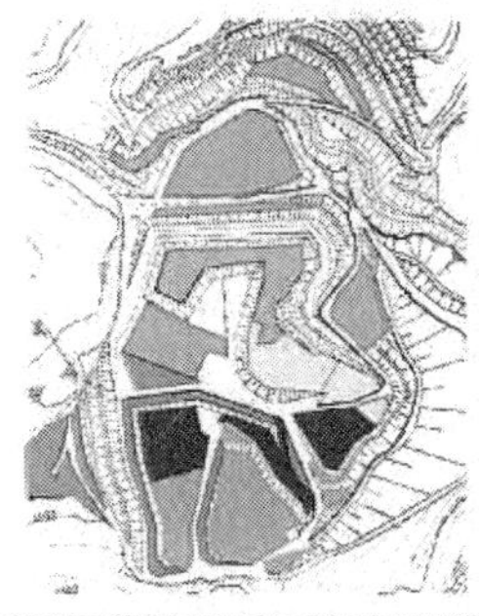

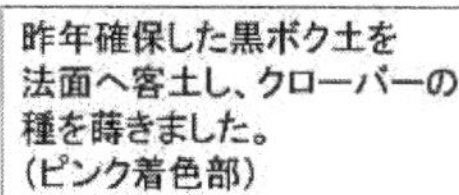

図13-12 露天掘り跡地の植栽の現状

出所：『第48回神岡鉱山全体立入調査資料』2019年。

(6) 孫右衛門谷堆積場

2001年に法面整形計画を立案し、2002年から2003年にかけて上部１段と２段5,067㎡に客土吹き付け、2004年に上部３～６段19,654㎡にむしろ状、2006年には７～10段北側11,413㎡にむしろ状および南側急斜面3,952㎡に厚層基材吹き付けを行なった。

2007～08年も引き続き、約6,000㎡の法面整形と小段排水路750ｍを実施した。また、下孫山腹水路への落石防止ネットも設置した。2009年は、3,697㎡の盛土整形、410ｍの山腹水路、1,980ｍの小段排水路、15,300㎡の厚層基材吹き付けを実施し、予定した整備は完了した。

2010年から上部１～６段までの範囲に施肥を行い、ススキの成育状況を観察したが、初年であり、施肥の有無による差は見られなかった。

また、試験的にサクラ、モミジ、ケヤキ1,050本の幼木の植樹を行なった。育成にバラツキはあるが、今後の経過を観察していく。2011年も上部１～６段までの範囲に施肥を行なったが、施肥の有無による差は見られなかった。2012年も施肥を行い、生育状況の確認をしたが、特に施肥の有無による差は見られなかった。また、点検道路の整備や、側溝と沈砂池の土砂揚げを行なった。2013年から現在まで施肥を継続しており、**図13-13**の孫右衛門谷堆積場の植栽の現状に示すように、少しずつススキなどの植生が広がりつつある。

孫右衛門谷たい積場の定点観測

露天掘跡地の客土完了後は孫右衛門谷たい積場の植栽に取りかかりたいと思っています。

観測日：2019年8月2日

図13-13 孫右衛門谷堆積場の植栽の現状

出所：『第48回神岡鉱山全体立入調査資料』2019年。

第14章　北電水路汚染負荷対策

1978年の委託研究終了後の排水対策の最大の課題は、北電水路汚染負荷の原因究明と対策であった。第9章で詳述した委託研究中の原因究明調査の結果は、十分な根拠を有すると考えられたが、なお蓋然性を示したにすぎない点も残されていた。すなわち、汚染地下水の浸透による北電水路の汚染負荷を直接立証するためには、北電水路の一時使用停止時に水路内を立入調査することが不可欠であった。

1．北電水路汚染負荷の原因究明調査

(1) 北電水路内立入調査

1979年3月30日に北陸電力㈱による水路の定期点検があり、立入調査が可能となった。すなわち、**写真14-1**に示す六郎工場下の開渠ゲートから牧発電所水槽に至る約7.5kmの北電水路（牧導水路）への汚染地下水の浸透状況を立入調査することができた。

図14-1の北電水路と神岡鉱業所との関係に六郎開渠ゲート入口からの距離と湧水位置および電気伝導度（以下、電導度と略）の測定結果を示し、湧水量、電導度、湧水中重金属濃度などの分析結果を**表14-1**に示す。これらの結果によると、湧水量は六郎工場と鹿間工場直下では、0.5～6ℓ/分と少ないが、電導度が500μS/cmを超える所が見られた。とくに、六郎開渠入口に近いサンプル№2は、カドミウムが41.3ppm、電導度1,050μS/cmの湧水が2ℓ/分流入していたので、このカドミウム負荷量は3.6kg/月となり、1979年3月の北電水路負荷量12kg/月の約30%にも達した。

写真14-1 北電水路六郎開渠ゲート

出所：1993年11月2日、畑撮影。

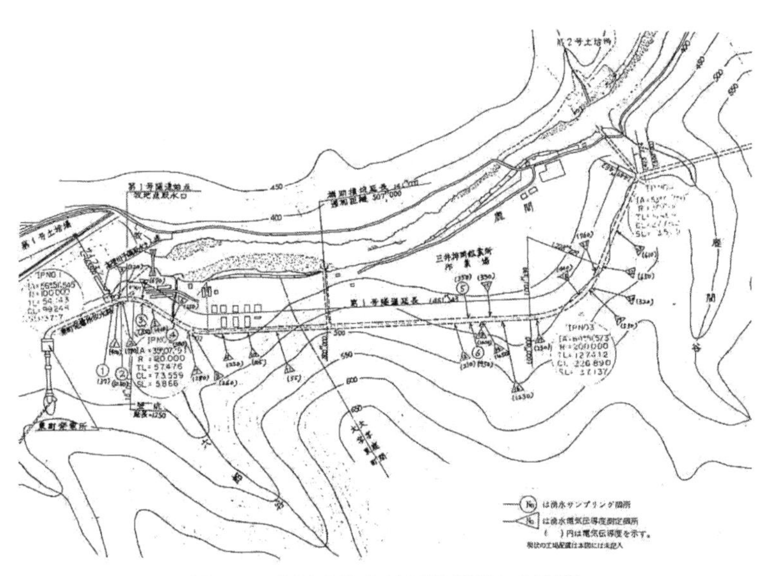

図14-1 北電水路と神岡鉱業所との関係

出所：『排水対策調査研究』1980年版。

1979年3月30日〜31日採取
分析：京都大学工学部冶金学教室

サンプルNo.	サンプル採取個所	サンプリング時間	電導度（μS/cm）	水量（ℓ/min）	Cd（ppb）	Zn（ppb）	Pb（ppb）	Cu（ppb）	備考
1	六郎開渠ゲート	22時15分	37		0.39	9	1.6	3	ゲートからパイプによる漏水
2	ゲートより約10 m	22時20分	1,050	2	41,300 (99,800)	227,000 (238,000)	53.5	12	右岸高さ2 m（六郎工場下）牧水路起点より約2 m（SO_4^{--}検出）大
3	〃　約70 m	22時30分	850	1.3	545 (295)	33,300 (33,200)	87.9	11	右岸高さ2 m（六郎工場下）（SO_4^{--}検出）大
4	〃　約160 m	22時45分	300	1.5	6.42	117	4.5	18	右岸高さ3 m（六郎堆積場下）（SO_4^{--}検出）小
5	〃　約850 m	23時30分	350	2.2	4.08	22	6.8	6	左岸高さ3 m（鹿間工場下）ややヘッドあり20 cm位（SO_4^{--}検出）
6	〃　約855 m	23時30分	950	2	6.82	69	0.8	8	右岸高さ4 m（鹿間工場下）（SO_4^{--}検出）大
7	〃　約5,520 m	1時30分	170	−	2.11	140	25.8	12	右岸1 m ややにごりあり
8	〃　約6,100 m（中の谷）	1時52分	120〜130	大量	0.25	1	0.3	2	左岸高さ3.5 m
9	牧水槽入口	2時30分	80		1.49	36	4.9	6	水路流水

○分析はフレームレス原子吸光法による。ただし、サンプルNo.2および3は濃度なためフレーム原子吸光法によっても分析した。結果は（ ）にて示す。
○サンプル採取個所は地図参照のこと。

表14-1 北電水路（牧導水路）湧水分析結果
出所：『排水対策調査研究』1980年版。

(2) 六郎工場の汚染地下水が北電水路負荷の原因

このように北電水路汚染負荷の主原因が、六郎工場の汚染地下水と判明したので、1979年5月に再度、六郎工場の地下水汚染調査を実施した。**図14-2**の六郎工場周辺地下水の水質カドミウム分布にボーリング孔、井戸および木材軌道トンネルの水質分析結果を示す。**図14-2**を見ると、六郎工場敷地内の地下水は、カドミウム濃度差はあるが、ほぼすべてカドミウム汚染されており、とくに亜鉛電解工場の井戸水とカドミウム工場地下の汚染が著しかった。そして、このカドミウム工場の地下水は、北電水路№２の湧水と対応していると推定された。

また、**図14-2**に示すように、北電水路は、六郎工場が立地する六郎谷扇状地下端周辺を取り囲むように通過しており、六郎工場地下水の受け皿となっている。さらに、東町発電所水槽0.07ppb→放水口0.17ppb→六郎開渠0.33ppbと流下するにつれて、カドミウム濃度は増加していた。

そこで、未調査の六郎開渠より上流で、東町発電所放水口に至る北電水路（東町放水路）内へも汚染地下水が湧出している可能性は高いと推定された。このことは、1980年12月の北陸電力㈱による北電水路補修工事時に実施した第２回北電水路内調査で実証された。**写真14-2と写真14-3**に示すように、東町放水庭で３か所の大湧水が発見され、とくに、放水庭中央付近の湧水は、2,340 ℓ/分、カドミウム濃度18ppb、カドミウム負荷量1.8kg/月の大湧水であった。**写真14-4と表14-2**の北電水路（東町放水路）湧水分析結果に示すように、放水庭から六郎開渠の間にも15か所もの湧水が発見され、これらのカドミウム負荷量合計は2.4kg/月に達し、1980年12月の北電水路負荷量は3.5kg/月なので、これらだけで約３分の２の負荷率を有することが判明した。

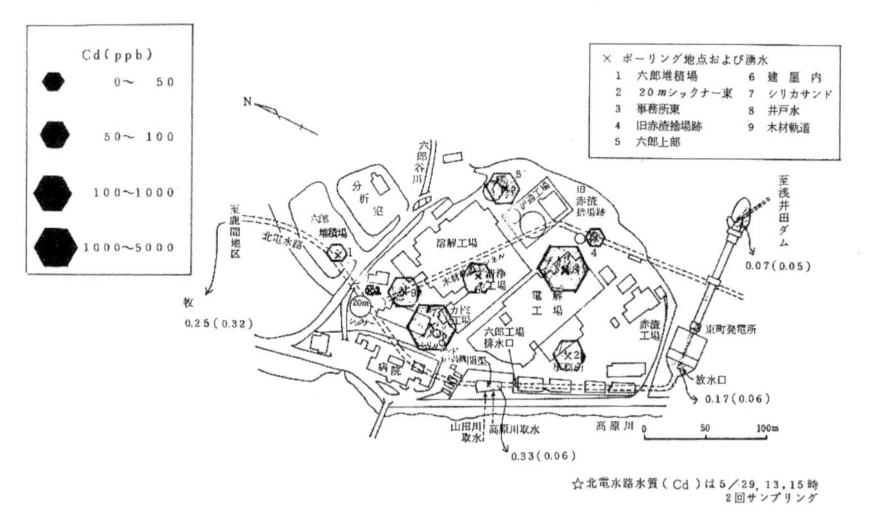

図14-2六郎工場周辺地下水の水質カドミウム分布

出所：『排水対策調査研究』1980年版。

写真14-2 北電東町発電所放水庭の大湧水１
出所：1993年11月2日、畑撮影。

写真14-3 北電東町発電所放水庭の大湧水２
出所：1993年11月2日、畑撮影。

写真14-4 北電水路（東町放水路）内調査

出所：1993年11月2日、畑撮影。

試料No.	入口からの距離（m）	サンプリング日時	pH	水量 ℓ/min	分析成分 mg/ℓ T-Cd	S-Cd	Zn	Pb	Cd負荷量 mg/S	止水工事の内容
1	放水路中央右	12日 11:40	7.1	2.340	0.018	0.014	0.39	0.01	0.702	実施後撤去
2	20（川）	11:30	7.3	900	0.005	0.002	0.15	0.02	0.075	木栓
3	33（山）	11:25	6.9	120	0.053	0.046	3.30	0.01	0.106	木栓（鉛コーキング）＋セメント系モルタル
4	44（川）	11:20	7.3	2.4	0.038	0.010	0.46	0.01	0.002	鉛コーキング
5	55（川）	11:15	7.5	75.0	0.022	0.017	0.19	0.01	0.028	鉛コーキング後急結セメント又は樹脂系接着剤
6	55（山）	11:10	7.1	0.7	0.100	0.087	2.80	0.01	0.001	〃
7	65（川）	11:07	7.4	20.4	0.016	0.010	0.23	0.01	0.005	〃
8	72（川）	11:05	7.2	24.0	0.012	0.008	0.16	0.01	0.005	〃
9	84（川）	11:00	7.3	9.0	0.024	0.018	0.25	0.01	0.004	鉛コーキング
10	93（川）	11:00	7.2	14.4	0.019	0.014	0.15	0.01	0.005	〃
11	110（川）	10:55	7.4	6.6	0.005	0.003	0.20	0.01	0.001	〃
12	115（山）	10:50	6.7	0.9	1.800	1.700	100	0.02	0.027	〃
13	123（川）	10:43	7.6	2.1	0.020	0.015	0.92	0.01	0.001	〃
14	145（川）	10:38	7.1	0.4	0.056	0.045	4.00	0.03	0.000	〃
15	158（川）	少量のためサンプリングできず	–	–	–	–	–	–	–	〃
16	160（川）	10:33	7.4	1.2	0.002	0.002	0.46	0.02	0.000	〃
17	168（川）	少量のためサンプリングできず	–	–	–	–	–	–	–	〃
計									0.962	

表14-2：北電水路（東町放水路）湧水分析結果

出所：『排水対策調査研究』1980年版。

(3) 北電水路湧水調査の繰り返し

表14-3の北電水路内湧水調査に示すように、その後、北電水路内湧水調査は、1983年２月に第３回、1985年１月に第４回、1986年12月に第５回、1989年１月に第６回、1990年２月に第７回、1993年11月に第８回と、渇水期に行われる北陸電力㈱の水路定期点検時に繰り返し実施した。その結果、1kg/月以上のカドミウム負荷を有する湧水が発見された地点は、第１回で六郎開渠入口2.3kg/月、第２回で東町放水庭1.8kg/月、第３回で東町放水庭4.4kg/月、第５回で六郎開渠入口1.4kg/月、第６回で、東町放水庭2.6kg/月、六郎開渠入口1.4kg/月、第７回で六郎堆積場下3.8kg/月、六郎開渠入口3.0kg/月、第８回で六郎堆積場下2.9kg/月などであり、調査時期により湧水地点やカドミウム負荷量は多少異なるが、東町放水庭、六郎開渠入口および六郎堆積場下の３地点では、高いカドミウム負荷を有する湧水が顕著に見られることが判明した。

調査回数	第1回	第2回	第3回	第4回	第5回	第6回	第7回	第8回
調査年月 湧水地点	'79年 3月	'80年 12月	'83年 2月	'85年 1月	'86年 12月	'89年 1月	'90年 2月	'93年 11月
東町放水庭	未	1.82	4.35	未	未測定	2.64	未	0.76
20m 川		0.19	—		—	—		—
33m 山	調	0.28	—	調	—	—	調	—
52m 川		0.07	—		0.05	0.05		0.05
69m 川	査	0.01	0.77	査	0.02	0.06	査	0.02
東町放水路計	—	2.37	5.12	—	—	2.75	—	0.83
六郎開渠7m山	2.33	止水済	—	—	1.35	1.35	2.95	0.62
15m 山	—	0.06	0.12	0.53	—	—	—	0.14
32m 山	—	0.15	—	—	—	—	—	0.01
43m 山	—	—	0.03	0.13	0.12	0.07	0.07	—
六郎堆積場下	—	—	—	—	—	0.70	3.83	2.85
牧導水路計	2.33	0.21	0.15	0.66	1.47	2.12	6.85	4.45
北電水路合計	—	2.57	5.27	—	—	4.87	—	4.62
北電水路負荷	8.6	3.5	6.2	5.6	5.8	2.8	5.2	

注：カドミウム負荷量が0.01kg／月以上の湧水地点を抽出した。

出典：三井金属鉱業㈱神岡鉱業所『神岡鉱業所の鉱害防止対策報告書』1980～1985年，神岡鉱業㈱『神岡鉱業の鉱害防止対策報告書』1986～1993年より作成

表14-3 北電水路湧水調査結果

出所：『イタイイタイ病』1994年。

２．北電水路カドミウム汚染負荷対策

北電水路カドミウム汚染負荷の原因が判明したので、協力科学者グループの提言に基づき、神岡鉱業㈱はさまざまな対策を試行錯誤的に実施した。本節では、その内容と効果について述べる。

(1) 北電水路内湧水の止水工事

1980年12月の北陸電力㈱による北電水路の補修工事に際し、神岡鉱業所は水路内湧水の止水工事を実施した。しかし、東町放水庭中央の大湧水は水量が多く、難工事だったうえに、止水しても付近の亀裂から新たに同水量の湧水が分散出現してきたので、放水庭中央の止水は断念した。その他の放水庭付近の湧水も、時間の許す限り止水工事を行なったが、中央大湧水と同様の状態となり、止水工事の効果は疑問であった。

また、東町発電所放水庭に汚染地下水の湧水が発見されたので、1980年７月より北電水路カドミウム負荷量モニタリング用のサンプリング地点を放水庭から発電所上部の水槽に変更した。したがって、北電水路カドミウム負荷量は、牧発電所水槽と東町発電所放水庭のカドミウム濃度差から算出するので、1980年７月以前のカドミウム負荷量は低めに出ていると言える。

(2) 六郎工場の汚染地下水の揚水処理

1979～80年に旧木材軌道トンネル内に26本の横坑ボーリングを行い、汚染地下水の積極的な抜き出しと、集水した汚染地下水の20mシックナー処理を行い、回収処理した湧水量は約50㎥/日、カドミウム量は約0.3kg/月に達した。**図14-3**に1982～92年の旧木材軌道トンネルの湧水量とカドミウム濃度の推移を示す。湧水量は約100㎥/日から約50㎥/日に半減し、カドミウム濃度も約0.75ppmから約0.25ppmへと約３分の１になり、回収カドミウム量も約2kg/月から約0.2kg/月へと約10分の１になった。

また、1980年に亜鉛電解工場横に井戸を掘削し、汚染地下水を汲み

上げて20ｍシックナーで処理している。さらに、1981年には事務所東に、1985年には急速ろ過装置付近に、1988年には第２清浄槽横と変電所東にも井戸を掘削し、汚染地下水を揚水しており、回収処理した揚水量約75㎥／日、回収カドミウム量は約１kg/月以上に達した。なお、1987年には旧圧炉側壁に水平ボーリングを実施したが、水質は旧木材軌道トンネル湧水程度、湧水量は約３㎥／日と少なかった。

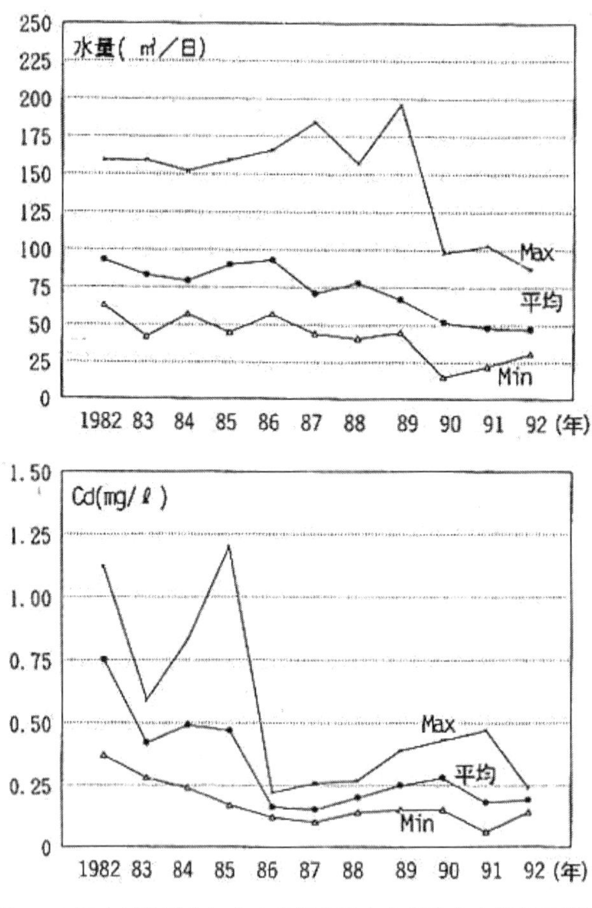

図14-3 旧木材軌道トンネルの湧水量とカドミウム濃度の推移
出所：『神岡鉱業の鉱害防止対策』1993年。

(3) 六郎谷水の地下水涵養防止

六郎谷水が伏流して六郎工場の地下水を涵養するのを防ぐために、1980年に六郎谷に簡易集水バッグを設置し、1,500～2,000㎥/日の谷水を集水して六郎工場の工業用水に使用した。また、1986年には集水バッグ下流に集水井戸を掘削して200～400㎥/日の伏流水を回収している。さらに、製材所堰堤下端に集水ピットを掘削して200～500㎥/日の伏流水を回収している。

(4) 六郎工場の地下水データ解析

1979～82年の4年間の六郎工場地下水データを解析した結果、北電水路カドミウム負荷量と旧木材軌道トンネルの湧水量・ボーリング孔水位に強い相関が見られ、地下水位の上昇により北電水路負荷量が増加することが分かった。また、1983～85年の3年間の地下水データの解析により、**図14-4**の六郎工場の地下水関係図に示すように、北電水路の水位と、北電水路近傍のボーリング孔の地下水位は同程度であり、山側のボーリング孔の地下水位は、旧木材軌道トンネルより低いが、北電水路の水位より約10m高いことが分かった。

1983～85年には、六郎谷水の伏流水が六郎工場内地下をどのように流れて北電水路に流入しているかを調べるために、染料の一種であるローダミンBをトレーサーとする調査を実施した。その結果、ボーリング孔でわずかながら検出され、六郎谷水の伏流水が六郎工場地下に流入していることが分かった。

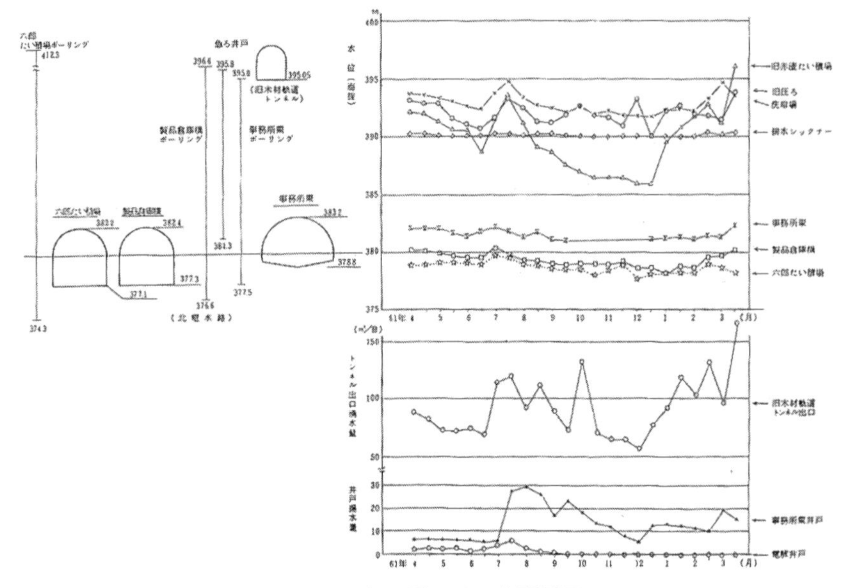

図14-4六郎工場の地下水関係図

出所：『神岡鉱業の鉱害防止対策』1986年。

⑸ 六郎工場内の床面や溶解・清浄槽等の補修と更新

1980年に六郎工場床面や溶解・清浄槽などの定期点検を実施し、必要な箇所の補修を行なってきた。溶解・清浄槽については、漏液の跡が随所に見られ、土壌汚染と地下水汚染の一因となっていたので、**表14-4**の溶解･清浄槽等の更新記録に示すように､鉄板製をステンレス（ＳＵＳ）製に順次更新している。

槽名	槽名・番号	更新の状況		更新の内容	槽の構造		底点検	槽内の貯液成分他	記事
		更新有無	更新年月		外枠	内部			
中性溶解槽	溶解1段槽	有	1986.10	SUS製内筒装入	ｺﾝｸﾘｰﾄ製	SUS内筒、槽底ﾚﾝｶﾞﾗｲﾆﾝｸﾞ	可	$ZnSO_4$ $CdSO_4$ $CuSO_4$ $FeSO_4$ $MnSO_4$	
	溶解2段槽	有	1986.08	SUS製内筒装入	ｺﾝｸﾘｰﾄ製	SUS内筒、槽底ﾚﾝｶﾞﾗｲﾆﾝｸﾞ	可		
	溶解3段槽	有	1991.12	SUS製内筒装入	ｺﾝｸﾘｰﾄ製	SUS内筒、槽底ﾚﾝｶﾞﾗｲﾆﾝｸﾞ	可		
	溶解4段槽	有	1977.05	SUS製内筒装入	ｺﾝｸﾘｰﾄ製	SUS内筒、槽底ﾚﾝｶﾞﾗｲﾆﾝｸﾞ	可		
	中性溶解ｼｯｸﾅｰ	無	—	—	ｺﾝｸﾘｰﾄ製	外枠と一体	可		
残渣処理槽	No.1高温高酸槽	有	2010.11	樹脂、ﾚﾝｶﾞﾗｲﾆﾝｸﾞ補修	鉄板製	樹脂、ﾚﾝｶﾞﾗｲﾆﾝｸﾞ	可	$ZnSO_4$ $CdSO_4$ $CuSO_4$ $FeSO_4$ $MnSO_4$	
	No.2高温高酸槽	有	1994.11	樹脂、ﾚﾝｶﾞﾗｲﾆﾝｸﾞ補修	鉄板製	樹脂、ﾚﾝｶﾞﾗｲﾆﾝｸﾞ	可		
	No.1高温高酸ｼｯｸﾅｰ	有	2010.12	樹脂、ﾚﾝｶﾞﾗｲﾆﾝｸﾞ補修	鉄板製	樹脂、ﾚﾝｶﾞﾗｲﾆﾝｸﾞ	可		
	No.1高温高酸ｼｯｸﾅｰｵｰﾊﾞｰﾌﾛｰ槽	有	1994.11	SUS316へ更新	SUS製	外枠と一体	可		
	No.3高温高酸槽	有	2000.07	SUS製内筒装入(ﾚﾝｶﾞ張り)	ｺﾝｸﾘｰﾄ製	SUS内筒、ﾚﾝｶﾞﾗｲﾆﾝｸﾞ	可		
	No.4高温高酸槽	有	2000.07	SUS製内筒装入(ﾚﾝｶﾞ張り)	ｺﾝｸﾘｰﾄ製	SUS内筒、ﾚﾝｶﾞﾗｲﾆﾝｸﾞ	可		
	No.2高温高酸ｼｯｸﾅｰ	有	2000.07	SUS製内張り	ｺﾝｸﾘｰﾄ製	SUS内張り	可		
	No.2高温高酸ｼｯｸﾅｰｵｰﾊﾞｰﾌﾛｰ槽	無	—	—	FRP製	外枠と一体	可		
	No.1予備中和槽	無	—	—	ｺﾝｸﾘｰﾄ製	全面ﾚﾝｶﾞﾗｲﾆﾝｸﾞ	可		
	No.2予備中和槽	有	2010.08	SUS製更新	ｺﾝｸﾘｰﾄ製	全面ﾚﾝｶﾞﾗｲﾆﾝｸﾞ	可		使用中止(2014年2月以降)
	予備中和ｼｯｸﾅｰ	有	2015.07	SUS補修	ｺﾝｸﾘｰﾄ製	SUS内張り	可		
	予備中和ｼｯｸﾅｰｵｰﾊﾞｰﾌﾛｰ槽	有	1994.11	SUS補修	SUS製	外枠と一体	可		
	No.1鉄沈殿槽	有	1994.11	SUS製内筒装入	ｺﾝｸﾘｰﾄ製	SUS内筒	可		
	No.2鉄沈殿槽	有	1994.11	SUS製内筒装入	ｺﾝｸﾘｰﾄ製	SUS内筒	可		
	No.3鉄沈殿槽	有	2005.06	SUS製新設	SUS製	外枠と一体	可		
	No.4鉄沈殿槽	有	2005.06	SUS製新設	SUS製	外枠と一体	可		
	鉄沈殿ｼｯｸﾅｰ	有	2013.03	SUS更新	SUS製	底板、側面SUS329J4L	可		
	ｻｰﾋﾞｽﾀﾝｸ	有	1994.11	SUS更新	SUS製	外枠と一体	可		
	還元残渣冷却槽	有	1994.11	冷却設備追加	SUS製	外枠と一体	可		使用中止(2016年2月以降)
第一清浄槽	No.1中性受槽	有	1987.03	SUS内筒装入	ｺﾝｸﾘｰﾄ製	SUS内筒	可	$ZnSO_4$ $CdSO_4$ $MnSO_4$	
	No.2中性受槽	有	1987.03	SUS内筒装入	ｺﾝｸﾘｰﾄ製	SUS内筒	可		
	置換廃液槽	有	1980.01	鉛ﾗｲﾆﾝｸﾞ更新	木製	鉛ﾗｲﾆﾝｸﾞ、底部ﾚﾝｶﾞ張り	可		使用中止(2020年4月以降)
	No.2第一清浄槽	有	1989.09	SUS製更新	SUS製	外枠と一体	可		
	No.3第一清浄槽	有	1990.03	SUS製更新	SUS製	外枠と一体	可		
	No.4第一清浄槽	有	1993.09	SUS製更新	SUS製	外枠と一体	可		
	No.5第一清浄槽	有	1996.02	SUS製更新	SUS製	外枠と一体	可		
	No.6第一清浄槽	有	1987.06	SUS製更新	SUS製	外枠と一体	可	Na_3AsO_4	
	No.7第一清浄槽	有	1995.12	SUS製更新	SUS製	外枠と一体	可	$ZnSO_4$ $CdSO_4$ $MnSO_4$	
	No.8第一清浄槽	有	1998.03	SUS製内筒装入	ｺﾝｸﾘｰﾄ製	SUS内筒	可		
	第一清浄ｼｯｸﾅｰ	無	—	—	ｺﾝｸﾘｰﾄ製	耐酸ﾗｲﾆﾝｸﾞ、ﾚﾝｶﾞ張り	可		
第二清浄槽	No.1第二清浄槽	有	1980.05	鉄板製更新	鉄板製	底部耐酸ﾚﾝｶﾞ張り	可	$ZnSO_4$ $CdSO_4$ $MnSO_4$	
	No.2第二清浄槽	有	1977.05	鉄板製更新	鉄板製	底部耐酸ﾚﾝｶﾞ張り	可		
	No.3第二清浄槽	有	1988.03	鉄板製更新	鉄板製	上部ｺﾞﾑｼｰﾄ被覆	可		
	No.4第二清浄槽	有	—	鉄板製更新	鉄板製	上部ｺﾞﾑｼｰﾄ被覆	可		
	No.5第二清浄槽	有	—	鉄板製更新	鉄板製	底部耐酸ﾚﾝｶﾞ張り	可		
	ﾄﾞﾗｯｸ槽	有	—	鉄板製更新	鉄板製	底部耐酸ﾚﾝｶﾞ張り	可		
第三清浄槽	No.1第三清浄槽	有	1975.02	鉄板製更新	鉄板製	底部耐酸ﾚﾝｶﾞ張り	可	$ZnSO_4$ $MnSO_4$	
	No.2第三清浄槽	有	1984.12	鉄板製更新	鉄板製	底部耐酸ﾚﾝｶﾞ張り	可		
	第三清浄ｼｯｸﾅｰ	無	—	—	ｺﾝｸﾘｰﾄ製	耐酸ﾚﾝｶﾞ張り	可		
	濾液受槽	有	1991.06	SUS製更新	SUS製	外枠と一体	可		
	石膏ｼｯｸﾅｰ	有	1997.02	SUS製更新	ｺﾝｸﾘｰﾄ製	SUS内筒	可		
	石膏ｼｯｸﾅｰｵｰﾊﾞｰﾌﾛｰ槽	無	—	—	ｺﾝｸﾘｰﾄ製	ﾀｲﾙ内張り	可		
補給槽	No.1補給槽	有	1993.02	新設	鉄板製	樹脂ﾗｲﾆﾝｸﾞ	可	$ZnSO_4$ $MnSO_4$	
	No.2補給槽	有	1993.02	新設	鉄板製	樹脂ﾗｲﾆﾝｸﾞ	可		
	No.3補給槽	有	2004.10	SUS製新設	SUS製	外枠と一体	可		
	200t槽	無	—	SUS内張り	ｺﾝｸﾘｰﾄ製	SUS内筒	可		
廃液槽	No.1旧電解廃液槽	有	2019.03	SUS内張り	ｺﾝｸﾘｰﾄ製	耐酸ﾀｲﾙ内張り、SUS張り	可	$ZnSO_4$ $MnSO_4$	
	No.2旧電解廃液槽	無	—	SUS内張り	ｺﾝｸﾘｰﾄ製	耐酸ﾀｲﾙ内張り、SUS張り	可		
	No.3旧電解廃液槽	無	—	SUS内張り	ｺﾝｸﾘｰﾄ製	耐酸ﾀｲﾙ内張り、SUS張り	可		
	450t廃液槽	有	1985.07	ｺﾞﾑﾗｲﾆﾝｸﾞ補修	鉄板製	ｺﾞﾑﾗｲﾆﾝｸﾞ	可		
	新450t廃液槽	有	1997.07	SUS製更新	SUS製	外枠と一体	可		

表14-4 溶解・清浄槽等の更新記録

出所：『神岡鉱業の鉱害防止対策』2020年。

(6) 新亜鉛電解工場の建設

戦時中に建設されて老朽化が著しかった亜鉛電解工場は、**写真14-5**に示すように、コンクリートの床面が硫酸による腐食で穴だらけになっており､電解槽の下部が狭いために漏液の点検や補修が困難だったので、カドミウムや亜鉛を多量に含む電解液が漏液し、地下の土壌や地下水を汚染していた。過去10年来､亜鉛電解工場の建て替えを要求した結果、神岡鉱業㈱は1990年８月に新工場の建設を表明し、1991年４月に建て替え計画を明らかにし､旧工場の隣接地で基礎工事を開始した。しかし、新工場建設予定地の排土・敷地土砂が高濃度のカドミウムや亜鉛で汚染されていることが分かった。

そこで、被害住民団体、科学者および弁護団は、1991年８月の第20回全体立入調査時に工事中断と新工場敷地の地質・土壌調査の実施を要求し、１か月間の工事中断と六郎地区敷地調査と抜本的な北電水路対策を神岡鉱業㈱に約束させた。そして、1991年9月以降、ベルギーから技術導入した最新鋭工場の建設に本格着手し、1993年３月に**写真14-6**の建屋で操業を開始した。**写真14-7**と**表14-5**の新旧亜鉛電解工場の比較表に示すように、新工場は、電解槽床下を約３mと高くして、漏液の点検が容易にできるようになっている。

写真 14-5 旧亜鉛電解工場の電解槽
出所：1994年10月4日、畑撮影。

写真 14-6 新亜鉛電解工場の建屋
出所：1993年8月8日、畑撮影。

写真14-7 新亜鉛電解工場の電解槽

出所：2012年10月13日、畑撮影。

摘　　要	旧　工　場	新　工　場
1.　工場建屋	4,123 m²	2,500 m²
2.　生産能力	6,000 t／月	6,000 t／月
3.　電解槽関係		
(1)陰極板有効面積	1.32 m²／枚	3.2 m²／枚
(2)陰極板枚数	16又は18枚／槽	100枚／槽
(3)電解槽数	576槽 (1.3 m²／槽)	56槽 (14.2 m²／槽)
(4)電解槽材質	鋼板＋ゴムライニング	コンクリート＋PVCライニング
(5)電解槽床下高さ	1,243 mm	約3,200 mm
4.　剥取関係		
(1)剥取機	三井式3基	VM式2基
(2)陰極板搬送	ホイスト48基	全自動天井クレーン　2基
5.　操業関係		
(1)人員(含む外注請負)	56名	19名
(2)電解電力原単位／t	3,300 KW/H	3,000 KW/H
(3)電解時間	24時間	48時間

表14-5 新旧亜鉛電解工場の比較表

出所：神岡鉱業㈱提出資料、1991年。

(7) 六郎地区敷地調査と山腹トンネルの開削

図14-5の北電水路のカドミウム負荷量の推移（1977 ～ 92年度）に示すように、北電水路カドミウム負荷量は、1977年度の約21 kg/月から1980年度の約７kg/月と３分の１に減少したが、前述のようにさまざまな対策を実施しているにもかかわらず、1980年度以降10年間は約７kg/月前後と横ばいであり、新電解工場建設に当たり、抜本的対策を行うために1991年に神岡鉱業㈱は六郎地区敷地調査を実施した。**写真14-8**と**図14-6**の六郎工場ボーリングと井戸の位置図に示すように、新規にボーリング孔を15孔掘削し、基盤深度、地下水位・流向・流速および揚水試験から得たデータから浸透流解析を行い、地下水の状況や高原川水の影響を求めている。また、ボーリングコアの成分分析と溶出試験を行い、敷地土壌のカドミウム濃度を調べ、ボーリング孔内水の水質分析も行い、地下水のカドミウム濃度も調べた。

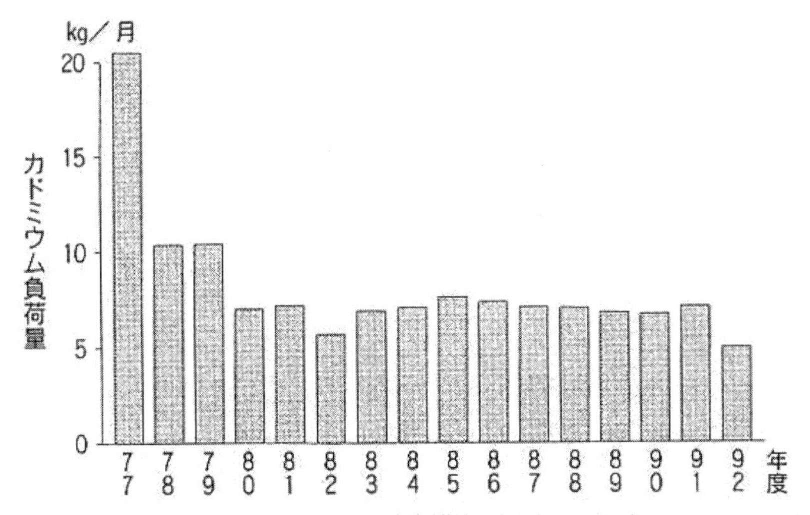

出典：三井金属鉱業㈱神岡鉱業所「神岡鉱業所の鉱害防止対策報告書」1980～1985年
神岡鉱業㈱「神岡鉱業の鉱害防止対策報告書」1986～1993年より作成

図14-5北電水路のカドミウム負荷量の推移（1977 ～ 92年度）

出所：『イタイイタイ病』1994年。

写真14-8 旧亜鉛電解工場のボーリング調査

出所：1994年10月4日、畑撮影。

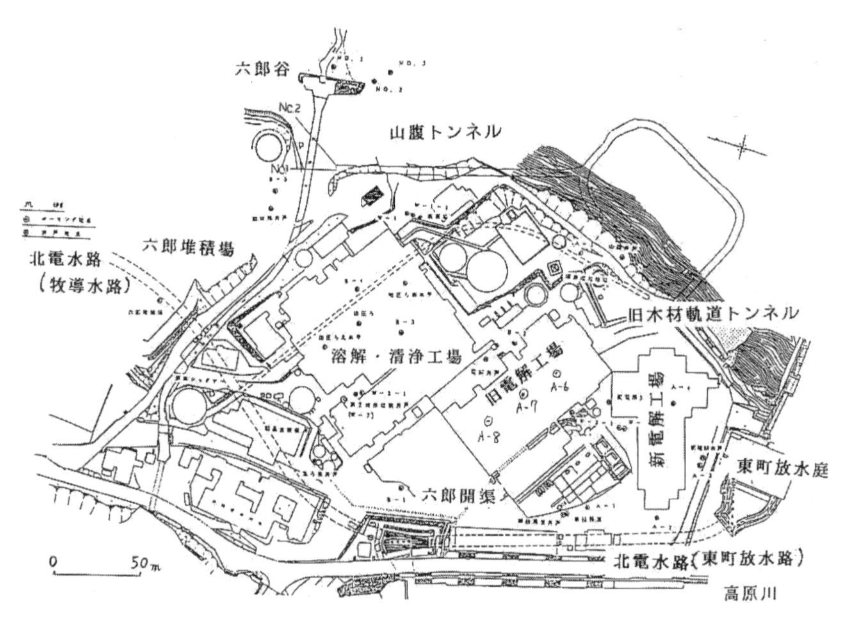

図14-6六郎工場ボーリングと井戸の位置図

出所：『神岡鉱業の鉱害防止対策』1993年。

1）六郎地区敷地調査結果の概要

① **図14-7**の六郎地区の地質平面図に示すように、敷地の地層構成は、地表より粘土混じり砂礫層、玉石混じり砂礫層が分布し、その下部に亀裂の発達した風化片麻岩が認められた。

② **図14-8**の地下水対策工事前後の比較平面図に示すように、地下水位は、六郎谷付近が最も高く、敷地南部と神岡鉱山病院側は低くなっており、水位勾配は、敷地中央でほぼ西方向に急であり、高原川沿いに緩やかであった。

③ 山腹側と敷地中央部間には、土壌環境基準のカドミウム溶出値を超える汚染土壌が存在する。

④ 敷地中央部から敷地南部および北電水路側で地下水のカドミウム濃度が増加する。

⑤ 敷地内地層の透水係数は、$1 \times 10^{-4} \sim 6 \times 10^{-2}$ cm/秒であり、山腹トンネル内の揚水により、敷地山側の地下水位は確実に低下した。

⑥ 現在の山腹トンネルを延長し、山腹トンネル内の湧水を揚水する場合、浸透流解析により、敷地内の地下水位変化を予測した。予測結果によると、六郎谷付近や高原川上流付近を除いて、敷地内の地下水位は海抜約381 m以下に低下し、カドミウム溶出値の高い土壌と地下水との距離を広げることができる。また、六郎谷から敷地内に流入する水の大半は、延長された山腹トンネルの方向に向かう。なお、敷地内の地下水位が低下することにより、高原川から河川水が流入するようになるが、流入水の一部は山腹トンネルに、他は高原川沿いに流下する。

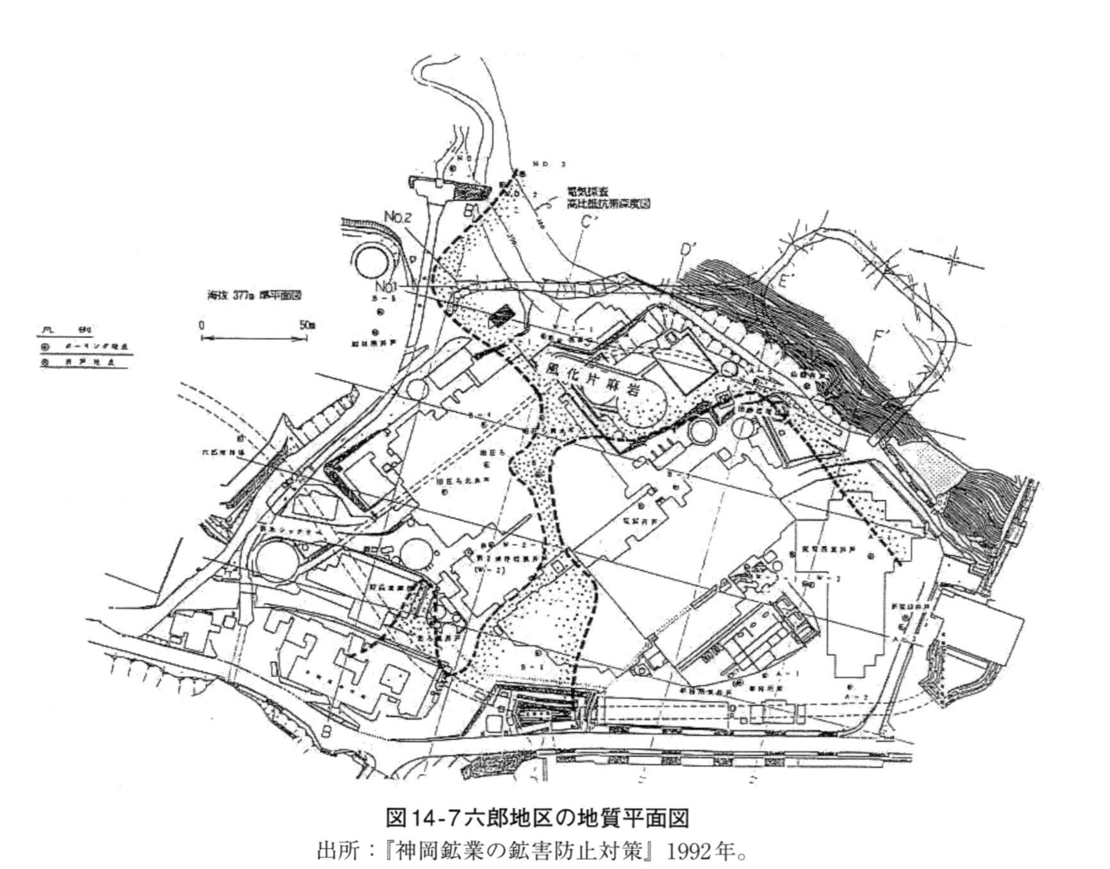

図14-7六郎地区の地質平面図

出所：『神岡鉱業の鉱害防止対策』1992年。

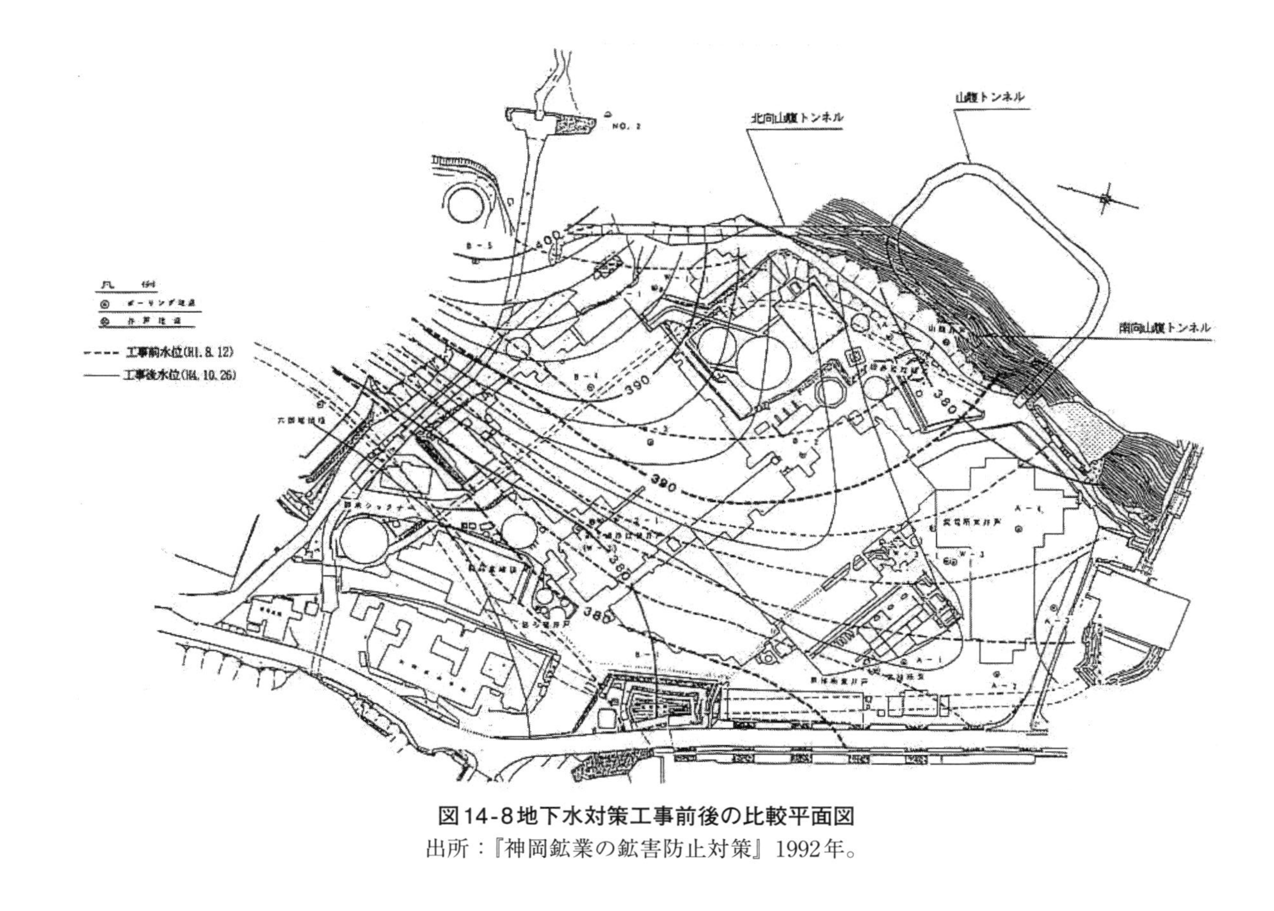

図14-8地下水対策工事前後の比較平面図
出所：『神岡鉱業の鉱害防止対策』1992年。

2）山腹トンネルの延長掘削

1）の予測結果に基づき、1992年２月から**写真14-8**に示す山腹トンネルの掘削が開始され、12月に工事は完了した。結果は**図14-8**に示したように、六郎谷付近を除いて地下水位低下が見られ、とくに南向き山腹トンネル側の南東部で大きかったが、敷地全体としては、予測水位まで下がらなかった。また、六郎谷から事務所側へ向かう地下水位の尾根を境に、南向き山腹トンネル側と神岡鉱山病院側へ向かう二つの地下水流に分かれ、北向き山腹トンネルの効果は弱かった。さらに、高原川水の一部が敷地内へ流入する傾向は認められるが、高原川沿いに流下するまでには至っていない。

しかし、**図14-9**の山腹トンネルの湧水状況図に示すように、1993年３月から山腹トンネル内の湧水は、水量が約200～400㎥/日、カドミウム濃度が40～60ppbの濁水と、水量が約400～800㎥/日、カドミウム濃度が１～２ppbの清水に分けられているが、六郎工場地下の汚染地下水が濁水に流入していることが推定され、その効果は期待できる。

また、**図14-10**の六郎地下水関係図に示すように、揚水井戸の水量は減少し、各ボーリング孔の水位も一部を除いて下がってきており、北電水路カドミウム負荷量も1992年に初めて5kg/月レベルに減少した。

写真14-9 山腹トンネル入口
出所：2013年10月6日、畑撮影。

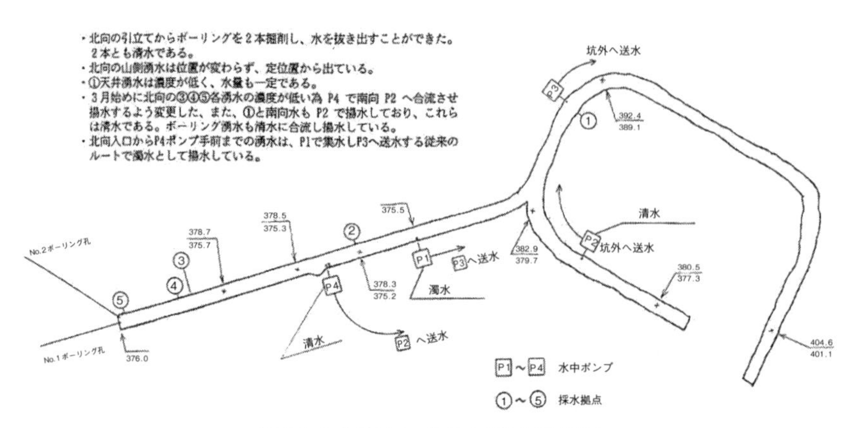

図14-9山腹トンネルの湧水状況図

出所：神岡鉱業㈱提出資料、1993年。

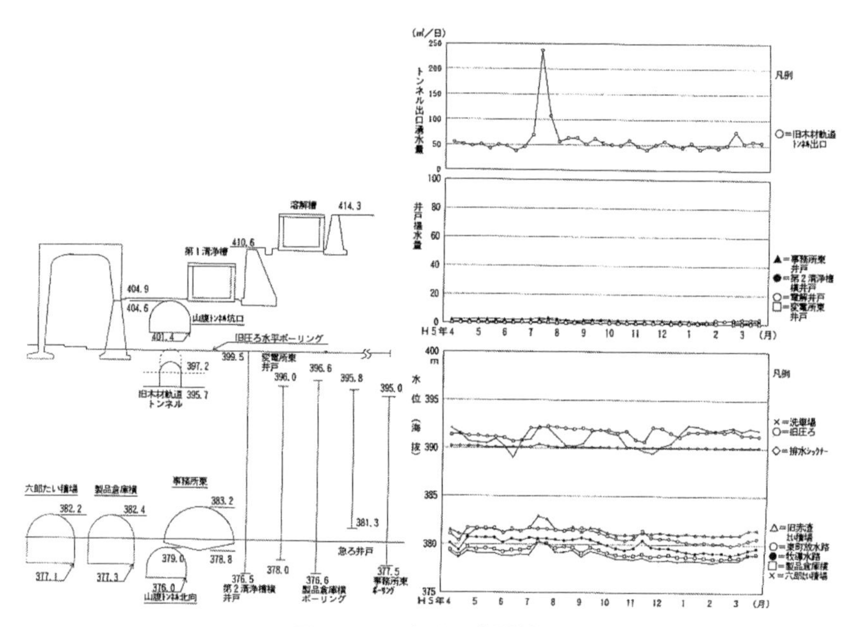

図14-10六郎地下水関係図

出所：『神岡鉱業の鉱害防止対策』1993年。

3）六郎谷の水平ボーリング実施

図14-9に示したように、1993年2～3月に北向き山腹トンネルの効果を強めるために、六郎谷直下部に北向き山腹トンネルの引き立てから２本の水平ボーリングを行い、六郎谷側の地下水位低下を図った。その結果、引き立てから六郎谷直下まで風化片麻岩が連続し、原石はその組織から眼球片麻岩であり、北向き山腹トンネルの地質状況と同じであることが分かった。また、推定どおり100ℓ/分以上の大湧水箇所に逢着し、地下水の集水効果が得られた。

したがって、当初、玉石混じりの砂礫層への到達を予想していたが、海抜377ｍレベルでは粘土化した風化片麻岩が連続し、湧水箇所は六郎谷直下に相当することから、谷沿いに裂け目などがあり、六郎谷の伏流水が流れ込んでいると推定され、水平ボーリング孔の集水効果は大きいと判断された。

4）山腹トンネル開削の評価

図14-11の山腹トンネル開削による地下水位の変動に1992年４月から1993年３月までの間の地下水位変動を示す。山腹トンネル開削により地下水位の低下が顕著なのは、**図14-7**の六郎地区の地質平面図で分かるように、山腹トンネル付近の地質である風化片麻岩のチャンネル部である。

一方、**図14-12**に六郎工場地下水のカドミウム分布（1994年３月）を示す。六郎谷川と東側山腹にかけて、六郎地区のバックグラウンドレベルに相当すると考えられる10ppb前後の地下水が存在するが、旧電解工場などがある敷地中央部には、1,000ppb（＝１ppm）以上の高濃度汚染地下水帯が残っている。また、南西部にはわずかながら高原川伏流水の影響が読み取れる。

山腹トンネル開削後の1992～93年度における北電水路カドミウム負荷量は、5kg/月前後であり、山腹トンネル開削前の1990～91年度の

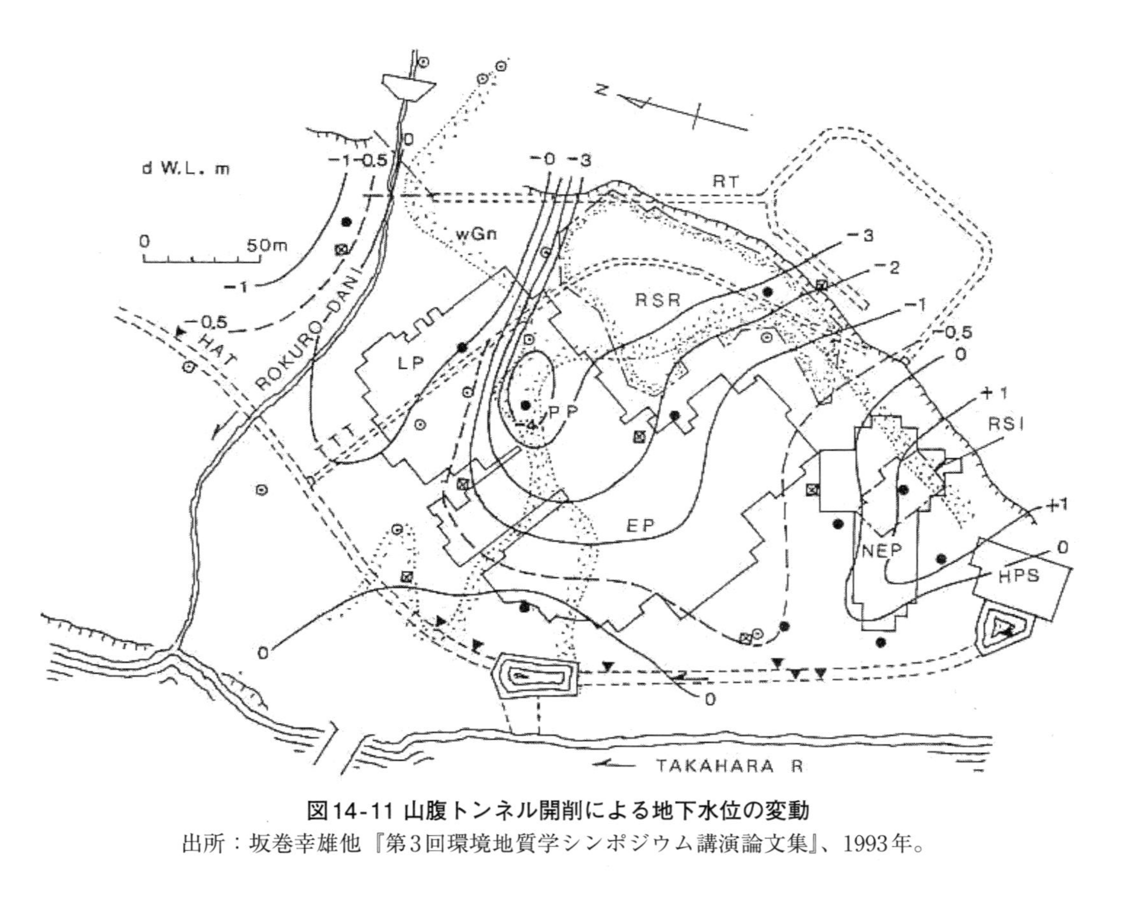

図14-11 山腹トンネル開削による地下水位の変動

出所：坂巻幸雄他『第3回環境地質学シンポジウム講演論文集』、1993年。

北電水路カドミウム負荷量7kg/月前後と比べて減少しており、山腹トンネル開削の効果は一定見られるが、根本的対策とは言いがたい。

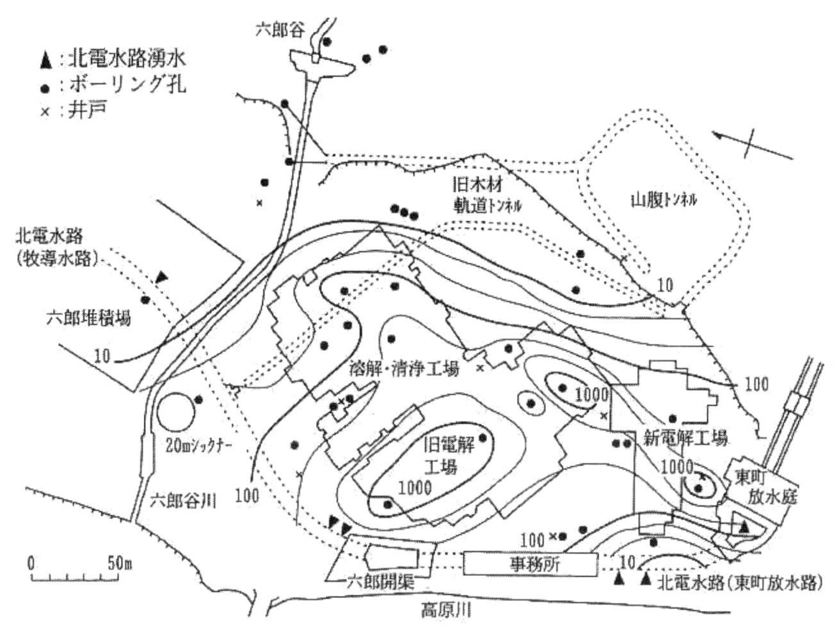

図14-12六郎工場地下水のカドミウム濃度分布（1994年３月）
出所：『金属産業の技術と公害』、1997年。

⑻ 北電水路汚染負荷の根本的対策

北電水路汚染負荷の削減は、この汚染地下水帯の除去に尽きる。新電解工場の稼働により、少なくとも電解工程からの漏液の危険はなくなったが、溶解工程や清浄工程には、老朽化した設備も稼働しているので、汚染地下水帯が再び成長する危険性はあった。

また、稼働中の旧電解工場の敷地内にボーリング孔がなかったために、汚染地下水帯自体の挙動は十分に把握できていなかったが、1993年11月から1994年３月にかけて、廃止中の旧電解工場建屋内に**図14-6**に示した３本のボーリング孔A-6、A-7およびA-8が掘削された。

その結果、1m間隔で採取した土壌試料42件中18件がカドミウムの土壌環境基準を超え、地下水も**図14-12**に予測されたとおり、1000ppb（＝1ppm）以上のカドミウム濃度であり、その他に亜鉛、硫酸イオン、マンガンなども高濃度で検出され、長年にわたる電解液の漏洩が実証された。

図14-13に1993年3月の六郎地区の地下水位等高線と北電水路湧水地点を示す。東町放水庭や東町放水路の湧水地点には、高原川の伏流水の影響が見られ、六郎開渠入口の湧水地点には、汚染地下水帯を含む風化片麻岩のチャンネル部の影響が見られた。また、六郎堆積場下の牧導水路198m地点の湧水は、**図14-12**に示した地下水のカドミウム濃度10～25ppbをはるかに超える1,000ppb程度であり、牧導水路沿いに六郎開渠付近の高濃度汚染地下水が流動したためと推定する。

したがって、北電水路汚染負荷の削減は、何らかの方法で汚染地下水帯の除去または封じ込めを行わないことには実現しないと考える。方法としては、六郎工場地下の排水トンネルによる汚染地下水帯の除去や、北電水路沿いの地下連続壁による遮水工などが考えられるが、いずれも多額の経費を要するために神岡鉱業㈱は及び腰であった。

しかしながら、1991年8月の第20回全体立入調査時に神岡鉱業㈱は、新電解工場建設着工に当たり被害住民団体と「1995年9月までに北電水路を無負荷にする」と約束したので、今後の抜本的な対策の実施が強く望まれた。

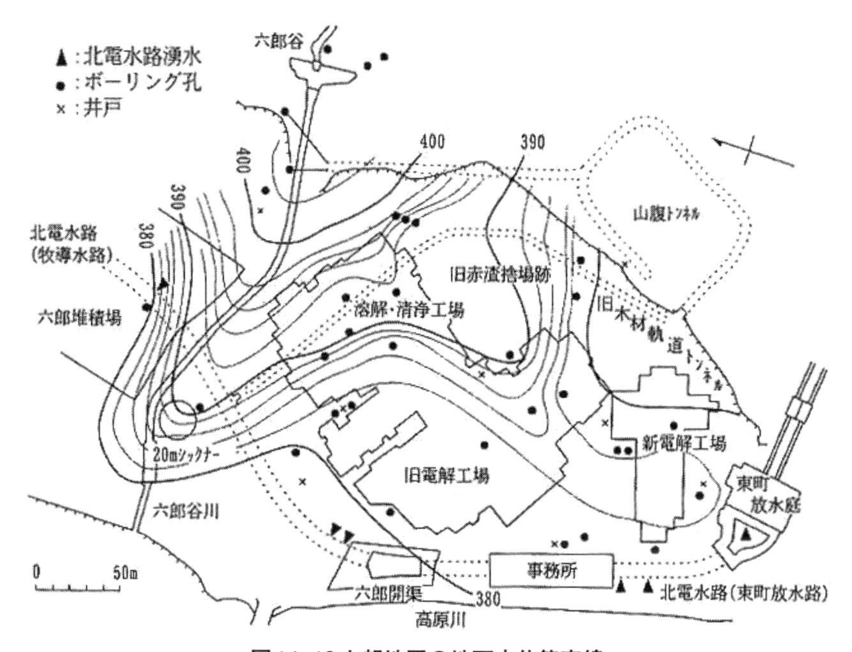

図14-13六郎地区の地下水位等高線
出所：『金属産業の技術と公害』、1997年。

1）北電水路内の汚染湧水回収

1994～95年に北電水路内に汚染湧水を回収する設備を、**図14-14**の北電水路湧水対策工事（六郎工場付近平面図）に示す六郎地区に6か所、**図14-15**の北電水路湧水対策工事（鹿間工場付近平面図）に示す鹿間地区に3か所の計9か所設置し、六郎・鹿間地区のカドミウム汚染湧水の揚水・処理を開始した。なお、鹿間工場の汚染源は、鉛製錬の湿式排煙処理施設であり、炭酸カドミウム回収設備もあった。

その結果、1996年より牧発電所放水口のカドミウム濃度が劇的に減少し、以降、安定した低濃度を維持している。2020年の牧発電所のカドミウム濃度は平均0.08ppb、カドミウム負荷量は平均0.5kg/月であり、1998年以降、同レベルを維持している。

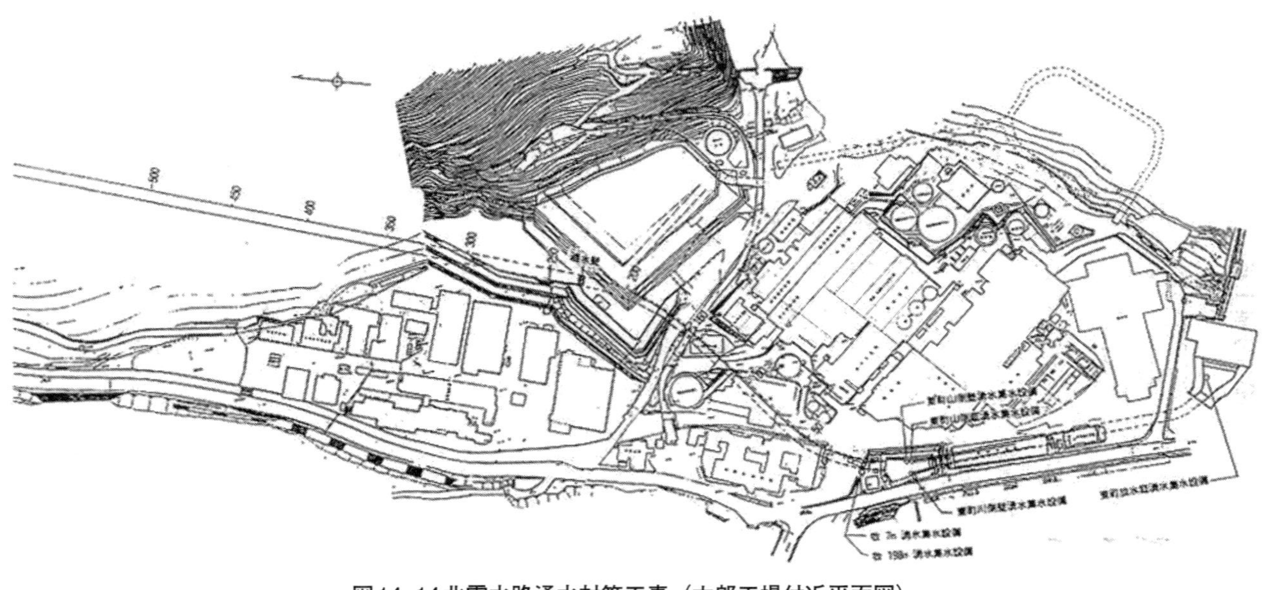

図14-14北電水路湧水対策工事（六郎工場付近平面図）

出所：『神岡鉱業の鉱害防止対策』1995年版。

図14-16に北電水路カドミウム負荷量の1981〜2020年の年次推移を示す。1979〜89年の六郎谷集水・工場内井戸掘削や1992年の山腹トンネル掘削も一定の効果があったが、北電水路内湧水回収設備の設置が最も効果が大きかった。前述の「1995年9月までに北電水路を無負荷にする」との約束は、ほぼ守られたのであった。

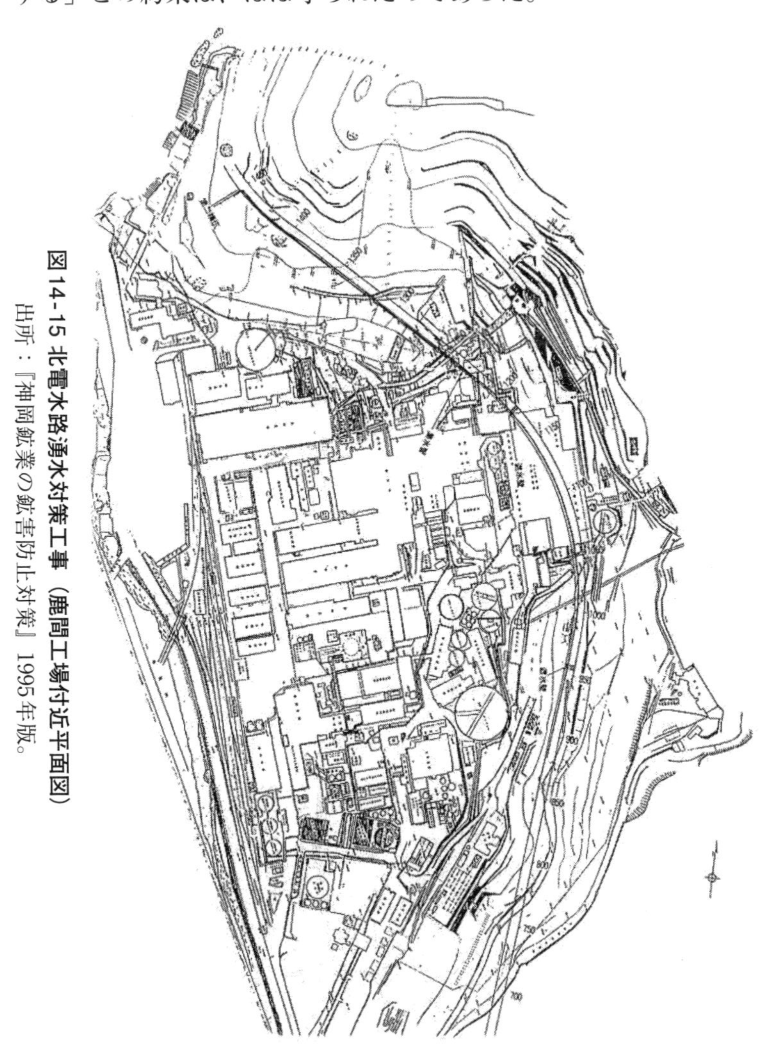

図14-15 北電水路湧水対策工事（鹿間工場付近平面図）
出所：『神岡鉱業の鉱害防止対策』1995年版。

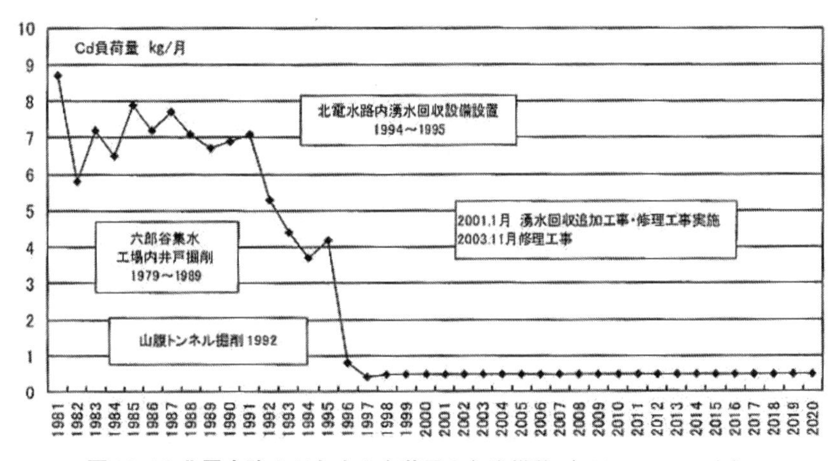

図14-16 北電水路カドミウム負荷量の年次推移（1981 ～ 2020年）
出所：『神岡鉱業の鉱害防止対策』2020年版。

2）六郎現況調査ボーリング孔とバリア井戸揚水によるカドミウム回収

2002年10 ～ 11月に、①六郎敷地の汚染地下水を北電水路側の敷地内で集水できるか、②六郎谷からの敷地内への地下水流入があるかを調べるために、**図14-17**の北電水路と六郎工場の関係図と**図14-18**の六郎地下地質断面図に示すように、六郎現況調査ボーリング孔７本を実施した。2004年11月～ 2005年３月に９本の追加ボーリングを掘削した。そして、**写真14-10**と**写真14-11**に示すK-8は2003年４月から揚水を開始し、K-4とK-5は2004年４月から揚水を開始した。K-9とK-10も2005年８月から試験揚水を開始した。K-8が最もカドミウム濃度が高く、回収カドミウム量も最大である。

2005年９月からは、敷地内部の地下水の流下方向の解析をするために、９本の追加Ｄボーリングを実施し、10月に２本、2006年３月に２本の計13本のＤボーリングを実施した。2006年は六郎開渠東側から事務所区間でのバリア井戸計画のD-14、D-15およびD-16を準備し、12月から揚水を開始した。2007年３月にD-17、D-18、D-19およびD-20

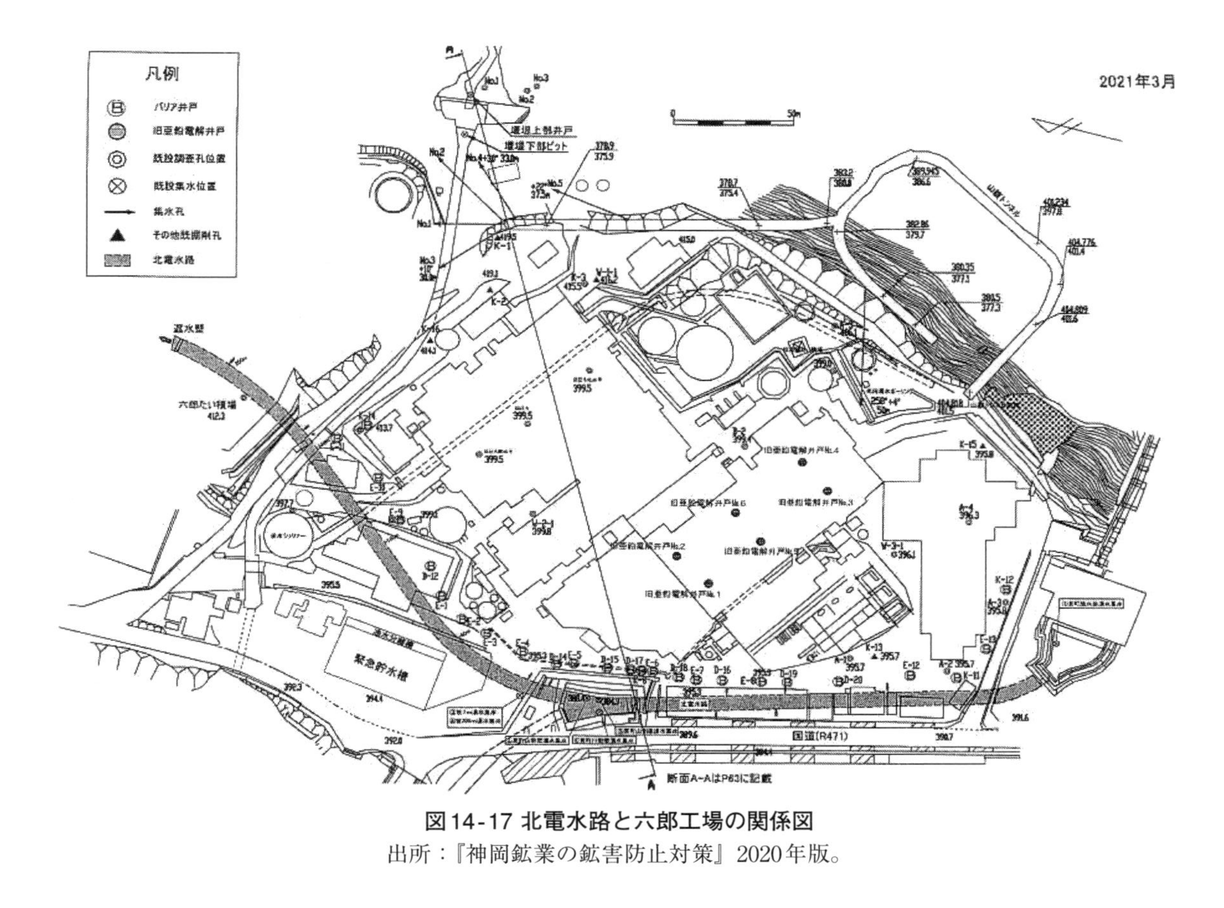

図14-17 北電水路と六郎工場の関係図

出所：『神岡鉱業の鉱害防止対策』2020年版。

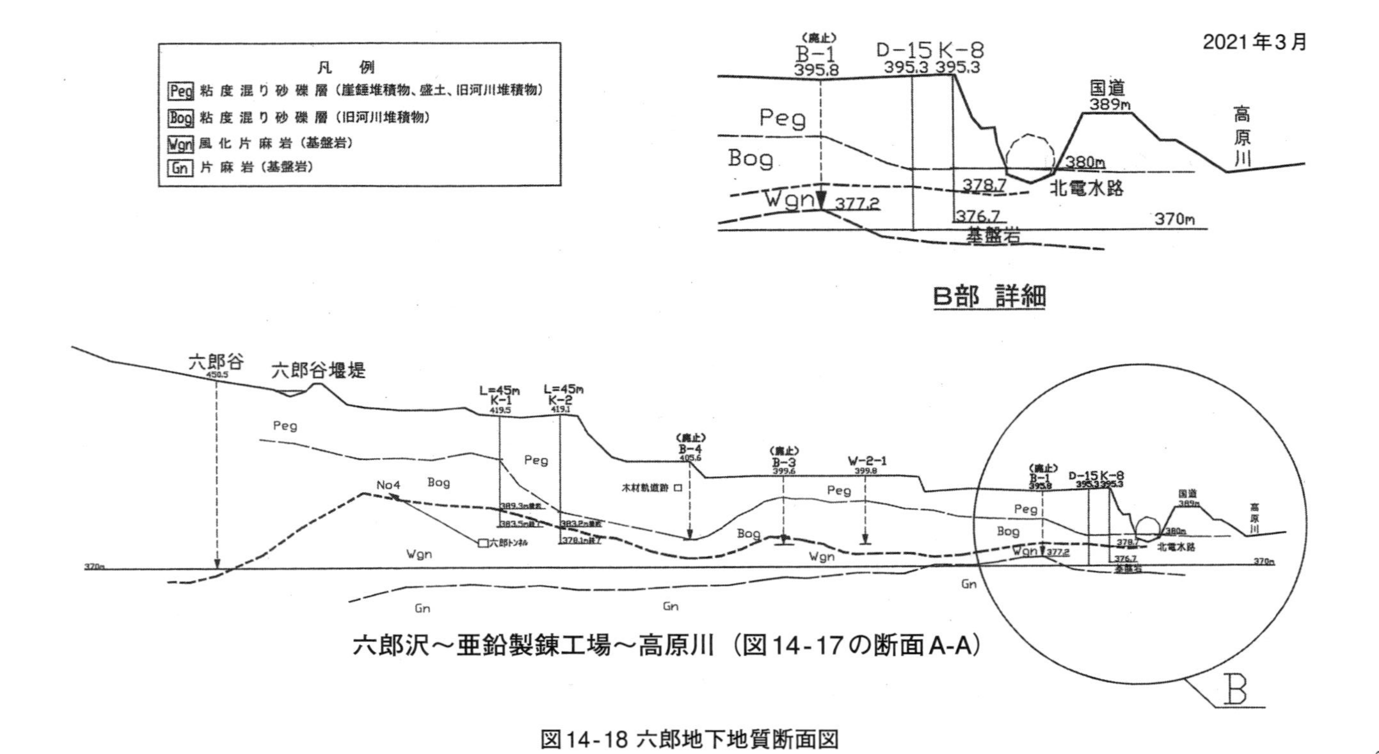

図14-18 六郎地下地質断面図

出所：『神岡鉱業の鉱害防止対策』2020年版。

を追加掘削し10月にはＥボーリング８本を追加掘削し、11月から合計18か所のバリア井戸で揚水している。2008年12月には、新たにＥシリーズ３本設置とＫシリーズの揚水井戸化工事を行い2009年１月から揚水を開始した。

写真14-10 六郎工場のＫ－８井戸の孔
出所：2012年10月13日、畑撮影。

写真14-11 六郎工場のK－8井戸の表示板

出所：2012年10月13日、畑撮影。

3）旧亜鉛電解工場敷地調査

2007年から旧亜鉛電解工場敷地調査方法について検討し、2009年８月から**写真14-12**に示すライナープレート方式による大口径井戸（直径1.5ｍ、深さ16ｍ）掘削し、土壌分析と土壌の垂直方向状況を確認した。2010～11年は汚染地下水回収と水質分析を継続した。2012年11月から大口径井戸を通常の井戸仕上げとし、**写真14-13**に示す№１井戸として揚水を再開した。**図14-19**の六郎地区水位標高図に示すように、№１の北側に№２井戸を掘削した。2014年４月には、№３と№４井戸を設置し、６月から揚水を開始した。さらに、2016年４月には、№５と№６井戸を設置し揚水を開始した。つまり、旧亜鉛電解工場の井戸は合計６本になった。

写真14-12 旧亜鉛電解工場の大口径井戸
出所：2012年5月28日、畑撮影。

写真14-13 旧亜鉛電解工場の井戸No.1の採水

出所：2013年5月20日、畑撮影。

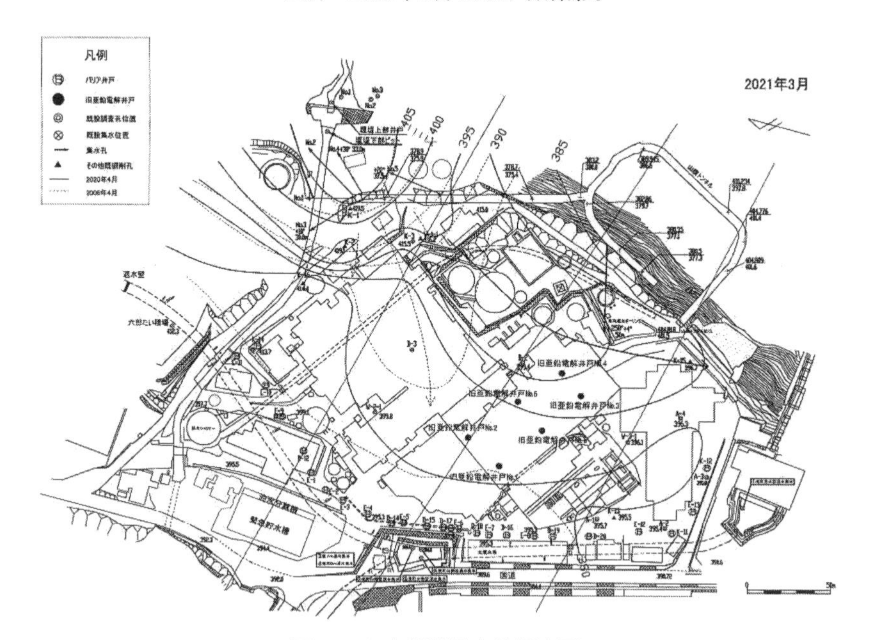

図14-19 六郎地区水位標高図

出所：『神岡鉱業の鉱害防止対策』2020年版。

4）六郎汚染地下水のカドミウム回収量

表14-7にさまざまな汚染湧水回収設備によるカドミウム回収量を示すが、バリア井戸が約79％を占めて最も効果がある。そして、北電水路内湧水は10％に減少したが、これはバリア井戸が北電水路内湧水に行くカドミウムを直前に食い止めており、二重の安全性を確保しているとも言える。

2020年

	回収設備	水量	水量回収比率	Cd濃度	Cd量	Cd量	Cd量回収比率
		m^3/日	%	mg/l	g/日	kg/年	%
	北電水路内六郎地区	778	16.8	0.02	18	6.6	1.9
	北電水路内鹿間地区	231	5.0	0.35	80	29.2	8.4
ア	水路内計	1,009	21.8	0.10	98	35.8	10.3
イ	旧木材軌道トンネル	39	0.9	0.29	8	2.9	0.8
ウ	井戸	0	0.0	—	—	—	—
エ	六郎谷	1,600	34.6	—	—	—	—
オ	山腹トンネル	579	12.5	0.04	21	7.7	2.2
カ	バリア井戸	1,010	21.8	0.74	748	273.0	78.9
	旧亜鉛電解工場No.1、No.2井戸	56	1.3	0.78	44	16.1	4.7
	旧亜鉛電解工場No.3、No.4井戸	164	3.5	0.05	9	3.3	1.0
	旧亜鉛電解工場No.5、No.6井戸	167	3.6	0.12	20	7.3	2.1
キ	旧亜鉛電解井戸計	387	8.4	0.19	73	26.7	7.8
	合計	4,624	100.0	—	—	346.1	100.0

表14-7 汚染湧水回収設備によるカドミウム回収量
出所：『神岡鉱業の鉱害防止対策』2020年版。

5）旧亜鉛電解工場地下汚染土壌に関する合意書締結

神岡鉱業は、六郎工場地下の汚染土壌中に約80トン以上のカドミウムが蓄積されていると推定した。そこで、2015年10月の第44回全体立入調査時全体立入調査時に「旧亜鉛電解工場地下汚染土壌に関する合意書」を締結した。合意書は、現在、カソード置き場に使用している**写真14-14**に示す旧亜鉛電解工場の建屋を撤去した場合は、速やかに汚染土壌撤去などの六郎工場内外にカドミウムを流出させないための抜本的な対策を講じることを約束した。

写真14-14 旧亜鉛電解工場の建屋

出所：1994年10月4日、畑撮影。

第15章　神岡鉱山の廃滓堆積場の構造安全性

1．集中豪雨時の構造安定性

1936年と1945年の集中豪雨時に鹿間谷堆積場の堰堤が決壊し、特に後者は約40万㎥もの大量の廃滓が流出した。また、1956年の集中豪雨時に和佐保堆積場の堰堤が決壊した。2020年現在の廃滓堆積量は、第3章の表3-2に示したように、和佐保堆積場が2677万㎥、増谷堆積場が600万㎥および鹿間谷堆積場が500万㎥の合計3777万㎥である。廃滓比重は約3なので、重量にすると、11331万トンとなる。和佐保堆積場廃滓のカドミウム濃度は、サンドが約20ppm、スライムが約60ppmであり、サンドとスライムはほぼ半々なので、廃滓の平均カドミウム濃度は約40ppmである。これらから廃滓中のカドミウム量を換算すると、約4532トンになるが、増谷堆積場廃滓のカドミウム濃度は和佐保堆積場廃滓とほぼ同程度であるが、戦前に堆積された鹿間谷堆積場廃滓のカドミウム濃度は、より高濃度と考えられるので、3堆積場廃滓のカドミウム量は5000トン以上になると推定される。

したがって、堆積場が決壊すれば、大量の土石流が発生して、神通川水系と富山平野に甚大な被害をもたらすとともに、農地のカドミウム再汚染を起こすと言える。

そこで、和佐保堆積場では、2001年から非常排水路掘削工事を開始し、2003年に全長1,157mのトンネルが貫通した。2011年には非常排水路呑口工事に着手し、2017年には非常排水路出口も完成した。**写真15-1**に完成した非常排水路呑口を、**写真15-2**に完成した非常排水路出口を示す。

増谷堆積場では、2001年より非常排水路掘削工事に着手し、2006年に全長1,048mのトンネルが貫通した。2012～15年にかけて、非常排水路呑口工事を実施し、2021年に呑口が完成した。2016年に非常排水路出口ルート変更を検討し、2017年には出口側坑口の付け替え工事を開始し、2019年に出口も完成した。

鹿間谷堆積場には、非常排水路がなかったので、2010年に右岸の沢水切替水路に接続する補助非常排水路を掘削した。

なお、最近、異常豪雨が増えているので、2018～19年に500年に一度相当の時間雨量100mmの豪雨時＋沢水切替水路閉塞時のシミュレーションを和佐保堆積場、増谷堆積場および鹿間谷堆積場を対象に神岡鉱業㈱に実施させた。**図15-1**に和佐保堆積場、**図15-2**に増谷堆積場および**図15-3**に鹿間谷堆積場のシミュレーション結果を示す。ポンドの流木対策と鹿間谷堆積場の中央非常排水路を除けば、沢水切替水路閉塞時でも非常排水路などで対応できるとの検証結果を得た。**写真15-3**に増谷堆積場上流の沢水切替水路呑口を示す。

しかし、2015年の改正水防法によれば、1000年に1回規模の降雨量を「想定最大規模降雨」とし、地域毎の最大降雨量として、北陸地方で最大1時間130mm、72時間1073mmを想定しているので、時間雨量130mmで再検証する必要がある。

また、2019年1月のブラジル鉄鉱山の鉱滓堆積場で突然に決壊事故が起こったが、その原因は、**図15-4**に示すテーリングダムの工法が内盛り式であり、堰堤内の浸潤（地下）水位が高くなって液状化したためであった。内盛り式（アップストリーム／上流式）は、経済的なコストと効率性から採用されてきたが、沈砂の上にダム壁を立てていくため、まだ沈殿しきっていないスライム集積物から水分が沈砂に進出すると、土台が液状化して崩壊しやすい弱点を持つ。とくに、大規模な震災で液状化しやすく、世界中でしばしば震災時にダムが決壊し、土砂が流出するケースがあり、東日本大震災でも内盛り式の鉱滓ダムが複数決壊している。

この内盛り式に対して、嵩上げ時に地盤に接面した基礎をしっかり作り、安全性を高めているのが外盛り式（ダウンストリーム／下流式）であるが、安全性は確保できるが、資材や工事費が内盛り式より高くなる。内盛り式と外盛り式の中間折衷案がセンターライン式である。

神岡鉱業㈱は、和佐保堆積場、増谷堆積場および鹿間谷堆積場はすべて外盛り式としているが、**図3-9**の和佐保堆積場断面図と**図3-11**の増谷堆積場断面図を見ると、両者は外盛り式だが、第３章の**図3-13**の鹿間谷堆積場縦断面図を見ると、第１堆積場→第２堆積場→第３堆積場へと上流側に嵩上げし堆積しており、内盛り式のように見受けられる。

そこで、和佐保堆積場、増谷堆積場および鹿間谷堆積場について、浸潤水管理の強化を求めたが、鹿間谷第２堆積場堰堤の浸潤水位が高い地点があるものの、和佐保・増谷両堆積場の浸潤水位は低かった。鹿間谷堆積場の浸潤水位が高い理由は、内盛り式に近いためであり、過去に２回決壊したのも内盛り式が原因かもしれない。

2020年７月の第50回全体を入調査時に鹿間谷堆積場の構造について質問したところ、神岡鉱業は「図3-13は略図のようなものなので、実際の状況とは異なる。実際には堤体がポンド上に作られているのではなく、地山から堤体を造成し、その上にポンドがかぶさっている状態となる」と回答し、別図を提出したが、別図はサンドの堤体部がスライムポンドのボリュームを大幅に上回る疑問が残る。

写真15-1 和佐保堆積場非常排水路呑口

出所：2012年5月29日、畑撮影。

写真15-2 和佐保堆積場非常排水路出口
出所：2012年5月29日、畑撮影。

写真15-3 増谷堆積場上流の沢水切替水路呑口
出所：2012年5月29日、畑撮影。

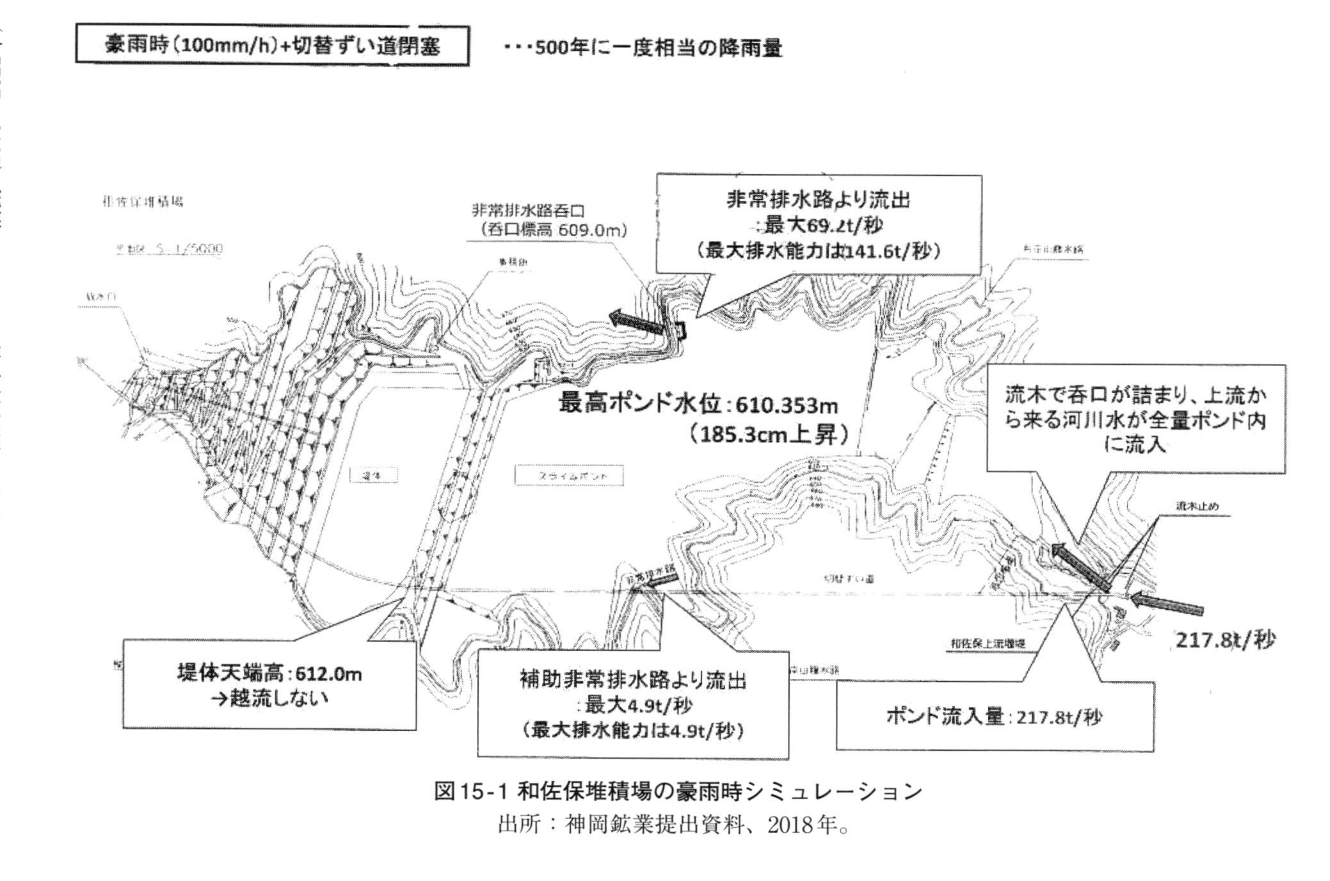

図15-1 和佐保堆積場の豪雨時シミュレーション
出所：神岡鉱業提出資料、2018年。

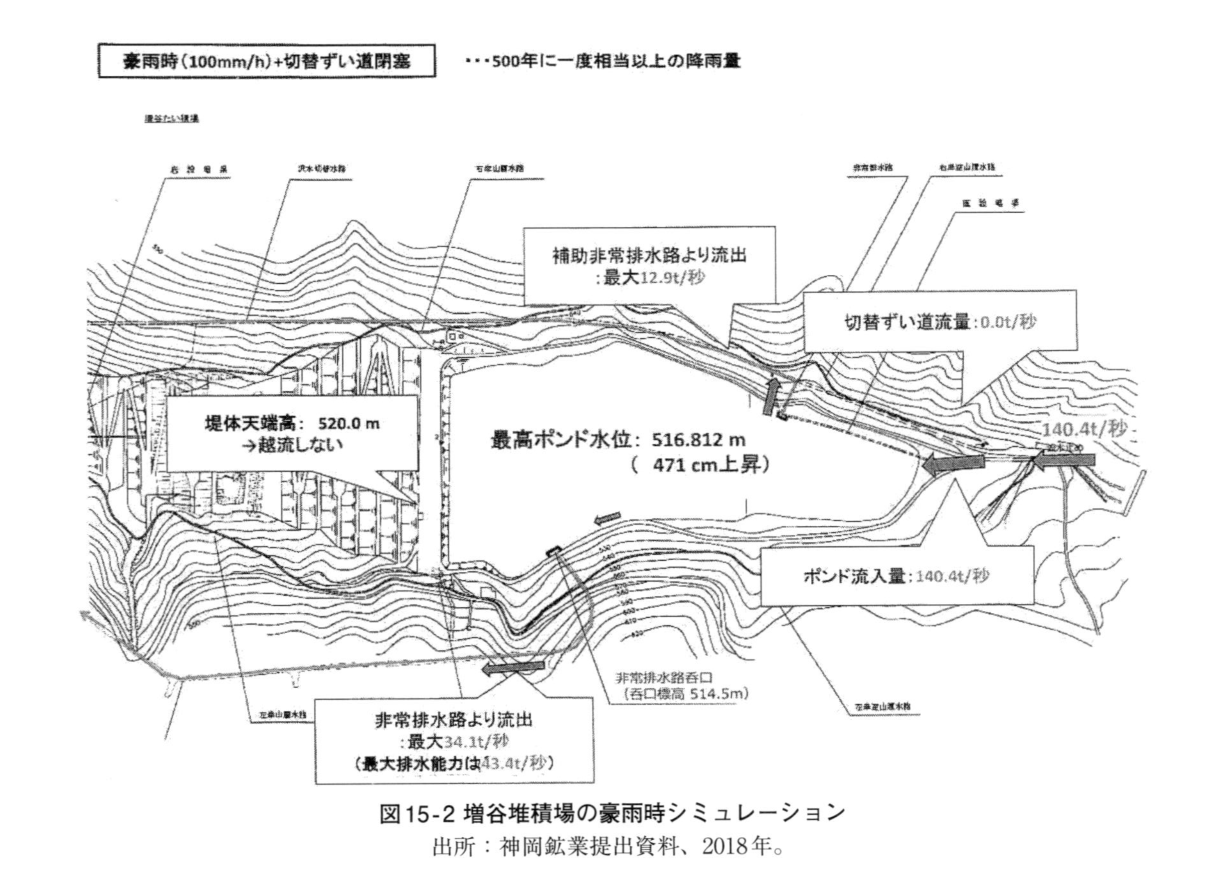

図15-2 増谷堆積場の豪雨時シミュレーション

出所：神岡鉱業提出資料、2018年。

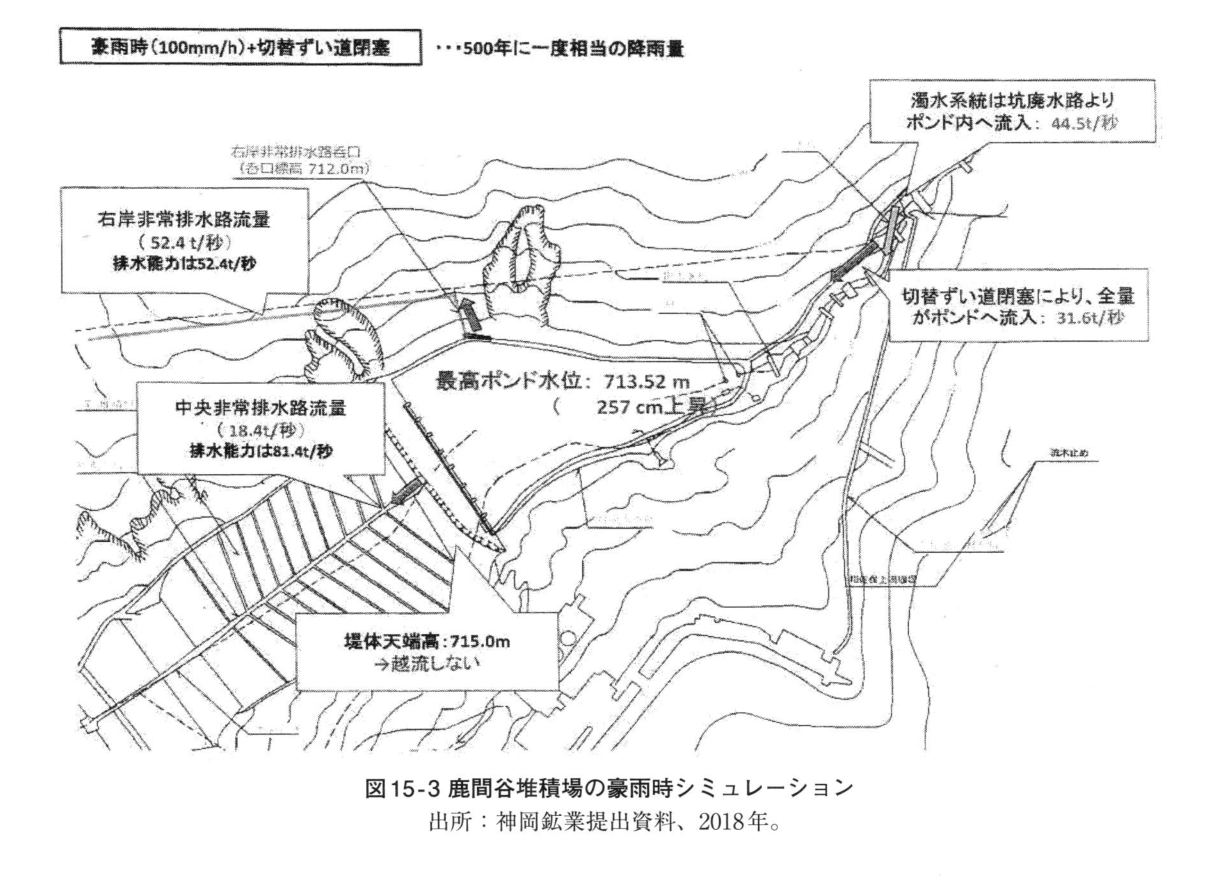

図15-3 鹿間谷堆積場の豪雨時シミュレーション
出所：神岡鉱業提出資料、2018年。

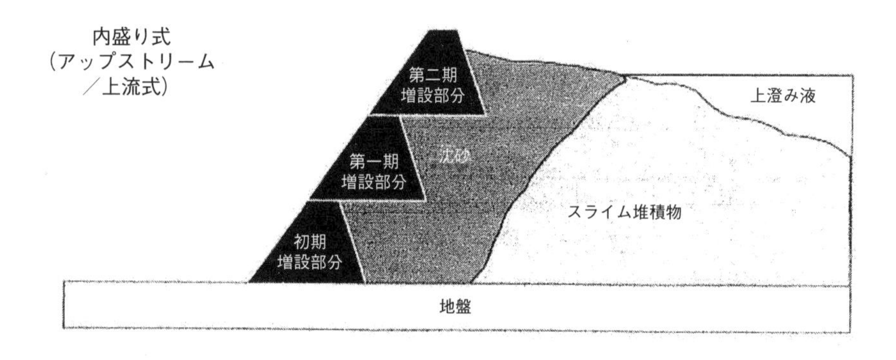

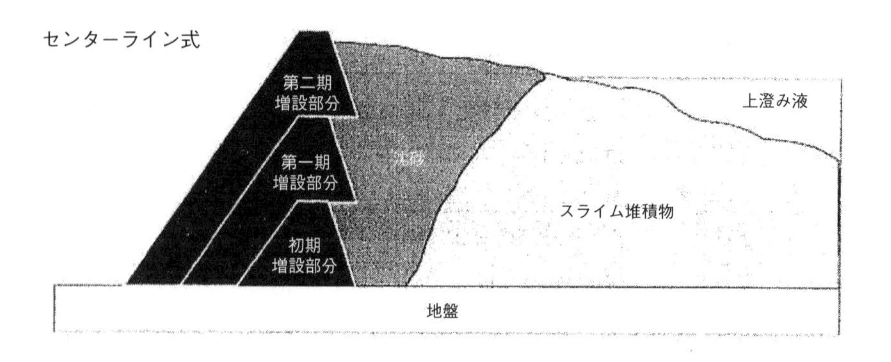

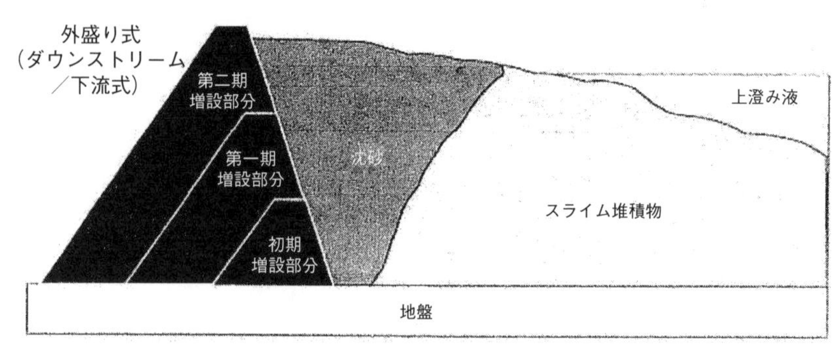

図15-4 テーリングダムの工法

出所：Fair Finance Guide Japan『第13回ケース調査報告書』2020年。

2．地震時の安定解析

1995年1月に発生した阪神淡路大震災を受けて、1998年度に増谷堆積場の地震時安定解析が行われた。その結果、**図15-5**に示すように、阪神淡路大震災並みの巨大地震（震度7、マグニチュード7.8、500gal）を受けたとしても、滑り変位置0cm、沈下163cmは起こるが、安定し安全であると判定された。また、**図15-6**に示すように、1999年度に和佐保堆積場の安定解析が行われ、阪神淡路大震災並みの巨大地震を受けたとしても、滑り変位値0cm、沈下163cmは起こるが、安定し安全であると判定された。さらに、**図15-7**に示すように、2000年度に鹿間谷堆積場の地震時安定解析が行われたが、阪神淡路大震災並みの巨大地震（震度7、マグニチュード7.8、500ガル）を受けたとしても、滑り被害89cm、沈下86cm程度の変位は起こるが、安定し安全であると判定された。

しかし、**表15-1**の震度と最大加速度の概略の対応表によれば、震度7は1500ガル以上にしなければならないのに、500ガル（2012年の『堆積場等技術指針』に基づき、2020年に照査用下限加速度応答スペクトルを700ガルとした）と3分の1も低く設定しており、**表15-2**に示す2000年以後の主な地震の最大地震動を考慮すれば、あまりに低すぎると言わざるを得ない。

第1章の**図1-1**の跡津川に沿って跡津川断層があり、跡津川が注ぐ高原川は断層活動によって大きく右ずれし、中の谷付近から土まで約3kmもクランク状に屈曲している。跡津川断層は、富山県の立山から岐阜県の天生峠にかけての全長70kmの断層であり、日本を代表する横ずれ断層の一つで、活動度A級の活断層である。跡津川断層は、安政5(1958) 年の飛越地震の震源断層と推定されており、この地震で断層に沿った集落の倒壊率が著しく高かったことと、断層の北西端にある立山の鳶山で大崩壊が発生し、「鳶山崩れ」として日本三大崩壊の一つとさ

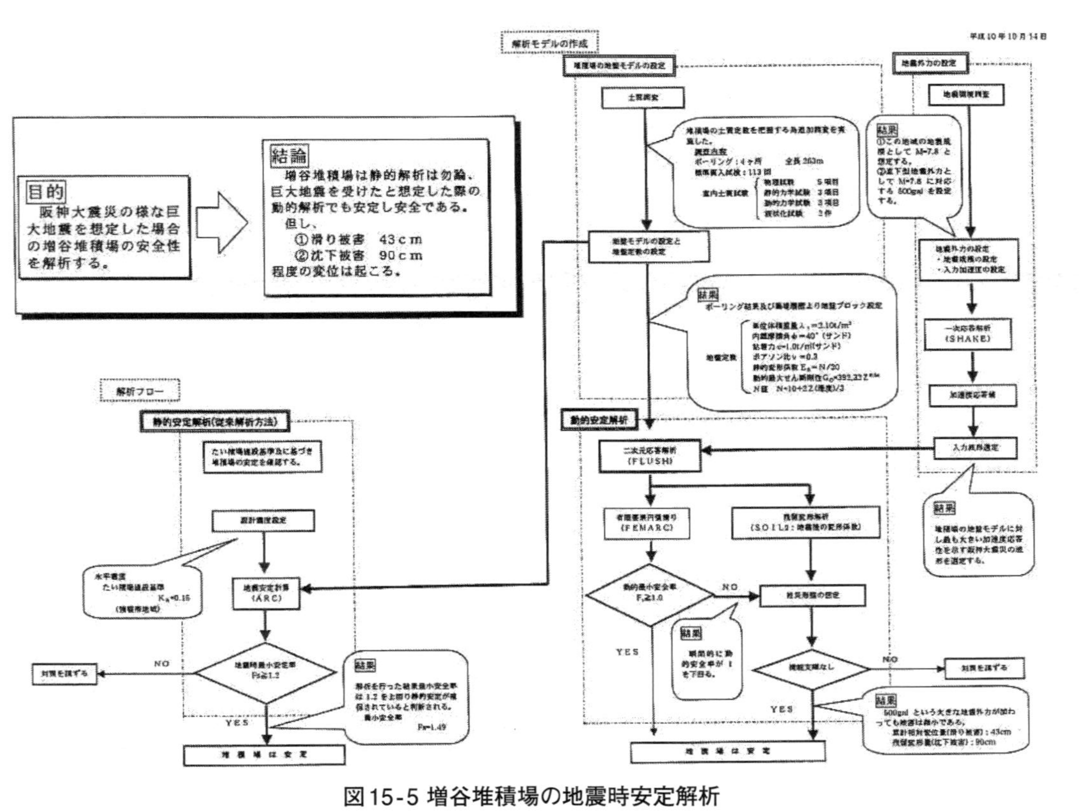

図15-5 増谷堆積場の地震時安定解析

出所：『神岡鉱業の鉱害防止対策』1998年版。

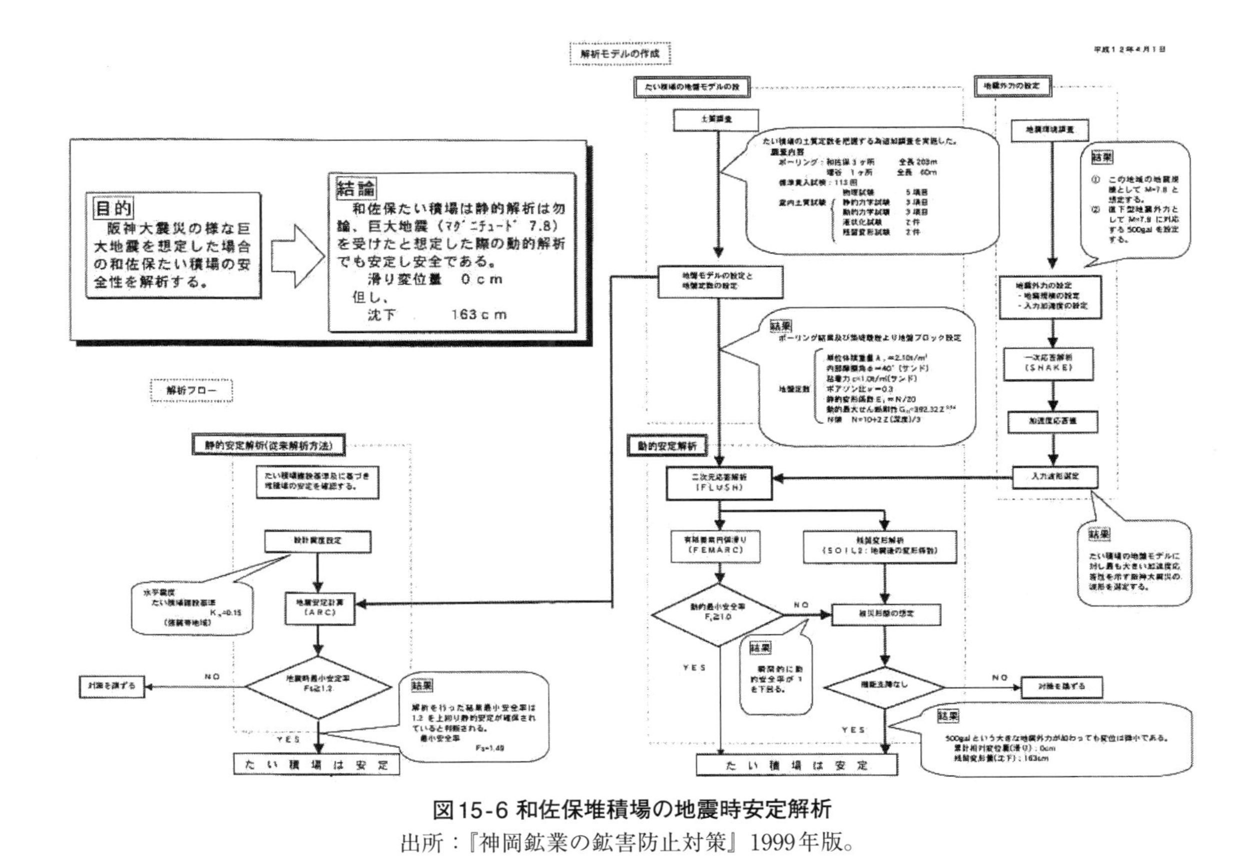

図15-6 和佐保堆積場の地震時安定解析
出所：『神岡鉱業の鉱害防止対策』1999年版。

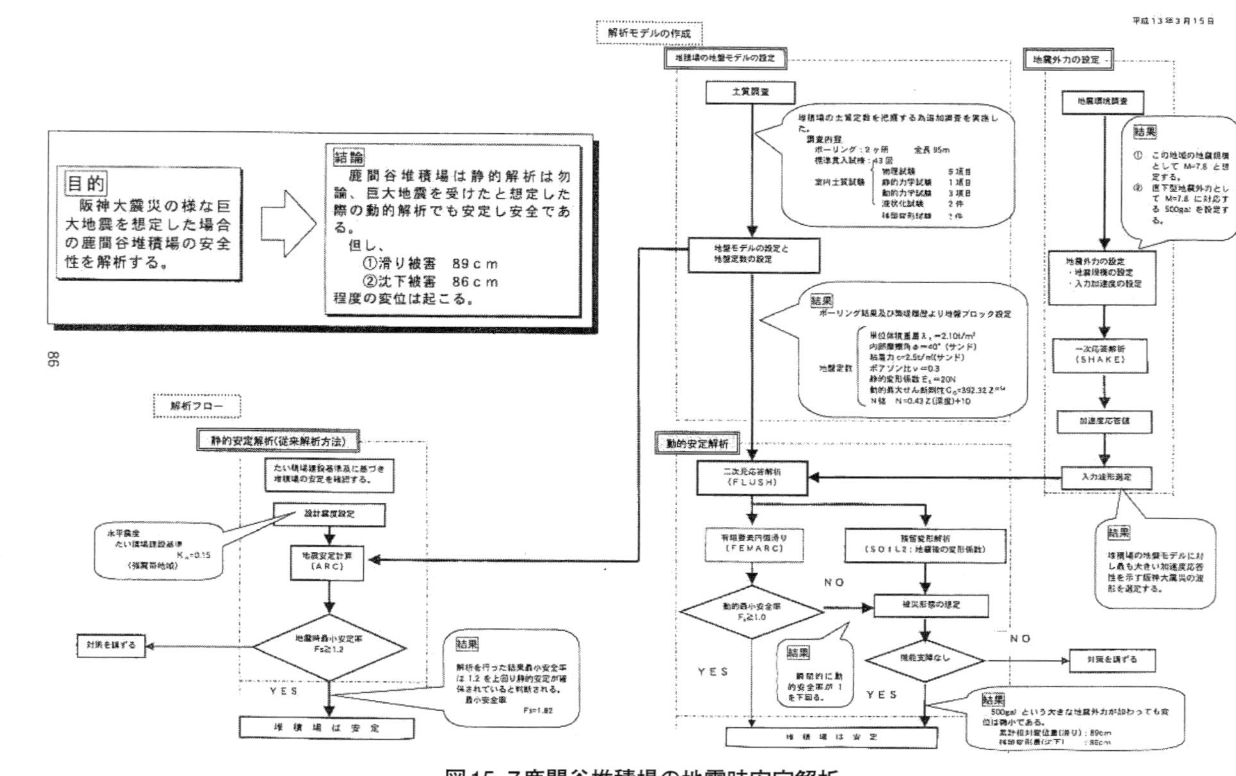

図15-7鹿間谷堆積場の地震時安定解析

出所：『神岡鉱業の鉱害防止対策』2000年版。

れる。なお、活断層の活動周期は、個々の断層により差異があるが、一般的に数千年単位であるので、跡津川断層を震源とする大地震が近いうちに起きる可能性はほとんどないと考えられている。

しかし、2018年の政府地震調査委員会による「今後30年以内発生の地震動予測地図」によると、神岡鉱山付近は、震度５弱以上が47％、震度５強以上が10％、震度６弱以上が1％だったので、**写真15-4**と**写真15-5**に示す2000トン硫酸タンクなどの工場施設についても、耐震診断を実施した。硫酸タンクの耐震診断結果は震度５弱だったので、2019年に震度６弱（250ガル）に対応できるよう耐震補強工事を実施した。2020年以降、六郎20ｍシックナ―や鹿間30ｍシックナーなど高原川沿いの施設について耐震診断したが、震度６弱（250ガル）に対応できるとの診断結果が得られた。**表15-1**によれば、震度６弱は520〜830ガル程度としているので、250ガルは半分以下の過小評価である。

震度等級	最大加速度（ガル）
震度7	1500ガル程度〜
震度6強	830〜1500ガル程度
震度6弱	520〜830ガル程度
震度5強	240〜520ガル程度
震度5弱	110〜240ガル程度
震度4	40〜110ガル程度

出所：国土交通省国土技術政策総合研究所。

表15-1 震度と最大加速度の概略の対応表
出所：『私が原発を止めた理由』2021年。

5000	＊5115ガル
4000	★4022ガル（岩手・宮城内陸地震・2008年・M7.2）
3000	＊3406ガル
2000	★2933ガル（東北地方太平洋沖地震〈東日本大震災〉・2011年・M9） ★2515ガル（新潟県中越地震・2004年・M6.8）
1000	★1796ガル（北海道胆振東部地震・2018年・M6.7） ★1740ガル（熊本地震・2016年・M7.3） ★1571ガル（宮城県沖地震・2003年・M7.1） ★1494ガル（鳥取県中部地震・2016年・M6.6） ★1300ガル（栃木県北部地震・2013年・M6.3） ★1000ガル以上の地震17回
	★806ガル（大阪府北部地震・2018年・M6.1）
	★703ガル（伊豆半島地震・2009年・M5.1）
	＊700ガル　★700ガル以上の地震30回
	＊405ガル

表15-2 2000年以降の主な地震の最大地震動

出所：『私が原発を止めた理由』2021年。

3．和佐保地区と鹿間谷の土砂災害ハザードマップ

岐阜県飛騨市神岡町和佐保地区土砂災害ハザードマップを**図15-8**に示すが、和佐保堆積場上流部の和佐保谷などは、土砂災害特別警戒区域（レッドゾーン）に指定されている。2018年の第47回全体を入調査時に質問したが、対策としては和佐保堆積場切替水路取水堰堤のモルタル修理だけだったので、今後検討を要する。

第３章の**図3-12**の鹿間谷堆積場第３ポンドに流入する支流No.5（北盛谷）の上流に廃石捨場があるため、土砂災害特別警戒区域（レッドゾーン）に指定されており、対策を要する。

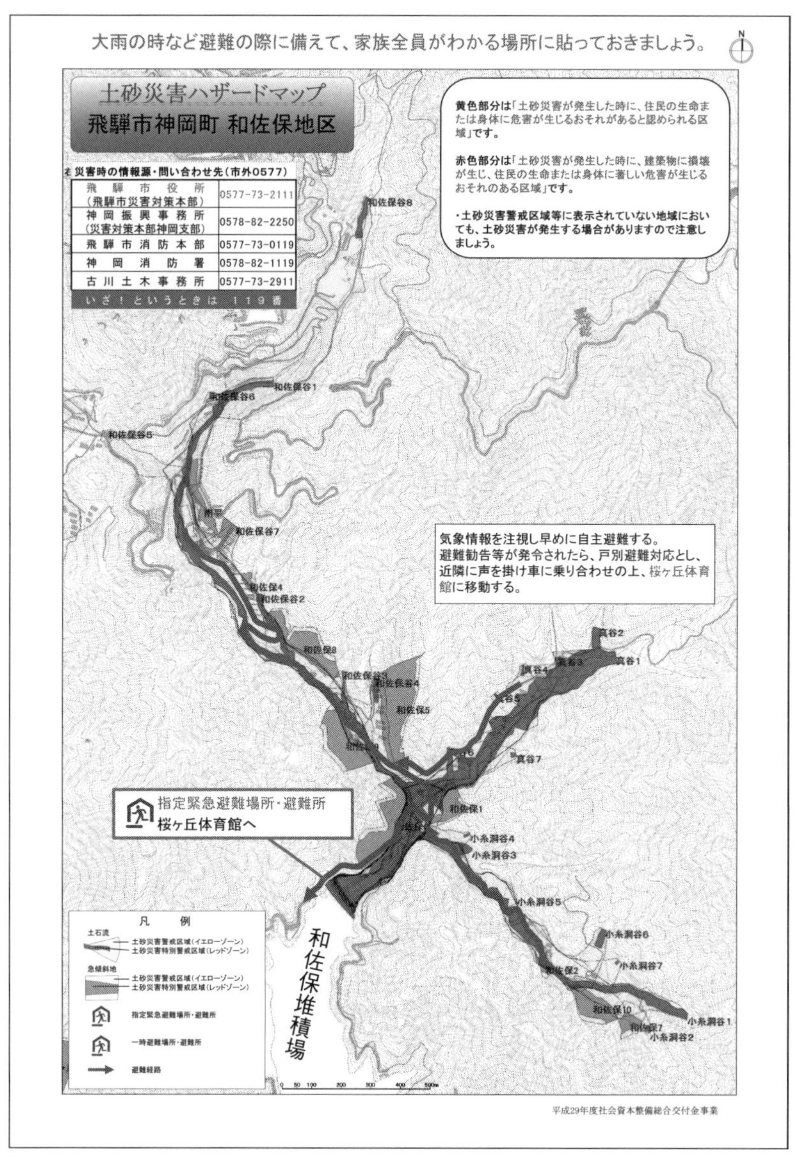

図15-8 土砂災害ハザードマップ（飛騨市神岡町和佐保地区）
出所：飛騨市ホームページ
（https://www.city.hida.gifu.jp/uploaded/attachment/3667.pdf）。

写真15-4 鹿間工場全景

出所：2017年6月19日、畑撮影。

写真15-5 鹿間工場の2000トン硫酸タンク

出所：2018年5月21日、畑撮影。

第16章　神通川水質・底質のモニタリング

神通川水系のカドミウム流出の現状を把握するためのモニタリングが、1980年からオートサンプラー（自動採水器）により毎日、**図16-1**の神通川水系の河川調査地点位置図に示す調査地点①牛ヶ首用水、②神1ダム発電所、③北電水路牧発電所および④北電水路殿用水の4か所で実施されている。**図16-2**の牛ヶ首用水のカドミウム濃度クロスチェック結果（2020年）に示すように、牛ヶ首用水については、被害住民団体（清流会館）と神岡鉱業㈱の両者が採水・分析するクロスチェックも行なっている。清流会館と神岡鉱業㈱のデータ平均値は0.07～0.08ppbとほとんど同レベルだが、増水時に清流会館データでは0.1ppb以上が6回（神岡鉱業は1回）もあり、問題が残る。

なお、神岡鉱業の年間225日の分析値では、6日間が0.1ppb以上であった。

1．神通川水系の水質カドミウム濃度

図16-3に牛ヶ首用水のカドミウム濃度と神岡鉱山のカドミウム負荷量の経年変化を示す。1994～95年の北電水路内湧水回収設備設置による北電水路カドミウム負荷量削減効果により、牛ヶ首用水のカドミウム濃度は、1996年以降0.1ppb以下の自然界値となり、2014年以降は0.07ppb以下となっている。その結果、2013年12月に神通川流域カドミウム被害団体連絡協議会と三井金属鉱業㈱および神岡鉱業㈱によって、「神通川流域カドミウム問題の全面解決に関する合意書」を締結した。

図16-4に神通川水系流下方向の平均カドミウム濃度の推移を示す。1981年当時は、北電水路負荷がかなりあったので、殿用水0.12ppbが牧発電所0.27ppbへと約2倍となり、宮川合流による希釈効果で神1ダム0.20ppbへ下がり、牛ヶ首用水0.23ppbとなっていた。2020年には、殿用水0.07ppb、牧発電所0.08ppb、神1ダム0.07ppb、牛ヶ首用水

0.07 ppbとほぼ同レベルになり、神岡鉱山負荷や北電水路負荷は無視できる程度になった。

図16-5に2020年の神通川水系のカドミウム収支図を示す。神岡鉱山のカドミウム汚染負荷量は3.32 kg/月、寄与率20.3%であり、高原川上流の4.95 kg/月、寄与率30.3%よりも少なくなり、合計しても8.27 kg/月となり、非汚染の宮川その他の8.08 kg/月、寄与率49.4%とほぼ同じとなっている。高原川と宮川の流量はほぼ同じなので、神岡鉱山負荷のある高原川も宮川その他並みに自然界値レベルになったと言える。

図16-6と**図16-7**に神通川水系における神岡鉱業のカドミウム負荷量の内訳推移を示す。**図16-6**に示すように、1977年の北電水路汚染負荷発見当時の約21 kg/月から1980年の7 kg/月へと3分の1に減少したが、1980年以降10年間は7 kg/月前後と横ばいである。そして、**図16-7**に示すように、1991年当時は、北電水路負荷量が約40%と最も大きかったが、最近は神岡鉱業負荷量と北電水路負荷量が減少し、7排水口負荷量が約70%を占めている。

2008～17年の10年平均値の7排水口排水量は89,689㎥/日、神2ダム流入量（≒牛ヶ首用水取水の神3ダム流入量）は11,425,206㎥/日であり、約127倍希釈され、**図16-8**の神岡鉱山7排水口と神2ダム流量相関図に示すように、両方の流量には高い相関がある。したがって、7排水口の平均カドミウム濃度は1 ppb = 1,000 pptから試算した牛ヶ首用水のカドミウム濃度は8 pptとなる。**表16-1**の神岡鉱業カドミウム負荷量の内訳に示すように、神岡鉱山のカドミウム負荷量は、7排水口負荷が約70%、休廃坑・沢水負荷が約20%、北電水路負荷が約10%であり、休廃坑・沢水のカドミウム濃度は0.5 ppb、北電水路のカドミウム濃度は+0.01 ppb（**図16-4**）を考慮すると、神岡鉱山由来の牛ヶ首用水のカドミウム濃度は約10 ppt = 約0.01 ppbと推定される。

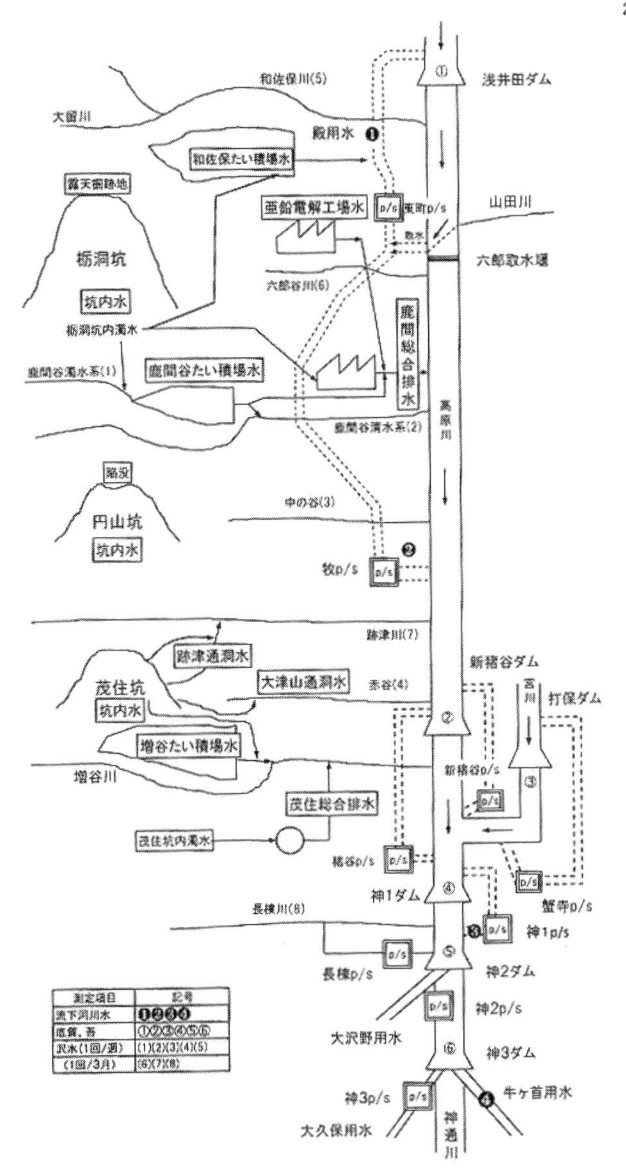

測定項目	記号
流下河川水	❶❷❸❹
底質、苔	①②③④⑤⑥
沢水(1回/週)	(1)(2)(3)(4)(5)
(1回/3月)	(6)(7)(8)

図16-1 神通川水系の河川調査地点位置図
出所：『神岡鉱業の鉱害防止対策』2020年版。

令和２年（2020年）牛ヶ首Cd採水データ　　（単位ppb）

採水日		清流会館	富山県	神岡鉱業
1月2日	木			0.06
1月9日	木			0.07
1月16日	木		0.04	0.06
1月23日	木			0.06
1月30日	木			0.07
2月6日	木			0.06
2月13日	木		0.05	0.06
2月20日	木			0.06
2月27日	木			0.07
3月5日	木			0.06
3月12日	木		0.04	0.06
3月19日	木			0.07
3月26日	木			0.06
4月1日	水	0.07		0.06
4月8日	水	0.07		0.06
4月16日	木	0	0.05	0
4月23日	木	0		0
4月30日	木	0	R41通行止めの為採水無し	
5月7日	木	0		
5月14日	木	0		0
5月21日	木	0	0.04	0
5月28日	木	0.11		0.06
6月4日	木	0.05		0.06
6月11日	木	0.11	0.04	0.08
6月18日	木	0.07		0.06
6月25日	木	0.1		0.06
7月2日	木	0.06		0.08
7月9日	木	0.2		0.13
7月16日	木	0.06		0.07

採水日		清流会館	富山県	神岡鉱業
7月23日	木	0.05		0.06
7月30日	木	0.08	0.06	0.07
8月6日	木	0.08		0.07
8月13日	木	0.09		0.06
8月20日	木	0.06	0.03	0.06
8月27日	木	0.05		0.07
9月3日	木	0.07		0.06
9月10日	木	0.06	0.02	0.06
9月17日	木	0.05		0.06
9月24日	木	0.06		0.07
10月1日	木	用水清掃の為採水無し		
10月8日	木	0.1		0.07
10月15日	木	0.08	0.03	0.06
10月22日	木	0.07		0.06
10月29日	木	0.05		0.06
11月5日	木	0.09		0.07
11月12日	木	0.05	0.03	0.07
11月19日	木	0.05		0.07
11月26日	木	0.07		0.06
12月3日	木	0.08		0.06
12月10日	木	0.18	0.04	0.06
12月17日	木	0.08		0.07
最高値		0.2	0.06	0.13
平均値		0.08	0.04	0.07

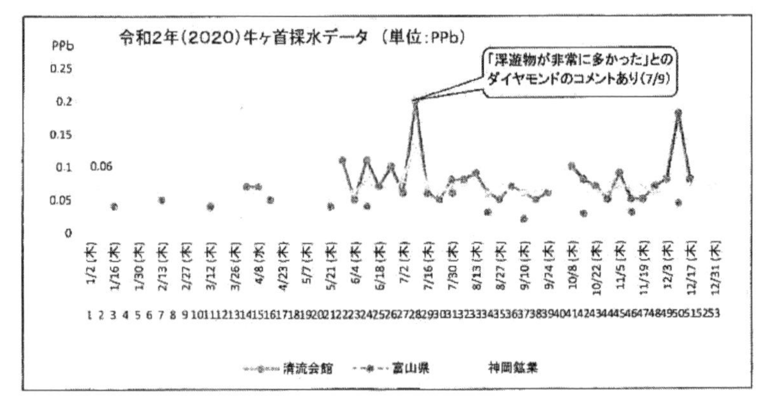

図16-2 牛ヶ首用水のカドミウム濃度クロスチェック結果（2020年）

出所：『常時監視資料集』2020年版。

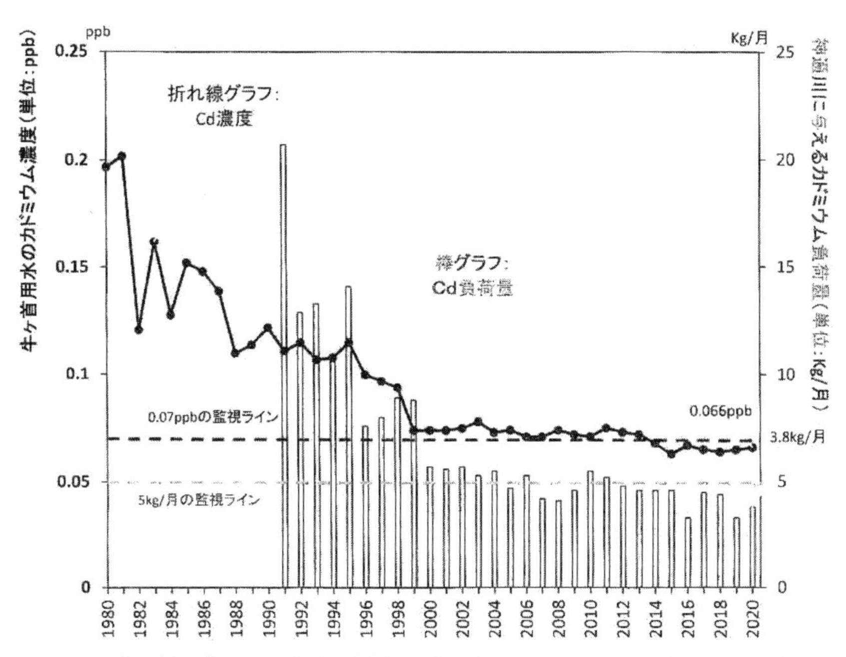

図16-3 牛ヶ首用水のカドミウム濃度と神岡鉱山のカドミウム負荷量の経年変化
出所：『常時監視資料集』2020年版。

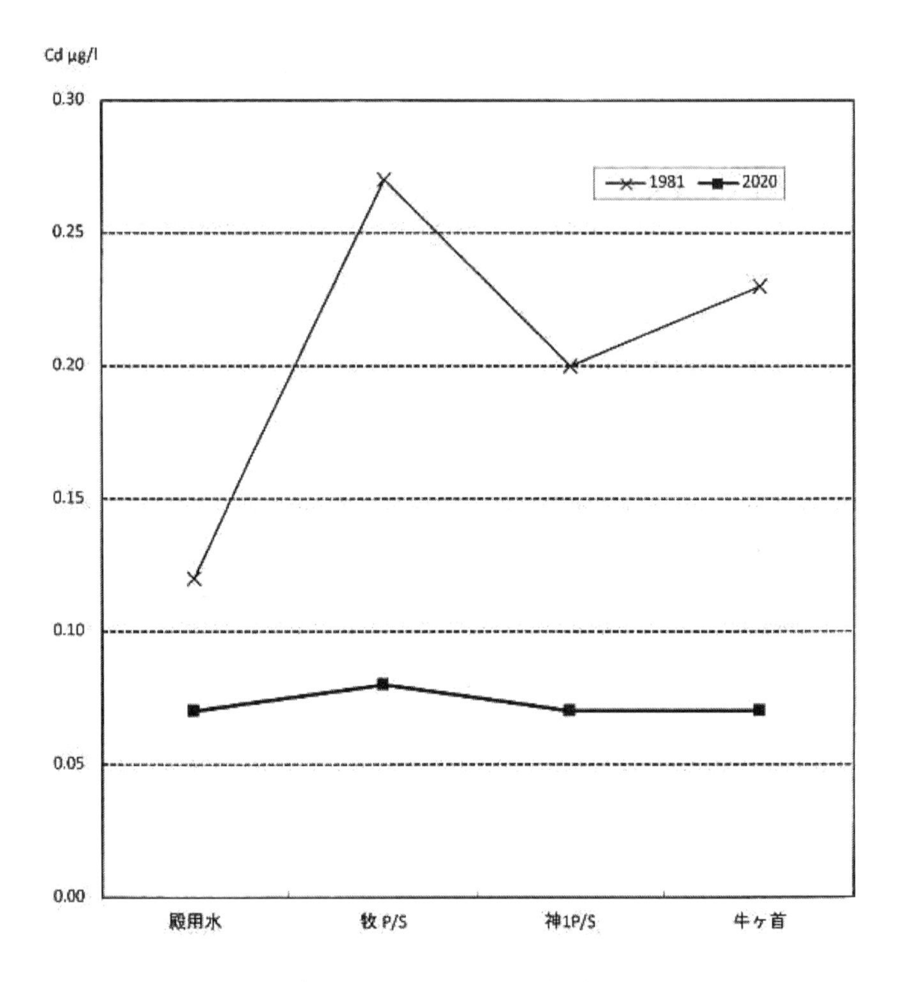

年	殿用水 μg/l	牧 P/S μg/l	神1P/S μg/l	牛ヶ首 μg/l
1981	0. 12	0. 27	0. 20	0. 23
2020	0. 07	0. 08	0. 07	0. 07

図16-4 神通川水系流下方向の平均カドミウム濃度の推移

出所：『神岡鉱業の鉱害防止対策』2020年版。

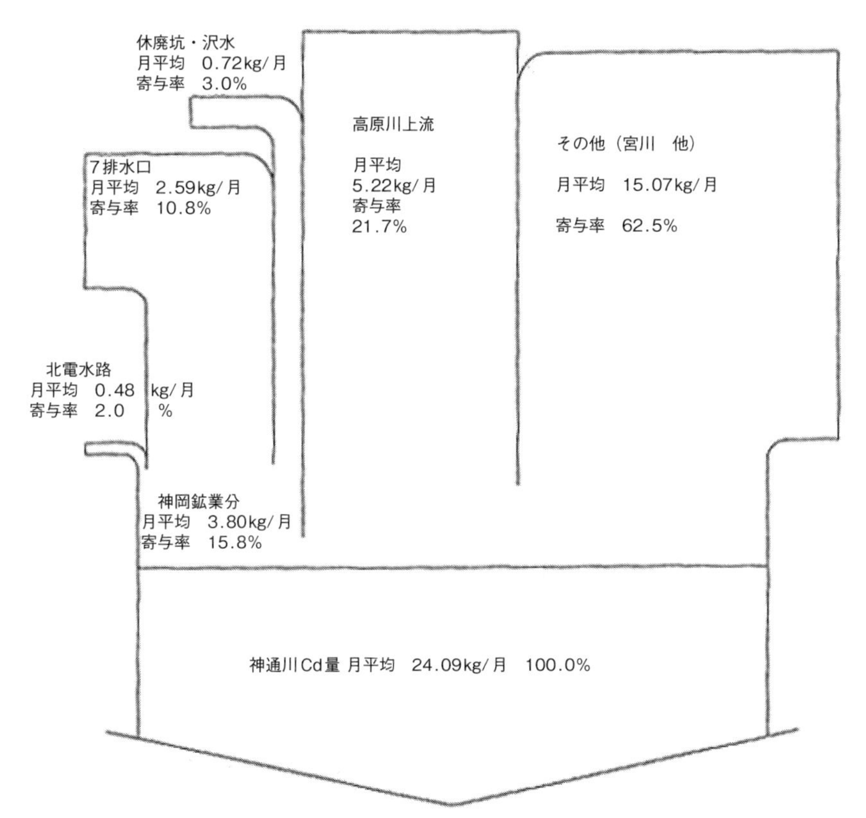

図16-5 神通川水系のカドミウム収支図［2020］年

出所：『神岡鉱業の鉱害防止対策』2020年版。

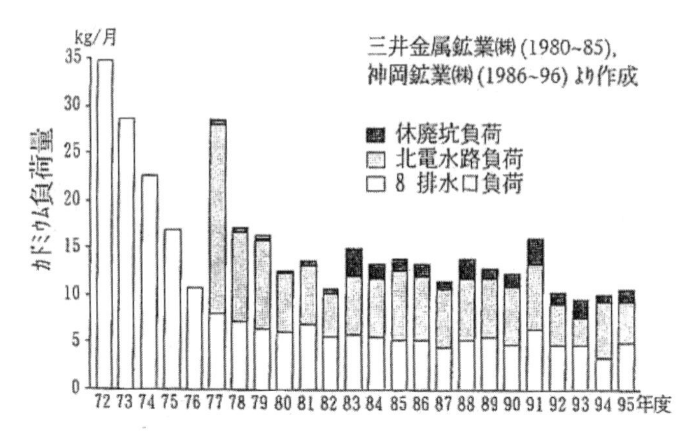

注：1972～76年度の北電水路負荷と休廃坑負荷の全部，及び1977～82年度の休廃坑負荷の一部は，その存在の未把握または未調査のために，本図に記載されていないが，この間の実際の負荷量が本図を上回っていたことは確実である.

図16-6 神岡鉱山のカドミウム負荷量の推移（1972～95年度）

出所：『金属産業の技術と公害』1997年。

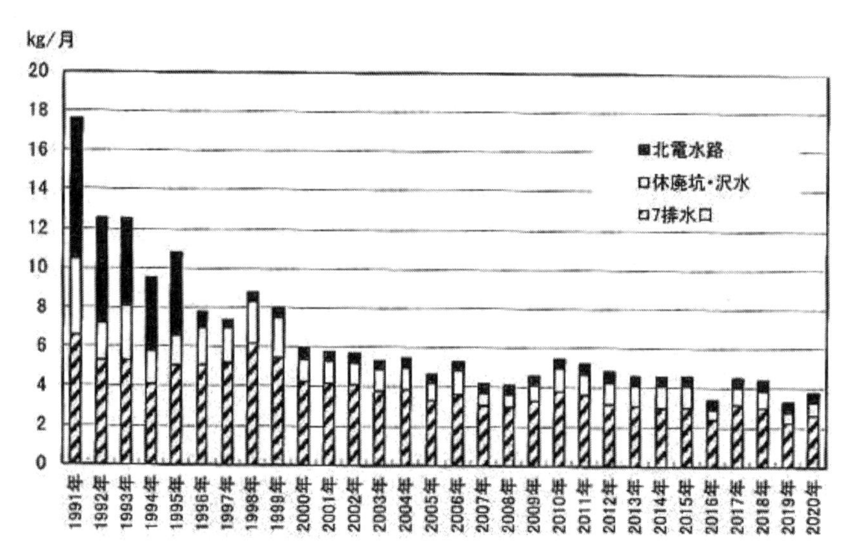

図16-7 神通川水系における神岡鉱業カドミウム負荷量の内訳推移(1991～2020年)

出所：『神岡鉱業の鉱害防止対策』2020年版。

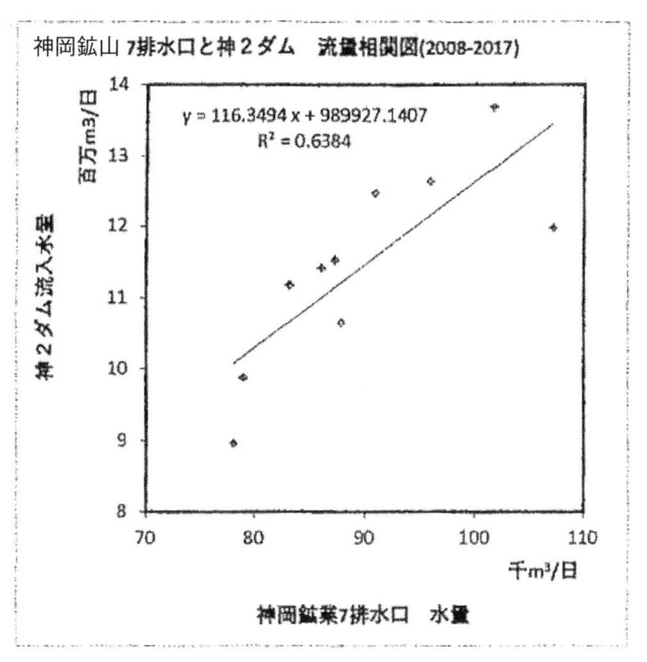

図16-8 神岡鉱山７排水口と神２ダム流量相関図
出所：2019年、奥川光治作成。

項　目	1991年		2018年		2019年		2020年	
	kg/月	%	kg/月	%	kg/月	%	kg/月	%
7排水口	6.6	37.5	3.0	68.3	2.2	66.7	2.6	68.4
休廃坑・沢水	3.9	22.2	0.9	20.4	0.6	18.2	0.7	18.4
北電水路	7.1	40.3	0.5	11.3	0.5	15.2	0.5	13.2
計	17.6	100.0	4.4	100.0	3.3	100.0	3.8	100.0

表16-1 神岡鉱業カドミウム負荷量の内訳
出所：『神岡鉱業の鉱害防止対策』2020年版。

2．神通川水系のダム底質中カドミウム濃度

1975年から神通川水系の宮川下流の①打保ダム、高原川上流の②浅井田ダム、高原川中流の③新猪谷ダム、神通川上流の④神１ダム、神通川中流の⑤神２ダムおよび神通川下流の⑥神３ダムの６か所のダム底質表層部のカドミウム濃度を調査している。

図16-9に６か所のダム底質中カドミウム濃度の推移を示す。非汚染の打保ダムと浅井田ダムは、0.2～0.7ppmと自然界値レベルだが、神岡鉱山の影響を受ける新猪谷ダム、神１ダム、神２ダムおよび神３ダムは、1975年当時は２～３ppmと高かった。その後の発生源対策の進捗により、低下していき、2010年以降は0.5ppm以下の自然界値となった。

しかし、この調査はダム底質の表層部（0～20cm）なので、第８章で述べたようにダム底質の深部には高濃度のカドミウムが残されている。

図16-10に1977～80年度の牛ヶ首用水のカドミウム濃度の年度別経月変化を示す。1979年の牛ヶ首用水のカドミウム濃度は、1977・78両年と比べて異常に高くなり、その原因として、1978年11月から神１ダムの上流部で開始されたダム底質の採砂作業が疑われた。そこで、被害住民団体は北陸電力㈱と採砂業者に採砂作業の中止を求め、中止させた経緯がある。このように、ダム底質には大量のカドミウムが蓄積されており、ダム底質を攪乱すれば、1979年のように下流にカドミウム負荷を与えるので、今後とも潜在的な汚染源として留意する必要がある。

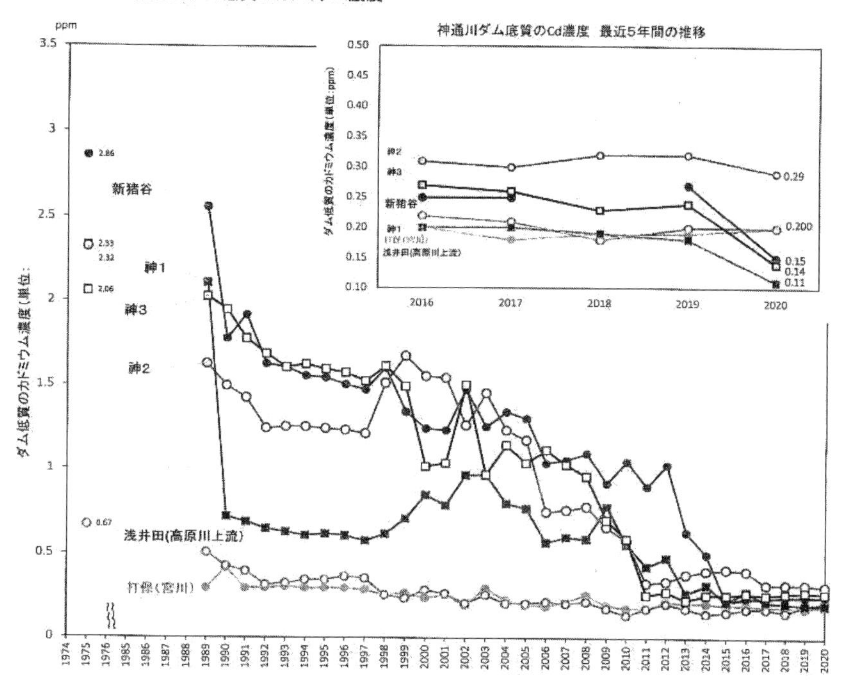

図16-9 神通川水系のダム底質中カドミウム濃度の推移

出所：『神岡鉱業の鉱害防止対策』2020年版。

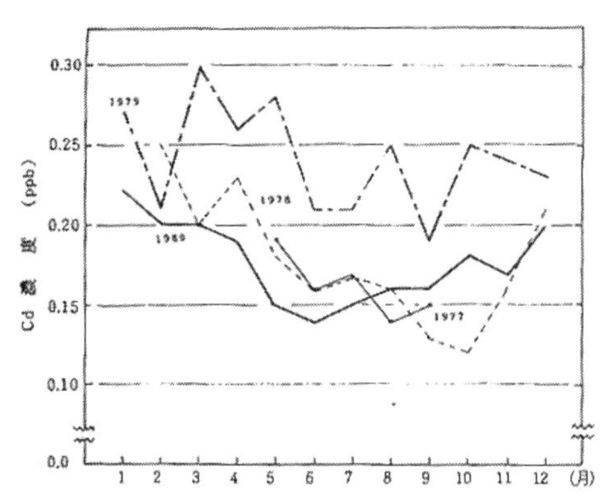

図16-10 牛ヶ首用水のカドミウム濃度の年度別経月変化（1977 〜 80年度）

出所：『イタイイタイ病』1994年。

３．牛ヶ首用水の亜鉛、鉛およびヒ素濃度

2004年の神通川増水時に亜鉛、鉛およびヒ素濃度が環境基準値を超えたので、週1回モニタリングすることになり、2006年版の神岡鉱業㈱年次報告書から記載された。

図16-11に牛ヶ首用水の亜鉛、鉛およびヒ素濃度の経年変化（2007～2020年）を示すが、平均値は、環境基準値以下の自然界値レベルである。

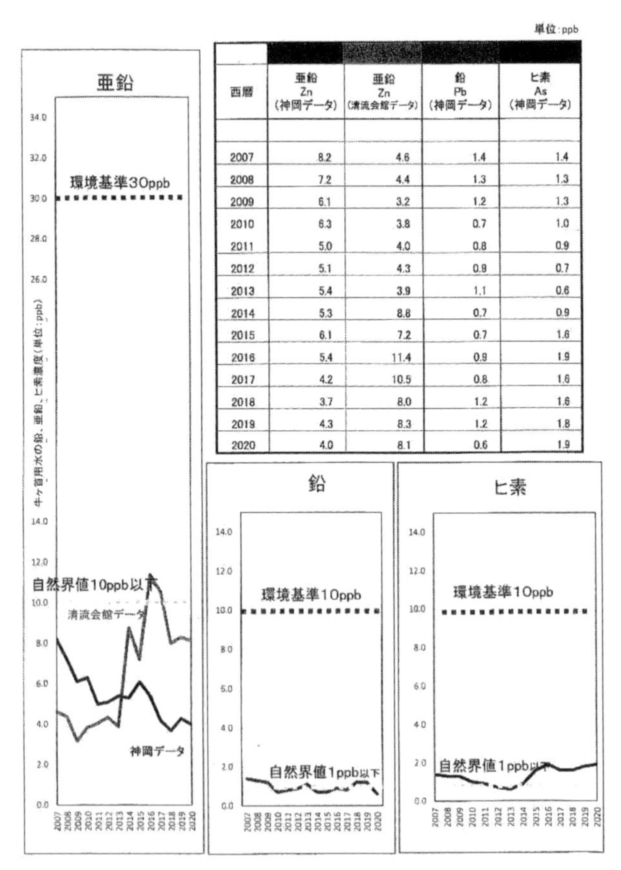

単位：ppb

西暦	亜鉛 Zn（神岡データ）	亜鉛 Zn（清流会館データ）	鉛 Pb（神岡データ）	ヒ素 As（神岡データ）
2007	8.2	4.6	1.4	1.4
2008	7.2	4.4	1.3	1.3
2009	6.1	3.2	1.2	1.3
2010	6.3	3.8	0.7	1.0
2011	5.0	4.0	0.8	0.9
2012	5.1	4.3	0.9	0.7
2013	5.4	3.9	1.1	0.6
2014	5.3	8.8	0.7	0.9
2015	6.1	7.2	0.7	1.6
2016	5.4	11.4	0.9	1.9
2017	4.2	10.5	0.8	1.6
2018	3.7	8.0	1.2	1.6
2019	4.3	8.3	1.2	1.8
2020	4.0	8.1	0.6	1.9

図16-11牛ヶ首用水の亜鉛、鉛およびヒ素濃度の経年変化
出所：『常時監視資料集』2020年版。

Ⅳ　発生源対策の到達点と今後の課題

第17章　発生源対策の到達点

イタイイタイ病裁判勝訴から50年を経た現在、神岡鉱山の公害防止対策は、世界的に例を見ないほど画期的な内容を有する「公害防止協定」に基づき、被害住民、弁護士および科学者の実践的な立入調査や、委託研究班と協力科学者グループの学際的・総合的な調査研究によって、飛躍的に前進し、神通川の水質は、土壌復元後の農地を再汚染しない自然界値レベルに達した。そして神岡鉱山と被害住民は、「緊張感ある信頼関係」を構築した。**写真17-1**に鹿間工場に掲げられた「環境安全最優先」の大看板を示すとともに、発生源対策の到達点を下記に記す。

(1) 神岡鉱山の8排水口（現7排水口）から排出されるカドミウム量は、1972年の35kg/月から2020年の2.6kg/月へと約13分の1になり、カドミウム濃度も8ppbから1ppbレベルへと約8分の1になった。

(2) 神岡鉱山の排煙から排出されるカドミウム量は、1972年の3.5kg/月から2020年の0.1kg/月へと約35分の1になった。

(3) 神岡鉱山の休廃坑・廃石捨場の実態調査に基づき、カドミウム流出防止対策を実施し、休廃坑・廃石捨場から流出するカドミウム量は、1972年の約4kg/月から2020年の約0.7kg/月へ約6分の1になった。

(4) 神岡鉱山の廃滓堆積場の構造安全性については、集中豪雨や地震などの異常時を除けば、安全であることが確認できた。また、時間雨量100mmには耐えうることと、震度7（500ガルと想定）にも耐えうることが検証された。

(5) 隠れた汚染源として北電水路汚染負荷を1977年に発見し、原因究明と対策に努めた結果、1977年に21kg/月だったカドミウム負荷量を1997年以降、0.5kg/月へと、約40分の1に減少させた。

写真17-1 鹿間工場に掲げられた「環境安全最優先」の大看板

出所：2013年10月6日、畑撮影。

第18章　発生源対策の今後の課題

1．豪雨や地震などの異常時対策

2015年の改正水防法では、1,000年に一度の降雨量を北陸地方で1時間130mm、72時間1,073mmを想定しているので、1時間100mmの3堆積場シミュレーションでは不十分であり、再検証する必要がある。

また、**図18-1**の飛騨市洪水ハザードマップ（神岡町地区）によれば、高原川（2日間で690mm）で起こりうる想定最大規模の洪水により氾濫した場合、鹿間工場の一部が0.5～3mの想定浸水区域になる。工場が浸水すれば、床面、タンク、配管、側溝などから汚染水が流出する恐れがあり、その対策も必要となるが、神岡鉱業は「工場内に水が流入しないように土のう等の準備を行う」としており、不十分である。

なお、**図18-1**に示す六郎工場の山手には六郎谷がある。六郎谷は、明治時代に2度崩壊したため、土石流危険警告に指定されて砂防工事がされた。六郎谷が崩壊すれば六郎工場は全壊するので、今後、注意する必要がある。

震度7の最大加速度を500ガルと想定するのは、過小評価であり、3倍の1,500ガルで3堆積場の耐震診断をやり直す必要がある。また、震度6弱の最大加速度を250ガルと想定するのも過小評価であり、2倍の500ガルで工場施設の耐震診断をやり直すべきである。

2．ＰＲＴＲ（環境汚染物質排出・移動登録）法対象物質などの排出削減

カドミウムについては、問題がなくなったが、**表18-1**のＰＲＴＲ（環境汚染物質排出・移動登録）法の2019年度データに示すＰＲＴＲ法対象物質の削減が不十分である。2004年から神岡鉱業㈱もＰＲＴＲ法対象となり、毎年、環境汚染物質排出・移動量を岐阜県に届出している。**表18-1**に示すように、亜鉛、アンチモン、カドミウム、銅、鉛、ヒ素、マンガン、ホウ素およびダイオキシン類が、大気や河川へ排出されてい

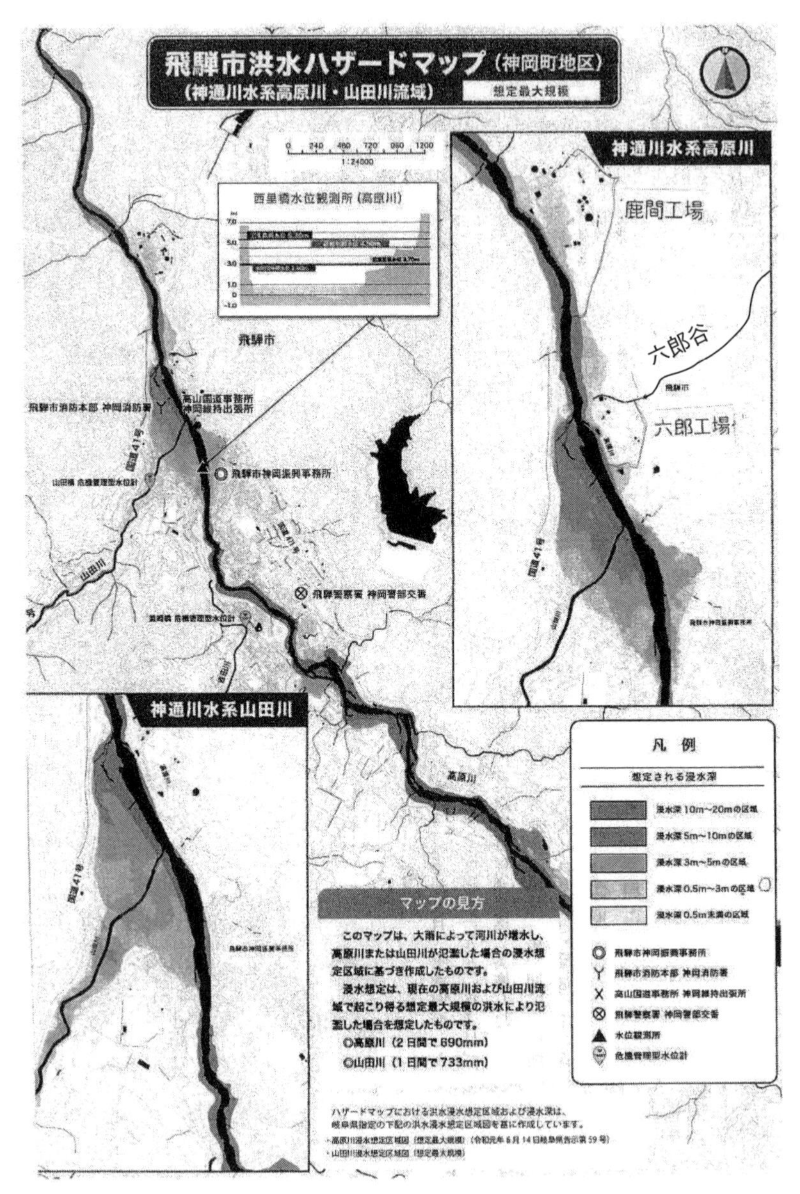

図18-1 飛騨市洪水ハザードマップ（神岡町地区）2021年3月版。
出所：飛騨市ホームページ（http://www.city.hida.gifu.jp/soshiki/2/29677.html）。

る。とくに、ホウ素が5400kg/年≒約5トン/年と最も多いが、日立ＡＩＣ㈱との業務提携による化成品工場でアルミ箔のエッチング剤として年間40トンも使用しており、リサイクルと排水処理をしても、これだけ排出されている。

2004年と2019年を比べると、大半は減少しているが、ヒ素とダイオキシン類が増加しているので、削減が必要である。また、神岡鉱業㈱ではフッ素と水銀も排出されているが、ＰＲＴＲ法対象になっておらず、削減を図る必要があり、2016年から水銀は脱水銀塔で処理している。

	大気へ		河川へ	
	2019年 ⬅	2004年	2019年 ⬅	2004年
亜鉛	23 kg/年	70 kg/年	2400 kg/年	4000 kg/年
アンチモン			14 kg/年	19 kg/年
カドミウム	1.1 kg/年	2 kg/年	26 kg/年	45 kg/年
銅			200 kg/年	270 kg/年
鉛	7 kg/年	62 kg/年	410 kg/年	760 kg/年
ヒ素	1.8 kg/年	67 kg/年	670 kg/年	470 kg/年
マンガン			1200 kg/年	1900 kg/年
ホウ素	370 kg/年	1100 kg/年	5400 kg/年	6900 kg/年
ダイオキシン類	50 mg-TEQ/年	38 mg-TEQ/年		

注：神岡鉱業のフッ素と水銀はＰＲＴＲ法対象でなく、登録されていない。

表18-1 ＰＲＴＲ（環境汚染物質排出・移動登録）法の2019年度データ

出所：「2021年・排水対策重点事項」1頁。

３．神岡触媒工場の排出物の削減

1982年から神岡触媒工場は操業していたが、2017年に三井金属鉱業㈱から神岡鉱業㈱に移管された。この工場では、自動車排ガス処理用の白金・パラジウムおよびロジウムの三元触媒を製造している。原材料に白金・パラジウム・ロジウムの貴金属類、酸化セリウム、酸化ジルコニウム、酸化アルミニウム、水酸化バリウムなどを使っている。そして、2002年から工場排水200～300㎥/月を凝集剤として鹿間30ｍシックナーに投入している。

2019年の専門立入調査時に鹿間30ｍシックナーと鹿間総合排水中の白金、パラジウム、ロジウム、セリウム、ジルコニウム、アルミニウムおよびバリウムを分析した。鹿間総合排水は、白金0.01ppb未満、パラジウム0.26ppb、ロジウム0.01ppb、セリウム0.09ppb、ジルコニウム0.1ppb、アルミニウム140ppbおよびバリウム45ppbであった。これらの金属類に環境規制はされていないが、人体に有害なものもあり、できるだけ削減する必要がある。

４．東大スーパーカミオカンデ（ＳＫ）のガドリニウム使用問題

茂住坑内に建設された東大のカミオカンデが、1983年から宇宙線のニュートリノ観測を開始した。また、1996年からスーパーカミオカンデ（ＳＫ）がニュートリノ観測を開始した。ＳＫでは、宇宙線の検出感度を上げるために、2020年７月にＭＲＩ造影剤に使われているレアアースのガドリニウム（Ｇｄ）が純水タンクに投入された。Ｇｄは三井金属鉱業の子会社の日本イットリウムが提供した。ＧｄはＭＲＩ造影剤に使用されており、カドミウムと同様に腎臓障害を起こすので、ガドリニウムの漏洩を東大が常時監視しており、今のところ漏洩は起こっていないが、今後も注視する必要がある。

2021年６月には、栃洞坑内にＳＫの20倍規模のハイパーカミオカンデ（ＨＫ）建設に着工し、2027年の実験開始を目指しており、そこでもガドリニウムを使用する計画があるので、注意する必要がある。

しかし、ハイパーカミオカンデ掘削ズリ（廃石）の一部（約50万m^3）を円山陥没部の埋立材として利用することは評価できる。

５．コロナ禍

コロナ禍により2020～21年の専門立入調査中止と全体立入調査縮小が生じている。私を含む富山県外の科学者は参加をこばまれているが、オンライン参加を認めるべきである。このような状況が今後も続くようなら、発生源対策の後退を危惧する。

参考文献

1．書籍類

倉知三夫・利根川治夫・畑明郎編著［1979］『三井資本とイタイイタイ病』大月書店。

畑明郎著［1994］『イタイイタイ病－発生源対策22年のあゆみ』実教出版。

畑明郎著［1997］『金属産業の技術と公害』アグネ技術センター。

畑明郎著［2001］『土壌・地下水汚染－広がる重金属汚染』有斐閣。

畑明郎著［2004］『拡大する土壌・地下水汚染』世界思想社。

畑明郎・上園昌武編著［2007］『公害隠滅の構造と環境問題』世界思想社。

畑明郎・田倉直彦編著［2008］『アジアの土壌汚染』世界思想社。

畑明郎編著［2011］『深刻化する土壌汚染』世界思想社。

畑明郎・向井嘉之著［2014］『イタイイタイ病とフクシマ』梧洞書院。

畑明郎編著［2016］『公害・環境問題と東電福島原発事故』本の泉社。

神通川流域カドミウム被害団体連絡協議会［1992］『イタイイタイ病・カドミウム汚染を許さず－住民運動の20年』桂書房。

Koji Nogawa,Mitsuo Kurachi and Minoru Kasuya Edit.［1999］“Advances in the Prevention of Environmental Cadmium Pollution and Countermeasures” Eiko Laboratory.

イタイイタイ病対策協議会結成50周年記念誌［2016］『イタイイタイ病－世紀に及ぶ苦難をのり越えて』北日本新聞社。

樋口英明［2021］『私が原発を止めた理由』旬報社。

2．報告書類

科学技術庁研究調整局［1969］『神通川流域におけるカドミウムの挙動態様に関する特別研究報告書』。

畑明郎［1973］『金属製錬による環境汚染に関する研究』京都大学大学院修士論文。
京都大学金属公害研究グループ［1975］『神岡鉱山の排水対策に関する調査研究』。
京都大学金属公害研究グループ［1976］『神岡鉱山の排水対策に関する調査研究』。
京都大学金属公害研究グループ［1977］『神岡鉱山の排水対策に関する調査研究』。
京都大学金属公害研究グループ［1978］『神岡鉱山の排水対策に関する調査研究』。
京都大学金属公害研究グループ［1979］『神岡鉱山の排水対策に関する調査研究』。
京都大学金属公害研究グループ［1980］『神岡鉱山の排水対策に関する調査研究』。
京都大学金属公害研究グループ［1981］『神岡鉱山の排水対策に関する調査研究』。
排煙研究班［1975］『神岡鉱山の排煙対策に関する調査研究』。
排煙研究班［1976］『神岡鉱山の排煙対策に関する調査研究』。
排煙研究班［1977］『神岡鉱山の排煙対策に関する調査研究』。
排煙研究班［1980］『神岡鉱山の排煙対策に関する調査研究（最終報告書）』。
Ｃｄ収支研究班［1976］『神岡鉱業所におけるＣｄ等の収支に関する研究』。
富山大学教育学部地学教室［1976］『神通川における重金属の蓄積と流出に関する研究』。
神通川流域カドミウム被害団体連絡協議会・委託研究班［1978］『イタイイタイ病裁判後の神岡鉱山における発生源対策－委託研究総合

報告書』。
神通川流域カドミウム被害団体連絡協議会［1972］『三井金属鉱業㈱神岡鉱業所第一回立入調査報告書」
神通川流域カドミウム被害団体連絡協議会［1973］『三井金属鉱業㈱神岡鉱業所第二回立入調査報告書」。
神通川流域カドミウム被害団体連絡協議会［1975］『発生源対策シンポジウム概要集』。
神通川流域カドミウム被害団体連絡協議会『神岡鉱山立入調査の手びき』1978、1985、1991、1995年版。
神通川流域カドミウム被害団体連絡協議会『神岡鉱山立入調査ガイド』2005年版。
神通川流域カドミウム被害団体連絡協議会［2012］『イタイイタイ病発生源対策－立入調査40周年記念シンポジウム報告書』。
神通川流域カドミウム被害団体連絡協議会『発生源監視資料集』2015～2020年版。
三井金属鉱業㈱神岡鉱業所『事業の概要』1971、1974、1981年版。
三井金属鉱業㈱神岡鉱業所［1980～85］『神岡鉱業所の鉱害防止対策』1979～84年版。
神岡鉱業㈱［1986～2021］『神岡鉱業の鉱害防止対策』1985～2020年版。
Fair Finance Guide Japan［2020］『第13回ケース調査報告書：殺人ダムの建設を止めるために—ブラジル・ブルマジーニョにおける鉱滓ダム決壊に学ぶ』。
経産省［2012］『鉱業上使用する工作物等の技術基準を定める省令の技術指針（内規）』。

３．雑誌論文

新田富也［1972］「神通川流域における重金属の地球化学的研究—特

にカドミウムについてー」『鉱山地質』第22巻、第2号。
飯村康二・伊藤秀文［1975］「土壌—植物系におけるカドミウムの行動について」『農業土木学会誌』。
池田秋津［1976］「神岡鉱業所における排水について」『日本鉱業会誌』92巻1058号。
森下豊昭［1977］「富山婦中町の汚染水田土壌におけるカドミウム収支試算」佐々・内藤・安野編『人間生存と自然環境４』東大出版会。
坂巻幸雄他［1993］『第3回環境地質学シンポジウム講演論文集』。

著者プロフィール

畑 明郎（はた・あきお）

1946年1月、兵庫県加古川市生まれ。

1976年、京都大学大学院工学研究科金属系学科・博士課程を修了後、京都市役所に就職。公害センター（後に衛生公害研究所に改組）や公害対策室（後に環境保全室に改組）などの職場に19年間勤務し、京都市の環境行政・調査研究に携わる。

大学院在学中は、修士課程で兵庫県生野鉱山による重金属汚染や神戸製鋼神戸製鉄所の大気汚染などの調査研究を行い、「金属製錬による環境汚染に関する研究」と題する修士論文をまとめる。博士課程では、イタイイタイ病を起こした岐阜県神岡鉱山による重金属汚染対策に関する調査研究を行い、1979年に『三井資本とイタイイタイ病』を大月書店より編著出版する。

京都市在職中の1994年に『イタイイタイ病－発生源対策22年のあゆみ』を実教出版より出版したところ、大阪市立大学商学部より環境論担当助教授として就任要請があり、1995年に京都市を依願退職、大阪市立大学商学部助教授に就任。

大阪市立大学では、「日本の公害」、「環境と経済」、「環境経済論」、「環境政策論」などの講義科目を担当するとともに、「重金属汚染」、「金属産業の公害」、「土壌・地下水汚染」、「廃棄物問題」などについて調査研究を行なう。1997年に大阪市立大学商学博士を取得し、1998年にドイツ・北欧へ留学後、大阪市立大学大学院経営学研究科教授に就任。2009年3月に退任後は、特任教授に就任、2011年3月に退職。その後、2017年3月まで関西大学社会安全学部非常勤講師、現在、滋賀環境問題研究所所長を務める。

主要著書には、単著として『イタイイタイ病』（実教出版1994年）、『金属産業の技術と公害』(アグネ技術センター1997年、商学博士取得論文)、『土壌・地下水汚染』(有斐閣2001年)、『拡大する土壌・地下水汚染』(世界思想社2004年)、『イタイイタイ病発生源対策50年史』(本の泉社2021年)。

編著に『三井資本とイタイイタイ病』(大月書店1979年)、『琵琶湖の10年』(実教出版1994年)、『公害湮滅の構造と環境問題』(世界思想社2007年)、『アジアの土壌汚染』(同2008年)、『廃棄物列島・日本』(同2009年)、『深刻化する土壌汚染』(同2011年)、『福島原発事故の放射能汚染』(同2012年)、『公害・環境問題と東電福島原発事故』(本の泉社2016年)、『築地市場の豊洲移転?』(同2017年)。

共著に『公害環境法理論の新たな展開』(日本評論社1997年)、『最新暮らしの中の環境問題Q&A』(ミネルヴァ書房2000年)、『産業』(有斐閣2001年)、『新・環境科学への扉』(同2001年)、『アジア環境白書2000/01,2003/04,2006/07』(東洋経済新報社2000・2003・2006年)、『環境展望』Vol.2,Vol.3, Vol.4,Vol.5(実教出版2002・2003・2005・2007年)、『地域と環境政策』(勁草書房2006年)、『都市の水資源・地下水の未来』(京都大学学術出版会2011年)、『イタイイタイ病とフクシマ』(梧洞書院2014年)。

共訳に『ファクター10』(シュプリンガーフェアラーク東京1997年)など。

辞典類には『環境大事典』(工業調査会1998年)、『知恵蔵2007』(朝日新聞社2006年)、『環境事典』(旬報社2008年)、『食の安全事典』(同2009年)、『経済辞典第5版』(有斐閣2013年)、『環境経済・政策学事典』(丸善出版2018年)などがある。

学会活動は、日本環境学会顧問・元会長(2005-08年度)、日本科学者会議公害環境問題研究委員会元委員長、同全国幹事・滋賀支部代表幹事(2012年〜)などである。

ＮＧＯ活動は、日本環境会議理事（1998-2013年）、イタイイタイ病発生源対策協力科学者グループ代表（2015年～）、ダイオキシン・環境ホルモン国民会議元幹事、びわ湖の水と環境を守る会顧問・代表（1999-2011年）、脱原発びわこ集会呼びかけ人（2012年～）などである。

行政委員は、参議院・衆議院環境委員会土壌汚染対策法案・改正案審議参考人（2001・09・17年）、滋賀県環境審議会水環境部会土壌地下水対策小委員会委員（2003年）、栗東市ＲＤエンジニアリング産業廃棄物最終処分場環境調査委員会委員（2004-08年度）、大阪アメニティパーク（ＯＡＰ）土壌地下水汚染の対策に係る技術評価検討会委員（2005年）、大阪ＡＴＣグリーンエコプラザ水・土壌対策研究部会特別委員（2005-10年）、東京都議会経済・港湾委員会築地市場移転問題審議参考人招致（2010年2月）などである。

2007年に第18回久保医療文化賞を受賞した。

現在、滋賀県蒲生郡竜王町美松台に在住。

【連絡先メールアドレス：hata.akio@gaia.eonet.ne.jp】

イタイイタイ病発生源対策50年史

2021年9月16日　初版第1刷発行

著　者　畑 明郎

発行者　新舩 海三郎

発行所　株式会社 本の泉社

〒112-0005 東京都文京区水道2-10-9 板倉ビル2F
電話03(5810)1581　FAX03(5810)1582
http://www.honnoizumi.co.jp

印刷／製本　中央精版印刷株式会社
ＤＴＰ　河岡 隆(株式会社 西崎印刷)

ISBN978-4-7807-1823-2　C0036